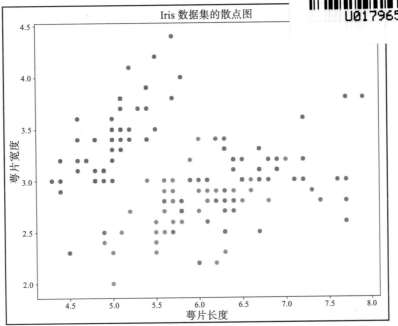

图 1-3　Iris 数据集的散点图，每个类别都有不同的颜色，x 轴和 y 轴分别表示萼片长度和
　　　萼片宽度

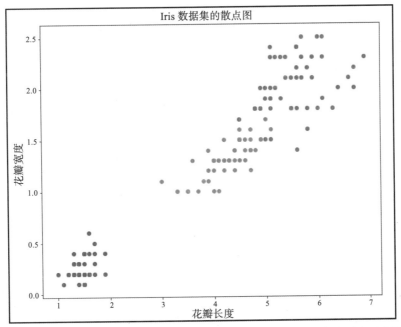

图 1-4　Iris 数据集的散点图，每个类别都有不同的颜色，x 轴和 y 轴分别表示花瓣长度和
　　　花瓣宽度

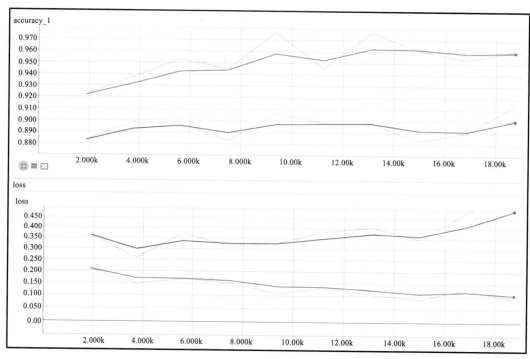

图 3-7　使用两个 SummaryWriter，可以在同一个图中绘出两条不同的曲线，上面是验证图，下面是损失值图，橙色的是训练 run，蓝色的是验证

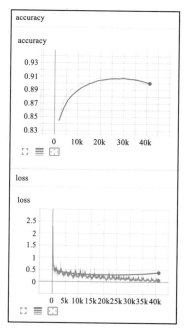

图 5-4　TensorBoard 中显示的验证准确率和训练和验证的损失函数值

图 7-9

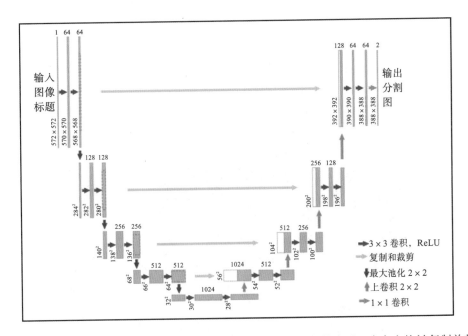

图 8-3 U-Net 架构。蓝色方块是由块生成的特征图,以其形状表示。白色方块被复制并裁剪特征图。不同的箭头表示不同的操作。资料来源:论文"Convolutional Networks for Biomedical Image Segmentation",作者 Olaf Ronnerberg 等

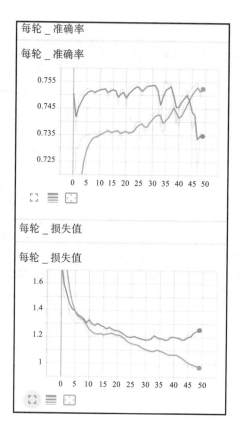

每轮_准确率

每轮_准确率

每轮_损失值

每轮_损失值

图 8-7　训练集（橙色）和验证集（蓝色）上的准确率和损失值。Keras 对用户隐藏了摘要用法和配置

图 9-2　这些人并不存在。每个图像尽管超级逼真，但都是由 GAN 生成的。你可以到 https:// thispersondoesnotexist.com/ 来自己尝试（图片来源，题为"Progressive Growing of GANs for Improved Quality, Stability, and Variation"的论文）

Hands-On Neural Networks with TensorFlow 2.0

TensorFlow 2.0
神经网络实践

［意大利］ 保罗·加莱奥内（Paolo Galeone）著

闫龙川 白东霞 郭永和 李妍 译

机械工业出版社
China Machine Press

图书在版编目（CIP）数据

TensorFlow 2.0 神经网络实践 /（意）保罗·加莱奥内（Paolo Galeone）著；闫龙川等译 .
—北京：机械工业出版社，2020.6

（智能系统与技术丛书）

书名原文：Hands-On Neural Networks with TensorFlow 2.0

ISBN 978-7-111-65927-3

I. T… II. ① 保… ② 闫… III. ① 人工智能 – 算法 ② 人工神经网络 – 算法 IV. TP18

中国版本图书馆 CIP 数据核字（2020）第 110047 号

本书版权登记号：图字 01-2020-1325

TensorFlow 2.0 神经网络实践

出版发行：机械工业出版社（北京市西城区百万庄大街 22 号　邮政编码：100037）

责任编辑：李忠明　　　　　　　　　　　　　责任校对：殷　虹

印　　刷：北京市荣盛彩色印刷有限公司　　　版　　次：2020 年 7 月第 1 版第 1 次印刷

开　　本：186mm×240mm　1/16　　　　　　印　　张：16.5（含 0.25 印张彩插）

书　　号：ISBN 978-7-111-65927-3　　　　　定　　价：89.00 元

客服电话：（010）88361066　88379833　68326294　　　投稿热线：（010）88379604

华章网站：www.hzbook.com　　　　　　　　　　　　　读者信箱：hzit@hzbook.com

　　当今，人工智能技术应用日益成熟，已经从实验室走进了各行各业，全球有大量的科研人员、软件工程师、数据科学家在从事着机器学习、神经网络方面的研究和开发设计工作。子曰："工欲善其事，必先利其器。"优良的开发工具能够大大激发人们的工作热情，开发出更加卓越的应用。TensorFlow 是神经网络领域一个极受欢迎的开发框架，TensorFlow 2.0 是该框架的最新版，增加了很多新的特性，以便开发人员快速构建各类神经网络，提高工作的效率和质量。

　　本书是一本介绍 TensorFlow 2.0 和神经网络的入门书籍，读者可以通过本书了解机器学习和神经网络，尤其是掌握 CNN、GAN 等深度神经网络的基本概念和关键技术，以及各种深度神经网络结构和最新应用情况，具备创建神经网络以解决各自领域实际问题的能力。

　　本书分为三个部分，分别讲解机器学习、TensorFlow 和神经网络的应用。第一部分主要介绍机器学习、神经网络与深度学习的基本概念。第二部分是 TensorFlow 基础，主要介绍 TensorFlow 2.0 的工作原理、与 1.x 版本的差别，以及如何定义一个完整的机器学习流水线。第三部分是神经网络的应用，介绍如何利用各类神经网络解决图像分类、目标检测、语义分割、图像生成等问题，展示了神经网络的强大能力，最后介绍如何将训练好的模型部署到生产环境，让神经网络在实际工作中发挥作用。

　　近年来，深度学习的快速崛起，将人工智能推向了一个新的历史高度。世界各国都非常重视人工智能研究、开发与应用，有大量的科学家、工程师从事这方面的工作。这个领域每天都有新的进展，一些顶级期刊和国际会议都会报道该领域最新的进展和科研成果，一些互联网公司会推出各类开发工具、框架和神经网络模型。感兴趣的读者，可以阅读有关人工智能方面的期刊和会议论文，掌握最新的神经网络模型和技术进展，在实际工作中创造更大的价值。《浮士德》中有句话："理论全是灰色的，唯有生命之树常青。"学习本书的最好方法是边阅读、边实践、边思考，在调试和执行代码的实践中掌握神经网络设计开发的各种方法和技巧，不断总结提高。本书在每章的最后提供了练习题，是非常不错的学习材料，希望读者认真完成，这样可以进一步融会贯通、锻炼本领。

　　我国非常重视人工智能的研究与应用工作，国务院印发了《新一代人工智能发展规划》，提出了以加快人工智能与经济、社会、国防深度融合为主线，以提升新一代人工智能科技创新能力为主攻方向的指导思想来发展智能经济，各行各业都在推进智能化，人工智能在电力、交通、医疗、教育、安全等领域的应用越来越广泛，这为人工智能的发展与应用提供了广阔的舞台和光明的前景。希望本书能为读者提供参考和借鉴，为我国新一代人工智能技术的普及应用贡献绵薄之力。

　　最后，我们要感谢本书的作者 Paolo Galeone，感谢他无私的经验分享和辛勤的工作，为我们带来这本书的英文版。感谢机械工业出版社华章公司的编辑们，是他们的耐心和鼓励使得本书能与读者很快见面。感谢家人的支持和理解。尽管我们努力准确、简洁地表达作者的思想，但仍难免有词不达意之处。译文中的错误和不当之处，敬请读者朋友不吝指正。

闫龙川

2020 年 3 月

技术领导者正在采用神经网络来增强他们的产品，使之更加智能，或者用一句市场营销的话来说，就是用人工智能赋能。本书是一本关于 TensorFlow 的动手实践指南，内容涉及其内部结构、2.0 版的新特性以及如何使用它们来创建基于神经网络的应用程序。学完本书，你将精通 TensorFlow 的架构及其新特性。借助神经网络，你将能够轻松地解决机器学习方面的问题。

这本书首先对机器学习和神经网络的理论进行概述，然后介绍 TensorFlow 库，包括 1.x 和 2.0 版本。通过阅读本书并借助易于学习的示例，你将精通神经网络的工作原理。接下来，你将学习如何掌握优化技术和算法，以便使用 TensorFlow 2.0 提供的新模块构建各种神经网络架构。此外，在分析了 TensorFlow 结构之后，你将在研究工作和项目中学习如何实现更复杂的神经网络架构，例如用于分类的 CNN、语义分割网络、生成式对抗网络等。

在本书的最后，你将掌握 TensorFlow 结构，并能够毫不费力地利用该机器学习框架来训练和使用不同复杂度的神经网络。

本书读者

本书面向希望了解 TensorFlow 结构和新特性的数据科学家、机器学习的开发人员、深度学习的研究人员和具有统计知识的开发者。要充分利用这本书，需要你掌握 Python 编程语言方面的知识。

本书主要内容

第 1 章涵盖机器学习的基本原理：什么是有监督学习、无监督学习和半监督学习，以及为什么这些区别非常重要。此外，你将开始了解如何创建数据流水线，如何度量算法的性能，以及如何验证结果。

第2章专注于神经网络。你将了解机器学习模型的优点，如何进行网络学习，以及如何在实践中执行模型参数更新。在该章结束时，你将了解到反向传播和网络参数更新背后的直觉。此外，你将了解为什么需要深层神经网络架构来解决具有挑战性的任务。

第3章涵盖 TensorFlow 的结构——该结构在 1.x 和 2.x 版本之间共享。

第4章演示 TensorFlow 1.x 和 TensorFlow 2.x 之间的区别。你将开始使用这两个版本开发一些简单的机器学习模型，还将了解这两个版本所有的共同特性。

第5章演示如何使用 tf.data API 定义完整的数据输入流水线，以及如何使用 tf.estimator API 定义实验。在该章结束时，你将能够使用 tf.data 和 tf.io.gfile API 的所有功能，创建复杂高效的输入流水线。

第6章介绍如何利用 TensorFlow Hub 与 Keras API 的紧密集成，轻松进行迁移学习和微调。

第7章演示如何扩展分类器，使其成为一个目标检测器以回归分析边界框的坐标，还介绍了更复杂的目标检测架构。

第8章介绍如何实现语义分割网络，如何为此类任务准备数据集，以及如何训练和测试模型的性能。你将使用 U-Net 解决语义分割问题。

第9章从理论和实践的角度来介绍 GAN。你将了解生成模型的结构，以及如何使用 TensorFlow 2.0 轻松实现对抗性训练。

第10章演示如何将训练过的模型转换为完整的应用程序。该章还介绍如何将训练好的模型以指定的表示方式导出（保存模型）并在完整的应用程序中使用它。在该章结束时，你能够导出一个训练好的模型，并在 Python、TensorFlow.js 以及 Go 中通过 tfgo 库来使用它。

充分利用本书

你需要对神经网络有一些基本的了解，但这并不是必需的，因为本书将从理论和实践的角度来讨论这些主题，有基本的机器学习算法工作经验更佳。你需要对 Python 3 有很好的了解。

你应该已经知道如何使用 pip 安装软件包，如何设置工作环境来使用 TensorFlow，以及如何启用（如果可用）GPU 加速。此外，还需要有良好的编程概念方面的背景知识，如命令式语言与描述性语言以及面向对象编程。

在学完前两章机器学习和神经网络理论的内容之后，第3章将介绍环境设置。

下载示例代码及彩色图像

本书的示例代码及所有截图和样图,可以从 http://www.packtpub.com 通过个人账号下载,也可以访问华章图书官网 http://www.hzbook.com,通过注册并登录个人账号下载。

该书的代码包也托管在 GitHub 上,网址为 https://github.com/PacktPublishing/Hands-on-Neural-Networks-with-TensorFlow-2.0。如果对代码有更新,将在现有的 GitHub 存储库上进行更新。

此外,在 https://github.com/PacktPublishing/ 上有丰富的图书和视频目录,以及其他的代码包。

排版约定

代码片段如下:

```
writer = tf.summary.FileWriter("log/two_graphs/g1", g1)
writer = tf.summary.FileWriter("log/two_graphs/g2", g2)
writer.close()
```

命令行输入和输出如下所示:

```
# create the virtualenv in the current folder (tf2)
pipenv --python 3.7
# run a new shell that uses the just created virtualenv
pipenv shell
# install, in the current virtualenv, tensorflow
pip install tensorflow==2.0
#or for GPU support: pip install tensorflow-gpu==2.0
```

黑体:表示新术语、重要的词或者屏幕上看到的词句。例如,菜单或对话框中出现的词。举例说明:"`tf.Graph` 图结构的第二个特点是它的**图集合**。"

ⓘ　警告或重要说明的图标。

🔅　提示和技巧的图标。

作者简介 *About the Author*

保罗·加莱奥内（Paolo Galeone）是一位具有丰富实践经验的计算机工程师。获得硕士学位后，他加入了意大利博洛尼亚大学的计算机视觉实验室，担任研究员，在那里他丰富了自己在计算机视觉和机器学习领域的知识，致力于广泛的研究课题。目前，他领导着意大利 ZURU 科技公司的计算机视觉和机器学习实验室。

2019 年，谷歌授予他机器学习领域的谷歌开发技术专家（Google Developer Expert，GDE）称号，以此认可他的专业技能。作为一名 GDE，他通过写博客、在会议上演讲、参与开源项目以及回答 Stack Overflow 上面的问题，分享了他对机器学习和 TensorFlow 框架的热爱。

About the Reviewer 审校者简介

卢卡·马萨罗（Luca Massaron）是一位数据科学家，拥有超过 15 年的分析工作经验，他通过最简单、最有效的数据挖掘和机器学习技术来解释大数据，并将其转换为智能数据。他出版了 10 本书，内容涉及机器学习、深度学习、算法和人工智能（AI），他还是机器学习领域的谷歌开发技术专家（GDE）。

我衷心感谢我的家人——Yukiko 和 Amelia，感谢她们的支持和充满爱意的耐心。

目 录 *Contents*

神经网络基础

本部分介绍机器学习，以及神经网络
与深度学习的重要概念。
本部分包括第 1 章和第 2 章。

Chapter 1 | 第 1 章

什么是机器学习

机器学习（Machine Learning，ML）是人工智能的一个分支，我们通过定义算法，以训练一个可从数据中描述和抽取有价值信息的模型。

ML 在工业环境中的预测性维护、医疗应用中的图像分析、金融及许多其他行业的时间序列预测、出于安全目的的人脸检测和识别、自动驾驶、文本解析、语音识别、推荐系统等数不胜数的领域都有着令人惊叹的应用，我们可能每天都在不知不觉中使用着它们！

想想看你的智能手机的相机应用程序——当你打开该应用程序，并将摄像头对准某个人时，你会在这个人的脸部周围看到一个方框。这怎么可能呢？对于计算机来说，图像仅仅是三个叠在一起的矩阵的集合。一个算法如何检测出表示人脸的像素的特定子集呢？

很有可能是相机应用程序使用的算法（也被称为**模型**）已经被训练好了，用于检测这种模式。此项任务被称为人脸识别。人脸识别可以由机器学习算法来解决，该算法可被归为有监督学习的范畴。

ML 通常分为三大类，我们将在以下部分中对所有内容进行分析：

❏ 有监督学习

❏ 无监督学习

❏ 半监督学习

每类方法都有自己的特点和算法集，但它们都有一个共同的目标：从数据中学习。从数据中学习是每个 ML 算法的目标，特别是学习将数据映射到（预期）响应的未知函数。

数据集可能是整个 ML 流水线中最关键的部分。它的质量、结构和大小是深度学习算法成功的关键，我们将在接下来的章节中看到。

例如前面提到的人脸识别，可以通过训练一个模型来解决，让它查看成千上万的带标签的示例，从而使算法学习到对应于我们所说的人脸的"特定的输入"。

如果在不同的人脸数据集上训练，同样的算法可以获得不同的性能，我们拥有的高质量数据越多，算法的性能就越好。

本章将介绍以下主题：

❑ 数据集的重要性
❑ 有监督学习
❑ 无监督学习
❑ 半监督学习

1.1　数据集的重要性

由于数据集的概念在 ML 中至关重要，因此，我们详细地研究一下，重点是如何创建所需的分割，以构建完整和正确的 ML 流水线。

数据集（dataset），顾名思义，是数据的集合。在形式上，可以将数据集描述为数据对 (e_i, l_i) 的集合：

$$\text{dataset} = \{(e_i, l_i)\}_{i=1}^{k}$$

其中 e_i 是第 i 个示例，l_i 是其标签，k 代表数据集的有限的基数。

一个数据集的元素数量是有限的，ML 算法将多次遍历该数据集，尝试了解数据结构，直到解决了要求它执行的任务。如第 2 章中所示，一些算法会同时考虑所有数据，而其他算法会在每次训练迭代中迭代查看一小部分数据。

典型的有监督学习任务是对数据集进行分类。我们在数据上训练一个模型，使其学习将示例 e_i 中提取的一组特定特征（或示例 e_i 本身）对应到标签 l_i 上。

🛈　一旦开启机器学习世界之旅，读者就应该熟悉数据集、数据集分割和轮的概念，以便在接下来的章节中讨论这些概念时，读者已了然于胸。

现在，你已了解什么是数据集。下面让我们深入研究一下数据集分割的基本概念。数据集包含你可以处理的所有数据，如前所述，ML 算法需要在数据集中多次遍历并查看数据，以便学习如何执行任务（例如分类任务）。

如果我们使用相同的数据集来训练和测试算法的性能，如何保证即使是在没见过的数据上，算法性能依然良好呢？好吧，我们做不到。

最常见的做法是将数据集分割为三部分：

❑ **训练集**：用于训练模型的子集。

❑ **验证集**：用于在训练期间测试模型性能以及执行超参数调整 / 搜索的子集。

❑ **测试集**：在训练或验证阶段不接触的子集。仅用于最终性能评估。

这三部分都是数据集的不相交子集，如图 1-1 所示。

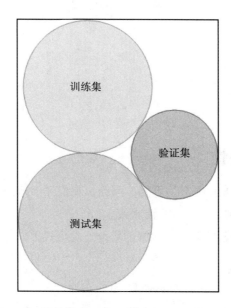

图 1-1　维恩图表示应如何分割数据集，训练集、验证集和测试集之间不应重叠

训练集通常是较大的子集，因为它必须是整个数据集的有意义的表示。验证集和测试集较小，而且通常大小相同——当然，这只是一般情况，对于数据集的基数没有限制。实际上，为了对算法进行训练和表示，唯一重要的是数据集要足够大。

我们会让模型从训练集中学习，使用验证集评估其在训练过程中的性能，并在测试集中进行最终的性能评估，这使我们能够正确定义和训练可以很好推广的有监督学习算法，因此即使在没见过的数据上也能很好地工作。

轮是学习算法对整个训练集处理一遍的过程。因此，如果我们的训练集有 60 000 个示例，一旦 ML 算法使用所有示例进行学习，就表示一轮过去了。

MNIST 数据集是 ML 中最著名的数据集之一。MNIST 是标记对（labeled pair）的数据集，其中每个示例都是一个手写数字的 28×28 二值图像，而标签是图像表示的数字。

然而，我们并不打算在本书中使用 MNIST 数据集，原因如下：

❑ MNIST 太简单了。不论是传统的还是最新的 ML 算法都可以几乎完美地对数据集进行分类（准确率 > 97%）。

❑ MNIST 被过度使用。我们不会使用与其他人相同的数据集来开发相同的应用程序。

❑ MNIST 无法代表现代计算机视觉任务。

上述原因来自 Zalando Research 的研究人员于 2017 年发布的一个名为 fashion-MNIST 的新数据集的描述。fashion-MNIST 也将是我们在本书中使用的数据集之一。

fashion-MNIST 是 MNIST 数据集的替代，这意味着它们具有相同的结构。正因如此，通过更改数据集路径，任何使用 MNIST 的源代码都可以使用 fashion-MNIST。

与原始的 MNIST 数据集一样，fashion-MNIST 由包含 60 000 个示例的训练集和 10 000 个示例的测试集组成，甚至图像格式（28×28）也是相同的。主要的区别在于：图像不是手写数字的二值图像，而是衣服的灰度图像。由于它们是灰度级不是二进制的，因此它们的复杂度较高（二进制表示背景值为 0，前景为 255；而灰度为全量程 [0, 255]）。如图 1-2 所示。

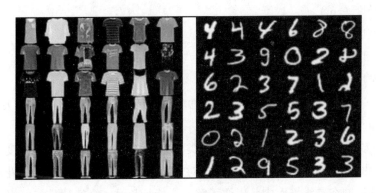

图 1-2 从 fashion-MNIST 数据集（左图）和 MNIST 数据集（右图）中采样的图像。值得注意的是，由于 MNIST 数据集是二值图像数据集，因此它更简单。而 fashion-MNIST 数据集，由于使用了灰度色板以及其数据集元素固有的内在复杂性，则更加复杂

像 fashion-MNIST 这样的数据集是用于有监督学习算法中使用的理想候选数据集，因为它们需要带有标注的示例进行训练。

在描述不同类型的 ML 算法之前，有必要熟悉 n 维空间的概念，这是每个 ML 从业者的必修课。

1.1.1　n 维空间

n 维空间是一种对数据集建模的方法，其示例各有 n 个属性。

数据集中的每个示例 e_i 都由它的 n 个属性 $x_{j=0,\cdots,n-1}$ 来描述，表达式如下：

$$e_i = (x_0, x_1, \cdots, x_{n-1})$$

直观地说，你可以考虑一个示例，如数据库表中的一行，其中的属性是列。例如，像

fashion-MNIST 这样的图像数据集是一个元素的数据集，每个元素都有 $28 \times 28 = 284$ 个属性——它们没有特定的列名，但是这个数据集的每一列都可以看作是图像中的一个像素位置。

当我们开始思考诸如 n 维空间中由属性唯一标识的点之类的示例时，就产生了维度的概念。

当维度小于或等于 3 且属性为数字时，可以很容易将此表示可视化。为了理解这个概念，让我们把目光投向数据挖掘领域中最常见的数据集——Iris 数据集。

这里我们要做的是探索性的数据分析。当开始使用一个新的数据集时，进行探索性数据分析是很好的做法：先对数据进行可视化并努力理解数据，再考虑将 ML 应用于数据集上。

该数据集包含三个类别，每个类别有 50 个示例，其中每个类别都指向鸢尾花的一种类型。这些属性都是连续的，除了以下标签 / 类：

❑ 萼片长度（cm）

❑ 萼片宽度（cm）

❑ 花瓣长度（cm）

❑ 花瓣宽度（cm）

❑ 类别——山鸢尾（Iris-Setosa）、变色鸢尾（Iris-Versicolor）和维吉尼亚鸢尾（Iris Virginica）

在这个小数据集中，有四个属性（加上类信息），这就意味着有四个维度，很难同时可视化。我们能做的就是在数据集中选取特征对（萼片宽度、萼片长度）和（花瓣宽度、花瓣长度），并将其绘制在二维平面中，以便了解一个特征与另一个特征是如何相关（或不相关）的，并找出数据中是否存在某些自然分区。

使用诸如可视化两个特征之间的关系之类的方法只能使我们对数据集进行一些初步的认识，在更复杂的场景中没有帮助，在这种情况下，属性的数量更多且不总是数值的。

在图 1-3 中，我们给每个类别分配不同的颜色，Setosa、Versicolor、Virginica 分别对应蓝色、绿色和红色。

正如我们从图 1-3 中看到的，在这个由属性（萼片长度、萼片宽度）所标识的二维空间中，蓝色圆点们彼此都很接近，而其他两个类别仍然是混合的。从图 1-3 中我们可以得到的结论是，鸢尾花的长度和宽度之间可能存在正相关关系，但除此之外没有其他关系。下面，让我们看一下花瓣之间的关系。如图 1-4 所示。

如图 1-4 所示，此数据集中有三个分割。为了区分它们，我们可以使用花瓣的长度和宽度属性。

分类算法的目标是让它们学习如何识别哪些特征是有区分性的，以便正确区分不同类的元素。神经网络已经被证明是避免进行特征选择和大量数据预处理的正确工具：它们对噪声有很强的抵抗力，以至于几乎不需要数据清理。

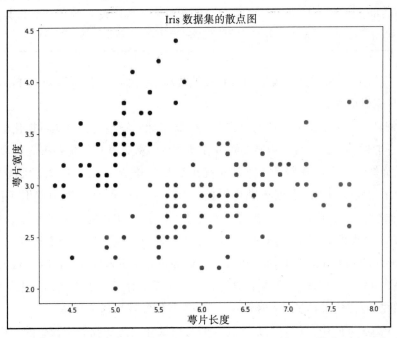

图 1-3　Iris 数据集的散点图，每个类别都有不同的颜色，x 轴和 y 轴分别表示萼片长度和萼片宽度（附彩图）

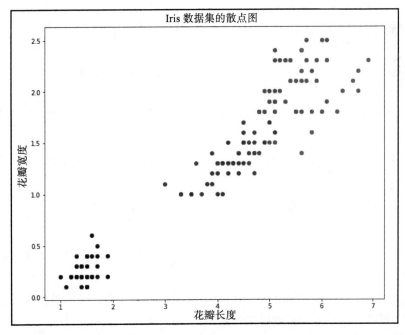

图 1-4　Iris 数据集的散点图，每个类别都有不同的颜色，x 轴和 y 轴分别表示花瓣长度和花瓣宽度（附彩图）

> ⓘ **警告** 这仅适用于大的数据集，其中噪声被正确的数据所淹没。对于小数据集，研究特征的最好办法是绘制特征，并提供重要特征作为输入来帮助 ML 算法。

Iris 数据集是可用来描述 n 维空间最直接的数据集。如果我们再回到 fashion-MNIST 数据集，事情将变得更加有趣。

一个示例具有 784 个特征，如何可视化 784 维空间？答案是：不能可视化！

我们唯一能做的就是降维，以减少可视化所需的维数，并更好地理解底层数据结构。

一种最简单的数据约简技术（通常对高维数据集毫无意义）是对随机选取的数据维度进行可视化。我们对 Iris 数据集进行了此操作：从四个可用维度中选取了两个随机维度，并将数据绘制在二维平面上。当然，对于低维空间，这可能会有所帮助，但对于诸如 fashion-MNIST 之类的数据集，则完全是在浪费时间。一些更好的降维技术，比如**主成分分析**（Principal Component Analysis, PCA）或 **t- 分布邻域嵌入算法**（t-distributed Stochastic Neighbor Embedding, t-SNE），在本书中我们将不做详细介绍，因为在接下来的章节中，我们将用到的数据可视化工具 TensorBoard，已经为我们实现了这些算法。

此外，在高维空间中工作时，某些特定的几何属性无法如我们所预想的那样正常工作，这被称为**维度诅咒**。下面我们将看到如何使用一个简单的几何示例来说明随着维度的增加，欧几里得距离是如何不同工作的。

1.1.2 维度诅咒

在 D 维空间中以 $c = \left(\dfrac{1}{2}, \dfrac{1}{2}, \cdots, \dfrac{1}{2} \right)$ 为中心取一个超立方体 $[0,1]^D$。以 D 维超球面为例，S^D 以空间原点 $o=(0,0,\cdots,0)$ 为中心。直观地说，超立方体的中心 c 在球面内，对于 D 的每个值都成立吗？

我们可以通过度量超立方体中心与原点之间的欧几里得距离来验证这一点：

$$L_2(c,o) = \sqrt{\sum_{i=1}^{D} \left(\frac{1}{2} - 0 \right)^2} = \sqrt{D \cdot \left(\frac{1}{2} \right)^2} = \frac{1}{2} \cdot \sqrt{D}$$

由于球体的半径在任何维度上均为 1，因此可以得出结论，当 D 大于 4 时，超立方体的中心在超球体之外。

在维度诅咒中，指的是只有在高维空间中处理数据时才会出现的各种现象，而在二维或三维空间等低维环境中不会出现这些现象。

随着维度的增加，一些违反直觉的事情开始发生，这就是维度诅咒。

现在，应该更清楚的是，在高维空间中工作并不容易，而且也不直观。深度神经网络的最大优势之一（也是其广泛使用的原因之一），是在高维空间中使问题易于处理，从而逐层降维。

我们将要描述的第一类 ML 算法是有监督学习。当我们试图寻找能够在 n 维空间中划分不同类别元素的函数时，这类算法是合适的工具。

1.2　有监督学习

有监督学习算法的工作原理是从**知识库**（Knowledge Base, KB）中提取知识，KB 包含我们需要学习的概念的标注实例的数据集。

有监督学习算法是两阶段算法。给定一个有监督学习问题，比如说一个分类问题，算法会在第一阶段尝试解决问题，该阶段称为**训练阶段**；在第二阶段对其性能进行评估，该阶段称为**测试阶段**。

如 1.1 节定义的三个数据集分割（训练、验证和测试）、两阶段算法，这应发出警报：为什么会有一个两阶段算法和三个数据集分割？

因为第一阶段（应该在完善的流水线中）使用两个数据集。我们可以将这些阶段定义为如下。

❑ **训练和验证**：该算法对数据集进行分析以生成一个理论，该理论对它所训练的数据及它从未见过的项目均有效。

　　因此，该算法试图发现和概括一个概念，该概念将具有相同标签的示例与示例本身联系起来。

　　直观地说，如果你有一个标注了猫和狗的数据集，你希望你的算法能够区分它们，同时能够对带有相同标签的示例可能具有的变化（例如颜色、位置、背景等各不相同的猫）具有鲁棒性。

　　在每个训练阶段结束时，应使用验证集上的度量指标进行性能评估，以选择在验证集上达到最佳性能的模型，并调整算法超参数以获得最佳结果。

❑ **测试**：将所学的理论应用于在训练和验证阶段从未见过的标注示例。这使我们能够测试算法如何在从未用于训练或选择模型超参数的数据上执行，这是一个真实的场景。

有监督学习算法是一个广泛的范畴，它们都有共享标记数据集的需求。不要被标签的**概念**所迷惑：标签不一定是一个离散值（猫、狗、房子、马），事实上，它也可以是一个连续值。重要的是数据集中存在关联（例如，数值）。更正式地讲，该示例是预测变量，而数值是因变量、结果或目标变量。

根据期望结果的类型，有监督学习算法可以分为两类如图 1-5 所示。

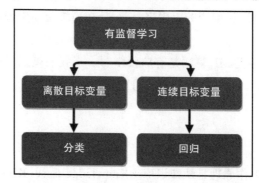

图 1-5   有监督学习 – 目标变量定义要解决的问题

❑ **分类**：标签是离散的，目的是对示例进行分类并预测标签。分类算法的目的是了解分类边界。这些边界是将示例所在的空间划分为多个区域的函数。

❑ **回归**：目标变量是连续的，目的是通过示例学习回归连续值。

在接下来的章节中，我们将会看到一个回归问题，一个脸部周围的边界框角坐标的回归。人脸可以在输入图像中的任何位置，并且该算法已学会对边界框的八个坐标进行回归。

参数和非参数算法用于解决分类和回归问题。最常见的非参数算法是 k-NN 算法。它是用于介绍距离和相似性的基本概念。这些概念是每个 ML 应用程序的基础。下面我们介绍 k-NN 算法。

1.2.1   距离和相似性——k-NN 算法

k-NN 算法的目标是找到与给定元素相似的元素，使用相似度对它们进行排序，然后返回找到的前 k 个相似元素（按相似度排序的前 k 个元素）。

为此，需要度量将数值分数分配给两个点的函数所需的相似度：分数越高，元素的相似度越高。

由于我们将数据集建模为 n 维空间中的一组点，因此我们可以使用任何 L_p 范数或任何其他得分函数（即使它不是度量标准）来度量两点之间的距离，并考虑紧密相接的相似元素和相距很远的相异元素。范数 / 距离函数的选择是完全任意的，它应该取决于 n 维空间的拓扑结构（这就是为什么我们通常会降低输入数据的维度，并且尝试在低维空间中度量距离，这样维度诅咒给我们带来的麻烦会更少）。

因此，如果要度量维度为 D 的数据集中元素的相似度，给定一个点 p，则必须度量并收集从 p 到其他每个点 q 的距离：

$$\| p - q_i \| = \left(\sum_{j=0}^{D-1} | p - q_{i,j} |^p \right)^{\frac{1}{p}}$$

前面的示例显示了在连接 p 和 q 的距离向量上计算通用 p 范数的一般情况。实际上，令 $p=1$ 表示曼哈顿距离，令 $p=2$ 表示欧氏距离。无论选择什么距离，该算法都是通过计算距离函数并按接近度排序来衡量相似度的。

当 k-NN 应用于分类问题时，通过其 k 个相邻点的投票对点 p 进行分类，其投票结果就是其类别。因此，以特定类别分类的对象取决于它周围的元素的类别。

将 k-NN 应用于回归问题时，算法的输出为 k-NN 的平均值。

k-NN 只是近年来发展起来的非参数模型的一种，但是参数模型通常表现出更好的性能。我们将在下面介绍。

1.2.2　参数模型

在本书中我们描述的 ML 模型均为参数模型，这意味着可以使用一个函数描述一个模型，该函数的输入输出都是已知的（这一点在有监督学习的情况下是显而易见的），目的是更改模型参数，以便在给定特定输入的情况下，使模型产生预期的输出。

给定一个输入样本 $x=(x_0, x_1, \cdots, x_{n-1})$ 和期望的结果 y，ML 模型是参数函数 f_θ，其中 θ 是在训练过程中要更改的模型参数集，以便拟合数据（或者换句话说，生成一个假设）。

我们可以用来阐明模型参数概念的最直观、最直接的示例是线性回归。

线性回归试图通过将一个线性方程拟合到观测数据，从而对两个变量之间的关系建模。线性回归模型的方程式为：

$$y = mx + b$$

这里，x 是自变量，y 是因变量，参数 m 是比例因子或斜率，b 是截距。

因此，在训练阶段必须更改的模型参数为 $\theta = \{m, b\}$。

我们在讨论训练集中的一个例子，但是这条线应该是最适合训练集中所有点的一条线。当然，我们对数据集做了一个很强的假设，由于模型的性质，我们使用的模型是一条线。因此，在尝试将线性模型拟合到数据之前，我们应该首先确定因变量和自变量之间是否存在线性关系（通常使用散点图是有用的）。

拟合回归线方程最常用的方法是最小二乘法。该方法通过最小化从每个数据点到该线的垂直偏差的平方和来计算观测数据的最佳拟合线（如果点正好位于拟合线上，则其垂直偏差为 0）。正如我们将在第 2 章中看到的那样，观测数据与预测数据之间的这种关系称为损失函数。

因此，有监督学习算法的目标是迭代数据并迭代调整参数 θ，使 f_θ 能够正确地对观察到的现象进行建模。

然而，当使用更复杂的模型时（如神经网络中有大量可调整的参数），调整参数可能会导致不良结果。

如果我们的模型仅由两个参数组成，并且正在尝试对线性现象进行建模，那么就没有问题。但是，如果我们尝试对 Iris 数据集进行分类，则无法使用简单的线性模型，因为很容易看出，我们要学习的划分不同类别的函数并不是一条简单的直线。

在这种情况下，我们可以使用具有大量可训练参数的模型，这些模型可以调整其变量以使其几乎完全适合数据集。这听起来似乎很完美，但在实际中这是不可取的。事实上，该模型调整参数使其仅拟合了训练数据，几乎记住了数据集，因此失去了全部泛化能力。

这种现象被称为**过拟合**，当我们使用的模型过于复杂而无法为简单事件建模时，就会发生这种现象。当我们的模型对于数据集而言过于简单，因此无法捕获数据的所有复杂性时，会发生另一种情况，称为**欠拟合**。

每个 ML 模型都旨在学习并适应其参数，以使其对噪声和泛化具有鲁棒性，这意味着要找到一个合适的近似函数来表示预测变量与响应之间的关系。如图 1-6 所示。

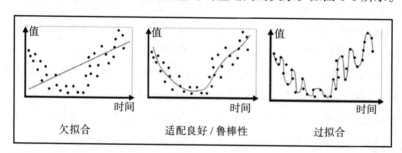

图 1-6　虚线表示模型的预测。左图可以看到，欠拟合是一个泛化性能非常差的模型。中图代表了一个很好的模型，与右图存储训练集并过拟合的模型相比，它可以很好地被推广

这些年来，已经开发了几种有监督学习算法。但是，这本书将集中于 ML 模型，该模型被证明具有更多的通用性，并且可以用来解决几乎所有有监督、无监督和半监督的学习任务：神经网络。

在训练和验证阶段的介绍中，我们讨论了尚未引入的两个概念：超参数和度量。

❑ **超参数**：当要完全定义的算法需要将值分配给一组参数时，需要考虑超参数。我们将定义算法本身的参数称为超参数。例如，神经网络中神经元的数量就是一个超参数。

❑ **度量指标**：是给出模型预测的函数。预期的输出会产生一个数字值分数，用于衡量模型的优劣。

度量指标是每个 ML 流水线中的关键组件。它们非常有用且功能强大，值得一个单独的章节来专门介绍。

1.2.3 评估模型性能——度量指标

在评估和测试阶段评估有监督学习算法是任何设计良好的 ML 流水线的重要组成部分。

在描述各种可用度量指标之前，有一件事值得注意：我们始终可以对每个数据集的分割进行模型性能测试。在训练阶段，通常是在每轮训练结束时，我们可以在训练集本身以及验证集上测试算法的性能。绘制曲线在训练过程中的变化方式，并分析训练和验证曲线之间的关系，使我们能够快速确定 ML 模型先前描述的病态情况——过拟合和欠拟合。

有监督学习算法的显著优势在于将算法的预期结果包含在数据集中，因此，本文提出的所有度量指标均使用标签信息来评估模型的"执行情况"。

有衡量分类器性能的指标和衡量回归模型性能的指标。显然，即使它们都是有监督学习算法家族的成员，将分类器作为回归器对待也没有任何意义。

用于评估有监督学习算法的第一个和最常用的度量指标是准确率。

1. 准确率

准确率（accuracy）是做出的正确预测的数量与所有预测的数量之比。

准确率用于衡量多分类问题的分类性能。

给定 y_i 作为标签，$\hat{y}_i$ 作为预测，我们可以定义第 i 个示例的准确率如下：

$$accuracy(\hat{y}, y) = \begin{cases} 1 & \hat{y}_i = y_i \\ 0 & \text{其他} \end{cases}$$

因此，对于一个包含 N 个元素的完整数据集，所有样本的平均精度如下：

$$accuracy(D) = \frac{1}{N}\sum_{i=1}^{N} accuracy(\hat{y}_i, y_i)$$

在使用这个度量指标时，我们必须注意数据集 D 的结构。事实上，只有在属于每个类别的样本数量相等时，它才能很好地工作（我们需要使用平衡的数据集）。

在不平衡数据集的情况下，或者当预测错误类别的错误高于 / 低于预测另一个类别时，准确率不是使用的最佳度量指标。要了解原因，请考虑仅包含两个类别的数据集的情况，其中 80% 的样本属于类别 1，20% 的样本属于类别 2。

如果分类器仅预测类别 1，则此数据集中测得的准确率为 0.8，但是，这当然不是衡量分类器性能的好方法，因为无论输入什么，它总是预测相同的类。如果使用 40% 的类别 1 样本和类别 2 的其余样本在同一测试集上测试同一模型，则度量值将降至 0.4。

记住，度量指标可以在训练阶段用于衡量模型的性能，我们可以通过查看验证准确率和训练准确率来监控训练的执行情况，以检测我们的模型是否对训练数据过拟合或欠拟合。

如果模型可以对数据中存在的关系进行建模，则训练准确率会提高；如果不是，则模型过于简单，我们无法拟合数据。在这种情况下，我们必须使用具有更高学习能力（具有更多可训练参数）的复杂模型。

如果训练准确率提高了，我们可以开始查看验证准确率（总是在每轮训练结束时）：如果验证准确率停止增长甚至开始下降，则该模型过拟合了训练数据，我们应该停止训练（这称为**提前停止**，是一种正则化技术）。

2. 混淆矩阵

混淆矩阵是表示分类器性能的一种表格方式。它可用于总结分类器在测试集上的表现，且仅可用于多分类问题。矩阵的每一行表示预测类中的实例，而每一列表示实际类中的实例。例如，在二分类问题中，我们可以得到如表 1-1 所示的结果。

表 1-1

Samples: 320	Actual: YES	Actual: NO
Predicted: YES	98	120
Predicted: NO	150	128

值得注意的是，混淆矩阵**不是一个度量指标**；事实上，矩阵本身并不能衡量模型的性能，但它是计算几个有用度量指标的基础，所有这些度量指标均基于真阳性、真阴性、假阳性和假阴性。

这些术语均指**一个类**，这意味着在计算这些术语时，必须将多分类问题视为二分类问题。给定一个多分类问题，其类别为 A，B，…，Z，如下：

❑ **（TP）A 的真阳性**：所有归类为 A 的 A 实例。
❑ **（TN）A 的真阴性**：所有未归类为 A 的非 A 实例。
❑ **（FP）A 的假阳性**：所有归类为 A 的非 A 实例。
❑ **（TP）A 的假阴性**：所有未归类为 A 的 A 实例。

当然，这可以应用于数据集中的每个类，这样每个类就可得到这四个值。

我们可以计算的具有 TP、TN、FP 和 FN 值的重要度量指标是精度、召回率和 F1 分数。

精度

精度是正确的阳性结果数与预测的阳性结果数的比值：

$$精度 = \frac{TP}{TP+FP}$$

该度量指标的名称本身就描述了在此处量的内容：[0,1] 范围内的一个数字，它表示分类器的预测准确率，此值越高越好。但是，就准确率而言，仅使用精度值可能会产生误导。高精度只是意味着，当我们预测正类时，我们对它的检测是精确的。但这并不意味着我们在不检测这个类时它也是准确的。

为了了解分类器的完整行为还应考虑的另一项度量指标是召回率。

召回率

召回率是指正确阳性结果的数量除以所有相关样本（例如，所有应该归类为阳性的样本）的数量：

$$召回率 = \frac{TP}{TP+FN}$$

与精度一样，召回率的范围是 [0,1]，表示正确分类的样本占该类所有样本的百分比。召回率是一个重要的度量指标，特别是在图像目标检测等问题上。

通过度量二分类器的精度和召回率，可以调整分类器的性能，使其按需运行。

有时候，精度比召回率更重要，反之亦然。因此，有必要花一小段时间来介绍分类器机制。

分类器机制

有时，将分类器机制置于高召回率体系中是值得的。这意味着我们希望拥有更多的假阳性，同时也要确保检测到真阳性。

在计算机视觉工业应用中，当生产线需要制造产品时，通常需要高召回机制。然后，在装配过程结束时，由人工控制整个产品的质量是否达到要求的标准。

由于生产线需要具有高的吞吐量，因此控制组装机器人的计算机视觉应用程序通常在较高的召回率机制下工作。将计算机视觉应用程序设置为高精度状态会经常中断生产线，从而降低总体吞吐量并导致公司亏损。

在现实场景中，改变分类器工作机制的能力是极其重要的，在该场景中，分类器被用作生产工具，应使其能够适应业务决策。

在其他情况下，则需要高精度的方案。在工业场景中，有一些计算机视觉应用程序过程很关键，因此，这些过程需要高精度。

在发动机生产线中，可以使用分类器来决定摄像机看到的哪个部件要在发动机中挑选和装配的正确部件。这种情况下需要一个高精度的机制，而不鼓励使用高召回机制。

F1 分数是结合了精度和召回率的度量指标。

F1 分数

F1 分数是精度和召回率之间的调和平均值。此值的取值范围为 [0,1]，表示分类器的精度和鲁棒性。

F1 分数的值越大，模型的整体性能越好：

$$F1 = 2 \cdot \frac{1}{\dfrac{1}{精度}+\dfrac{1}{召回率}}$$

ROC 曲线下面积

受试者工作特征（Receiving Operating Characteristic，ROC）曲线下面积是衡量二分类问题最常用的度量指标之一。

大多数分类器产生 [0, 1] 范围内的分数，而不是直接作为分类标签。分数必须用阈值来决定分类。一个自然的阈值是当分数高于 0.5 时将其归类为阳性，否则将其归类为阴性，但这并不总是应用程序希望的（考虑如何识别患有疾病的人）。

改变阈值将改变分类器的性能，改变 TP、FP、TN、FN 的数量，从而改变总体的分类性能。

可以通过绘制 ROC 曲线来考虑阈值变化的结果。ROC 曲线考虑了假阳性率（特异性）和真阳性率（灵敏度）：二分类问题是这两个值之间的权衡。可将这些值描述如下。

❑ **灵敏度**：真阳性率定义为被正确视为阳性的阳性数据点相对于所有阳性数据点的比例：

$$TPR = \frac{TP}{FN+TP}$$

❑ **特异性**：假阳性率定义为被认为是阳性的阴性数据点相对于所有阴性数据点的比例：

$$FPR = \frac{FP}{FP+TN}$$

AUC 是 ROC 曲线下的面积，可通过更改分类阈值获得。见图 1-7。

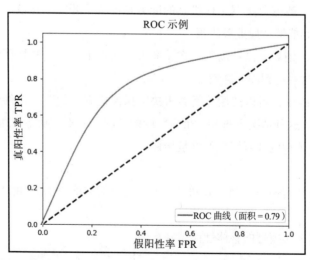

图 1-7　通过更改分类阈值获得的 ROC 曲线。虚线表示随机猜测的期望

很明显，TPR 和 FPR 的取值范围均在 [0,1] 范围内，通过改变分类器的分类阈值来绘

制图像，以获得每个阈值的不同 TPR 和 FPR 对。AUC 的取值也在 [0,1] 范围内，值越大，说明模型性能越好。

如果我们对度量回归模型的精度和召回率的性能感兴趣，并且从混淆矩阵收集的所有数据都是无用的，那么我们必须使用其他度量指标来度量回归误差。

3. 平均绝对误差

平均绝对误差（MAE）是原始值和预测值之间的绝对差的平均值。由于我们现在对衡量回归器的性能很感兴趣，因此必须考虑 y_i 和 $\hat{y}_i$ 的值是数值：

$$\text{MAE} = \frac{1}{N}\sum_{i=1}^{N}|y_i - \hat{y}_i|$$

MAE 值没有上限，其下限为 0。显然，我们希望 MAE 的值尽可能接近于 0。

MAE 为我们指出了预测与实际输出之间的差距，这个指标很容易解释，因为它的值也与原始响应值处于相同的范围。

4. 均方误差

均方误差（MSE）是原始值与预测值之差的平方的平均值：

$$\text{MSE} = \frac{1}{N}\sum_{i=1}^{N}(y_i - \hat{y}_i)^2$$

与 MAE 一样，MSE 没有上限，下限为 0。

相反，平方项的存在使度量指标不太容易解释。

最佳实践之一是同时考虑这两个度量指标，以便获得有关错误分布的尽可能多的信息。

MAE ≤ MSE 关系成立，因此以下情况成立：

❑ 如果 MSE 接近 MAE，则回归器会产生较小的误差。

❑ 如果 MSE 接近 MAE^2，则回归器会产生较大的误差。

度量指标可能是 ML 模型选择和性能衡量工具中最重要的组成部分：它们表示期望输出和模型实际输出之间的关系。这种关系非常重要，正是我们想要优化模型的原因，我们将会在第 2 章中看到，届时我们将会介绍损失函数的概念。

此外，由于我们在本书中处理的模型都是参数化的模型，因此我们可以在训练过程中/训练过程结束时计算度量指标，并保存达到最佳验证/测试性能的模型参数（以及模型的定义）。

使用参数化模型可以为我们提供这种灵活性——我们可以在模型达到所需性能时冻结其状态，然后继续进行训练，更改超参数并尝试使用不同的配置/训练策略，同时还具有了已存储了良好性能模型的确定性。

在训练过程中有度量标准和度量能力，再加上可以保存的参数化模型的使用，使我们有能力评估不同的模型，只保存最符合我们需求的模型。这个过程被称为**模型选择**，是每一个设计良好的 ML 流水线的基础。

我们把重点放在了有监督学习算法上，但当然，ML 远远不止于此（即使是严格的有监督学习算法在解决实际问题时也有了最好的性能）。

我们将简要描述的下一类算法来自无监督学习家族。

1.3　无监督学习

与有监督学习相比，无监督学习在训练阶段不需要带标注的示例数据集，只有在测试阶段，当我们想要评估模型的性能时才需要标注。

无监督学习的目的是发现训练集中的自然划分。这是什么意思？想想 MNIST 数据集，它有 10 个类别，我们知道这一点，因为每个示例在 [1,10] 范围内都对应不同的标签。一个无监督学习算法必须发现数据集中有 10 个不同的对象，并通过在没有事先了解标签的情况下查看示例来实现。

显然，与有监督学习算法相比，无监督学习算法具有挑战性，因为它们不依赖于标签的信息，它们必须自己发现标签的特征并学习标签的概念。尽管具有挑战性，但它们的潜力是巨大的，因为它们能在数据中发现人类难以检测到的模式。需要从数据中提取价值的决策者经常使用无监督学习算法。

考虑一下欺诈检测的问题：有一组交易，人与人之间交换了巨额资金，并且你不知道其中是否存在欺诈交易，因为在现实世界中没有标签！

在这种情况下，应用无监督学习算法可以帮助你找到正常交易的自然分区，并帮助你发现异常值。

离群点是指数据中发现的任何分区（也称为类簇）之外的点，通常是远离这些分区的点，或者是分区本身具有某些特定特征的点，这些特征使其不同于普通分区。

因此，无监督学习经常用于异常检测任务以及许多不同的领域：不仅用于欺诈检测，还用于图像、视频流、来自生产环境中传感器的数据集流等的质量控制。

无监督学习算法也是两阶段算法。

❑ **训练和验证**：由于训练集内没有标签（如果存在的话，它们应该被丢弃），所以训练该算法来发现数据中存在的模式。如果有一个验证集，它应该包含标签。模型的性能可以在每轮训练结束时进行测试。

❑ **测试**：在算法的输入中给出标注数据集（如果存在这样的数据集），并将其结果与标签的信息进行比较。在这一阶段，我们使用标签的信息来度量算法的性能，以验证算法学会从人类也能检测到的数据中提取模式。

仅针对这些示例，无监督学习算法不是根据标签类型（作为有监督学习算法）进行分类，而是根据它们发现的内容进行分类。

无监督学习算法可分为以下几类。如图 1-8 所示。

❏ **聚类**：目的是发现类簇，即数据的自然分区。

❏ **关联**：在这种情况下，目标是发现描述数据及其之间关联的规则。这些通常用于提供建议。

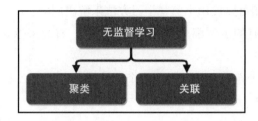

图 1-8　无监督学习系统有两大类算法

关联学习算法是数据挖掘领域的强大工具，它们被用来发现规则，例如"如果一个人正在购买黄油和面包，他可能也会购买牛奶"。学习这些规则在商业上是一个巨大的竞争优势。通过回顾前面的示例，为了最大限度地提高销售，商店可以把黄油、面包和牛奶放在同一个货架上售卖！

在聚类算法的训练阶段，我们感兴趣的是度量模型的性能，就像在有监督学习情况下一样。在无监督学习算法中，度量指标更为复杂，且依赖于要解决的任务。我们通常所做的是利用数据集中存在的、但在训练期间没有使用的额外标签，从而将问题重新引导到有监督学习问题上，并使用常用的度量指标。

在有监督学习的情况下，存在参数化模型和非参数化模型。

大多数非参数算法通过度量数据点与数据集中其他数据点之间的距离来实现的。然后，利用距离信息对不同区域的数据空间进行聚类。

像有监督学习案例一样，多年来已经开发了许多算法来寻找非标注数据集中的自然分区或规则。然而，神经网络已经被应用于解决无监督学习任务，并且取得了优异的性能，显示出了非常灵活的特性。这是本书仅关注神经网络的另一个原因。

无监督学习算法明确要求在训练阶段不包含任何标签信息。然而，既然标签可能存在于数据集中，为什么不利用它们的存在，同时仍然使用 ML 算法来发现数据中的其他模式呢？

1.4　半监督学习

半监督学习算法介于有监督学习算法和非监督学习算法之间。

它们依赖于这样一个假设，即我们可以利用标注数据的信息来改进无监督学习算法的结果，反之亦然。

能否使用半监督学习取决于可用数据：如果只有标注数据，则可以使用有监督学习；如果没有任何标注数据，则必须使用非监督学习。但是，假设有以下情况：

❑ 带标签和不带标签的示例

❑ 都标注为相同类的示例

如果有这些情况，则可以使用半监督学习方法来解决问题。

在这个场景中，所有的示例都标注为同一个类别，看起来像是一个有监督学习问题，但事实并非如此。

如果分类的目的是找到一个至少划分两个区域的边界，那么如果只有一个区域，如何定义区域之间的边界呢？

我们不能！

无监督学习或半监督学习是解决这类问题的方法。该算法将学习如何对输入空间进行分区（希望在单个类簇中）、其形状以及数据是如何在空间中分布的。

可以使用无监督学习方法来了解数据中是否存在单个类簇。通过使用标签，从而切换到半监督学习方法，我们可以对空间施加一些额外的约束，以便更好地表示数据。

一旦无监督学习/半监督学习算法了解了数据的表示形式，我们就可以测试一个新的示例（我们在训练过程中从未见过的示例）是否属于类簇。或者，我们可以计算一个数值分数，以告诉我们新示例在学习到的表示中的"适合程度"。

与无监督学习算法一样，半监督学习算法也分为两个阶段。

1.5 总结

在本章中，我们从一般的、理论的角度对 ML 算法进行了介绍。对于什么是机器学习，如何对算法进行分类，在特定的任务中使用哪种算法，以及如何熟悉机器学习从业者使用的所有概念和术语，这些都是至关重要的。

在第 2 章中，我们将重点讨论神经网络。我们将了解机器学习模型的优势，如何进行网络学习以及如何在实践中执行模型参数更新。

1.6 练习题

回答以下问题非常重要。你正在构建 ML 基础，不要跳过此步骤！

1. 给定一个包含 1000 个带有标签的示例的数据集，如果想在训练、验证和测试阶段测试有监督学习算法的性能，同时又要使用准确率作为唯一度量指标，该怎么办？

2. 有监督学习和无监督学习有什么区别？

3. 精度和召回率有什么区别？

4. 高召回机制中的模型比低召回机制中的模型产生更多或是更少的假阳性？

5. 混淆矩阵只能用于二分类问题吗？如果不是，我们如何在一个多分类问题中使用它？

6. 一分类问题是有监督学习问题吗？如果是，为什么？如果不是，为什么？

7. 如果二元分类器的 AUC 为 0.5，可以从中得出什么结论？

8. 写出精度、召回率、F1 分数和准确率的公式。为什么 F1 很重要？精度、准确率和召回率之间有关系吗？

9. 用真阳性率和假阳性率绘制 ROC 曲线。ROC 曲线的目的是什么，真阳性率 / 假阳性率与精度 / 召回率之间有没有关系？提示：用数学来描述。

10. 什么是维度诅咒？

11. 什么是过拟合和欠拟合？

12. 模型的学习能力是什么？是否与过拟合 / 欠拟合有关？

13. 写出 Lp 范数公式——这是测量点间距离的唯一方法吗？

14. 我们怎么能说一个数据点与另一个数据点相似呢？

15. 什么是模型选择？为什么它很重要？

Chapter 2 第 2 章

神经网络与深度学习

神经网络是本书将要探讨的主要机器学习模型。神经网络在很多领域都有广泛应用，从计算机视觉（图像目标定位）到金融领域（金融诈骗检测），从贸易甚至到艺术领域。在这些应用中，神经网络与对抗训练过程共同用于建立模型，这些模型能够生成多种令人惊叹的、新的、前所未有的艺术。

本章可能是整本书中理论知识最丰富的一章，将展示如何定义神经网络以及如何训练它们学习。首先介绍用于人工神经元的数学公式，我们将重点介绍为什么神经元必须具有某些特征才能学习。之后详细解释全连接和卷积神经拓扑，因为这些几乎是所有神经网络架构的基础组成部分。同时，将介绍两个非常必要的概念——深度学习和深度架构，因为正是深度架构使得现在的神经网络能够以超人的表现解决一些挑战性问题。

最后，本章将介绍用于训练参数模型的优化过程与用于改善模型性能的正则化技术。梯度下降、链式规则和图表示计算都有专门章节进行介绍，因为对于任何机器学习从业者来说，当一个框架用于训练模型时，能够知道会发生什么是极为重要的。

如果你已经熟悉本章将要介绍的概念，则可以直接跳转进入第 3 章，该章专门用于介绍 TensorFlow 图架构。

本章将介绍以下主题：

❑ 神经网络

❑ 优化

❑ 卷积神经网络

❑ 正则化

2.1　神经网络

最早的神经计算机发明者之一的 Robert Hecht-Nielsen 博士在 *Neural Network Primer——Part I* 中，对"神经网络"定义如下：

"一个由许多简单的、高度互连的处理元件组成的计算系统，通过对外部输入进行动态状态响应来处理信息。"

实践中，我们可以把人工神经网络看作一个计算模型，它基于人类大脑被人们认为的工作机制。也就是说，人工神经网络的数学模型受到了生物神经元的启发。

2.1.1　生物神经元

我们都知道，大脑的主要计算单元称为神经元。在人类的神经系统中，已发现大约有860 亿个神经元，所有这些神经元通过突触连接。图 2-1 展示了生物神经元和模仿生物神经元工作机制的数学模型。

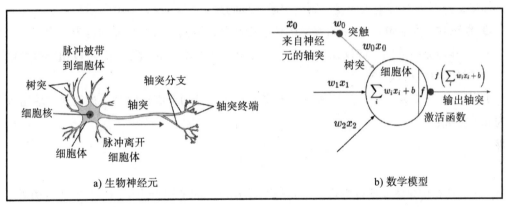

图 2-1　左侧 a 为生物神经元图示，右侧 b 为其数学模型。资料来源：斯坦福大学 CS231n

生物神经元由以下部分组成：

- **树突**：细小的纤维，以电信号的形式将信息从外部传递到细胞核。
- **突触**：神经元之间的连接点。神经元在与树突相连的突触上接收输入信号。
- **细胞核**：接收并处理来自树突的信号，产生响应（输出信号）并将其发送至轴突。
- **轴突**：神经元的输出通道。它可以连接到其他神经元突触。

每个神经元接受来自其树突的输入信号，并将其传输到细胞核中进行处理。树突对信号进行处理，由此对来自每个输入突触的兴奋和抑制信号进行整合。细胞核接收整合后的信号并将其相加。如果最终的总和超过了某个阈值，神经元就会被触发，产生的信息就会通过轴突向下传递，进而传递到任何其他相连的神经元。

神经元之间传输的信号量取决于连接的强度。神经元的排列和这些突触的强度确定了神经网络的功能。

如同某些类型输入信号的函数，生物神经元的学习阶段是对细胞核所产生的输出信号随时间变化进行的调整。神经元就会一直专门识别特定的激励信号。

2.1.2 人工神经元

人工神经元以生物神经元的结构为基础，利用具有实值的数学函数来模拟其行为。这种人工神经元称为**感知机**，这是科学家弗兰克·罗森布拉特（Frank Rosenblatt）在20世纪五六十年代提出的一个概念。将这个数学类比考虑进来，我们可以按如下方式讨论生物神经元：

❑ **树突**：神经元接受的输入的数量，也可以将它看作是输入数据的维数 D。
❑ **突触**：与树突相关的权重，记为 w_i, $i=0, 1, \cdots, D–1$。这些值在训练阶段会发生变化，训练结束后神经元就被特化（它学会了从输入中提取特定特征）。

如果 x 是一个 D 维输入向量，则由突触执行的操作为 $x_i w_i \; \forall i \in [0, D–1]$。

❑ **细胞核**（体细胞）：将来自突触的值连接起来，从而定义神经元的行为。为了模拟生物神经元的活动，即仅在输入中存在特定激励时才放电（激活），可以用非线性函数对细胞核进行建模。

如果 $f: \mathbb{R} \to \mathbb{R}$ 是一个非线性函数，则将所有输入激励考虑在内时，神经元的输出可表示为如下公式：

$$O = f\left(\sum_{i=0}^{D-1} x_i w_i + b\right)$$

这里，b 是具有重要意义的**偏置项**。它允许不以 D 维空间的原点为中心来学习决策边界。

如果暂时去掉非线性（也称为**激活**）函数，我们可以很容易地看到，突触定义了一个超平面，其方程如下：

$$\sum_{i=0}^{D-1} x_i w_i + b$$

单个神经元只能进行二元分类，因为 D 维向量 x 只能在它定义的超平面之上或之下。一个感知机可以在 D 维空间正确地分类样本，当且仅当这些样本是线性可区分的。

细胞核以其非线性特性，将树突所定义的超平面映射到更通用的超曲面上，这就是学习到的决策边界。最佳情况下，非线性将超平面转换成能够正确分类 D 维空间中的点的超曲面。但是，仅当这些点可被单个超曲面分离到两个区域中时，才执行此操作。

我们需要多层神经网络的主要原因如下：如果输入的数据无法由单个超曲面分离，则在顶部增加另一层，该层通过将学习到的超曲面转换为具有新增分类区域的新的超曲面，使其能够学习复杂的分类边界，从而能够正确地分割区域。

此外，值得注意的是，前馈神经网络（如具备神经元之间不形成循环连接的神经网络）是通用的函数逼近器。这意味着，如果存在一种分割区域的方法，那么具有足够能力的训练有素的神经网络就可以学习如何逼近该函数。

❑ **轴突**：这是神经元的输出值。它可以作为其他神经元的输入。

需要强调的是，这个生物神经元的模型非常粗糙。例如，实际上有许多不同类型的神经元，每一种都有不同的特性。生物神经元中的树突执行复杂的非线性计算。突触不仅仅是单一的权重，它们是一个复杂的非线性动力系统。模型中还有许多其他的简化，因为现实要比建模复杂和困难得多。因此，这种来自生物学的灵感只是提供了一种思考神经网络的好方法，但不要被所有这些相似性所迷惑，人工神经网络只是宽泛地受到了生物神经元的启发。

"为什么我们应该使用神经网络而不是其他机器学习模型？"

传统的机器学习模型功能强大，但通常不如神经网络灵活。神经网络可以使用不同的拓扑结构，并且几何结构会改变神经网络能看到的内容（输入激励）。此外，创建具有不同拓扑结构的神经网络的层次结构很简单，可以创建深度模型。

神经网络最大的优势之一是其特征提取器的能力。其他机器学习模型需要处理输入数据，提取有意义的特征，并且只有在这些手动定义的特征上才能应用该模型。

另外，神经网络可以从任何输入数据中自己提取有意义的特征（取决于所使用的层的拓扑结构）。

单个感知机说明了如何对不同类型的输入进行加权和求和，以做出简单的决定。一个由感知机组成的复杂网络则可以做出非常微妙的决定。因此，**神经网络架构**是由神经元组成的，所有神经元都通过突触（生物学上的）连接，信息通过突触传递。在训练过程中，当神经元从数据中学习特定模式时就会被激活。

使用激活函数对这个激活率进行建模。更准确地说，神经元是以无环图连接的；循环是不允许的，因为这将意味着在网络的正向传递中应用无限循环（这种类型的网络称为前馈神经网络）。神经网络模型通常被组织成不同的神经元层，而不是无定形的相互连接的神经元团。最常见的层类型是全连接层。

2.1.3　全连接层

全连接的结构是一种特殊的网络拓扑，其中相邻两层之间的神经元是完全成对连接的，而单层内的神经元没有任何连接。

将网络组织成层可以让我们创建全连接层的堆叠,其中每层的神经元数量不同。我们可以把多层神经网络看作具有可见层和隐藏层的模型。可见层仅是输入层和输出层,隐藏层是未连接到外部的层。如图 2-2 所示。

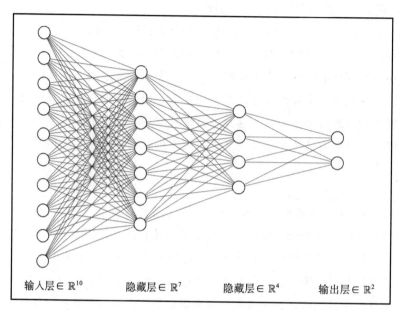

输入层 ∈ $\mathbb{R}^{10}$　　隐藏层 ∈ $\mathbb{R}^{7}$　　隐藏层 ∈ $\mathbb{R}^{4}$　　输出层 ∈ $\mathbb{R}^{2}$

图 2-2　具有两个隐藏层的完全连接神经网络的典型示意图。每个层都会降低其输入的维数,目的是在给定 10 个输入特征的情况下产生两个不同的输出

隐藏层中的神经元数量是完全任意的,它改变了神经网络的学习能力。相反,由于我们要解决的任务,输入层和输出层具有固定的维度(例如,如果想要解决 D 维输入的 n 分类问题,那么我们需要一个具有 D 个输入的输入层和一个具有 n 个输出的输出层)。

从数学上讲,全连接层的输出可以定义为矩阵乘积的结果。假设有如下的方程:

$$x = \begin{pmatrix} x_0 \\ \vdots \\ x_{D-1} \end{pmatrix},\ W \in \mathbb{M}_{M \times D-1},\ b = \begin{pmatrix} b_0 \\ \vdots \\ b_{M-1} \end{pmatrix}$$

输出 O 由下式给出:

$$O = f(Wx+b),\ |O| = M$$

这里,M 是层中神经元的数量。

神经网络的输入层和输出层的设计比较简单,而隐藏层的设计就没那么简单了。因为没有规则,神经网络研究人员已经针对隐藏层开发了许多设计启发式方法,这些方法有助于获得正确的行为（例如，当权衡隐藏层的数量和训练网络的时间时）。

一般来说，增加每层神经元的数量或神经网络的层数意味着必须增加网络容量。这意味着神经网络可以表达更复杂的函数，以及可表示函数的空间不断扩大。然而，这是好事也是坏事：好事是因为我们可以学习更复杂的函数；坏事是因为虽然有了更多的可训练参数，但却增加了训练数据被过拟合的风险。

通常，如果数据不复杂或者我们使用的是小数据集，那么应该首选更小的神经网络。幸运的是，在使用大容量模型时，有不同的技术可以防止过拟合数据。这些技术称为正则化技术（对参数的 L2 惩罚、dropout、批量归一化、数据扩充等）。我们将在后文接下来的章节中深入探讨这些技术。

激活函数是每个神经网络设计的另一个重要部分。它适用于每个神经元：没有人强迫我们在每个神经元上使用相同的非线性函数，但选择一种非线性形式并将其用于同一层中的每个神经元是一种惯例。

如果正在构建一个分类器，我们感兴趣的是评估网络的输出层，并能够解释输出值以理解网络预测的内容。假设有一个线性激活函数，该函数已经被应用到输出层的每个单个神经元，其中每个神经元都与一个特定的类相关联（对照图 2-2，对每个类，我们有一个三维输入和两个输出神经元）——考虑到它们的值域是整个实数集，我们如何解释这些数值？很难解释以这种方式表示的数值。

最自然的方法是将输出值的和限制在 [0,1] 范围内，这样我们就可以将输出值看作是从预测类的概率分布中采样的结果，并且可以将值最高的神经元看作预测类。或者，我们可以选择对这些值应用阈值运算，以模拟生物神经元的激活：如果神经元的输出大于某个阈值，可以输出 1，否则输出 0。

我们可以做的另一件事是压缩每个神经元的输出值至 [0,1] 范围内，例如，如果我们正在解决一个类别不互斥的多类分类任务。

很容易理解为什么输出层中的某种非线性很重要——它可以改变网络的行为，因为我们解释网络输出的方式取决于它。然而，要完全理解神经网络，必须理解为什么非线性在每一个单独的层都很重要。

2.1.4　激活函数

我们已经知道，层中第 i 个神经元的输出值计算如下。

激活函数 f 的重要性体现在以下几个方面：

❑　如前所述，根据使用非线性的层，我们可以解释神经网络的结果。

❑　如果输入数据不是线性可分的，则它的非线性特性允许你近似一个非线性函数，该函数能够以非线性的方式区分数据（只需考虑超平面到通用超曲面的转换）。

❑ 相邻层之间没有非线性关系的情况下，多层神经网络等价于具有单个隐藏层的单个神经网络，因此它们只能将输入数据分为两个区域。事实上，考虑到：

$$f: \mathbb{R} \to \mathbb{R} \text{ 线性}$$

两个感知机堆叠在一起：

$$O_1 = f(W_{1x} + b_1) \quad O_2 = f(W_2 O_1 + b_2)$$

我们知道第二个感知机的输出等于单个感知机的输出：

$$O_2 = f(W_2(W_1 x + b_1) + b_2) = f(W_{eq} + b_{eq})$$

其中，W_{eq} 和 b_{eq} 是权重的矩阵，偏置向量等于单个权重矩阵和偏置向量的乘积。

这意味着，当 f 为线性时，一个多层神经网络始终等于单层神经网络（因此具有相同的学习能力）。如果 f 不是线性的，则最后一个等式不成立。

❑ 非线性使网络对噪声输入具有鲁棒性。如果输入数据包含噪声（训练集包含不完美的值——这会经常发生），那么非线性会避免其传播到输出。证明如下：

$$O(x + \Delta_e) = f\left(\sum_{i=0}^{D-1} w_i(x_i + \Delta_e) + b\right) \neq f(x) + f(\Delta_e)$$

最常用的两个激活函数是 sigmoid(σ) 和双曲正切（tanh）。

在几乎所有的分类问题中，第一个函数被用作输出层的激活函数，因为它将输出压缩到 [0,1] 范围内，并可以将预测解释为概率：

$$f(x) = \sigma(x) = \frac{1}{1 + e^{-x}}$$

相反，双曲正切被用作几乎所有经过训练生成图像的生成模型的输出层的激活函数。即使在这种情况下，我们使用它的原因也是为了正确地解释输出，并在输入图像和生成图像之间创建有意义的联系。我们习惯于将输入值从 [0,255] 缩放到 [-1,1]，这是 tanh 函数值的范围。

但是，由于通过反向传播进行训练的原因，在隐藏层中使用诸如 tanh 和 σ 之类的函数作为激活函数并不是最佳选择（正如我们将在以下几节中看到的，饱和非线性可能是一个问题）。为了克服饱和非线性所带来的问题，人们开发了许多其他激活函数。图 2-3 对已有的最常见的非线性激活函数进行了一个简短的可视化概述。

一旦定义了网络结构以及用于隐藏层和输出层的激活函数，就该定义训练数据和网络输出之间的关系，以便能够训练网络并使其解决手头的任务。

在接下来的几节中，我们将接着第 1 章继续讨论离散分类问题。我们将讨论这样一个事实，由于使用神经网络作为工具来解决有监督学习问题，因此所有适用于分类问题的内容也适用于连续变量。由于神经网络是一个参数化的模型，对其训练意味着需要更新参数

W，以找到能够以最佳方式解决问题的配置。

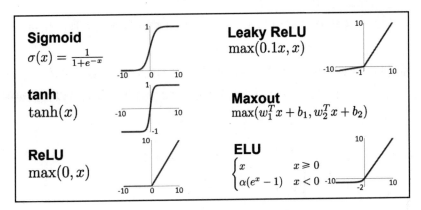

图 2-3　最常见的激活函数列表。来源：斯坦福 cs231n

如果我们希望定义输入数据和期望输出之间的关系（一个目标函数或损失函数），则必须训练神经网络，因为我们希望将损失最小化。

2.1.5　损失函数

定义了网络结构之后，必须对模型进行训练。现在是时候定义模型输出和实际数据之间的关系了。为此，必须定义一个损失函数。

损失函数用于评估模型的拟合优度。

损失函数有多种，每一种都表示网络输出与实际数据之间的关系，其形式完全影响模型预测的质量。

对于 M 类上的离散分类问题，我们可以把定义好的神经网络建模为参数为 W 的函数，该函数接受 D 维输入向量 x，输出一个 M 维的预测向量，如下所示：

$$\hat{y} = F(W, x): \mathbb{R}^D \to \mathbb{R}^M$$

该模型生成一个 M 维输出向量，其中包含模型为每个可能的类分配给输入 x 的概率（如果将 sigmoid 激活应用到输出层，则可以这种方式解释输出）。

提取输出层中产生最高值的神经元的位置是容易的。预测类别的方程如下：

$$\hat{l} = \underset{0 \le i \le M-1}{\mathrm{argmax}} \, \hat{y}_i$$

通过使用这种方法，我们可以找到产生最高分类得分的神经元的索引。由于我们知道与输入 x 关联的标签，因此几乎可以定义预测和标签之间的关系了。我们将面临的最后一个问题是标签的格式。标签是一个标量值，而网络输出是一个 M 维向量。尽管可以找到具有最高概率值的神经元的位置，但我们感兴趣的是整个输出层，因为我们想要增加正确类别的概率，并惩罚错误类别。

因此，必须将标签转换成 M 维表示，这样我们才能在每个输出神经元和标签之间建立联系。

从标量值到 M 维表示的最自然的转换称为**独热**编码。这种编码包括创建一个 M 维向量，该向量在标签位置的值为 1，在其他位置的值为 0。因此，我们可以将独热编码标签考虑如下：

$$y = \begin{pmatrix} y_0 \\ \vdots \\ y_M \end{pmatrix} : y_i = \begin{cases} 1, & \text{若 } i = \text{标签所在的位置} \\ 0, & \text{否则} \end{cases}$$

现在可以将第 i 个训练集实例的损失函数的一般公式定义为一个实值函数，该函数在真实情况（已正确编码的标签）和预测值之间创建一个关系：

$$\mathcal{L}_i(y, \hat{y}): \mathbb{N}^M \times \mathbb{N}^M \to \mathbb{R}$$

损失函数的一般表达式应用于完整的基数训练集 k，可以表示为在单个实例上计算的损失的平均值：

$$\mathcal{L}(F; \text{数据集}) = \frac{1}{k} \sum_{i=0}^{k} \mathcal{L}_i(y, \hat{y})$$

损失必须根据当前的问题来选择（或定义）。对于分类问题（互斥类），最简单和最直观的损失函数是标签和网络输出的独热编码表示之间的 L2 距离。其目的是最小化网络输出与独热编码标签之间的距离，从而使网络预测一个看起来像正确标签的 M 维向量：

$$\mathcal{L} = \frac{1}{k} \sum_{i=1}^{k} \| \hat{y}_i - y_i \|_2$$

损失函数的最小化是通过对模型的参数值进行小的迭代调整来实现的。

2.1.6 参数初始化

初始化模型参数值是训练阶段重复迭代地完善问题的解决方案：初始化网络参数的方法并不是唯一的，关于参数初始化的工作建议有以下两点。

❑ **不要将网络参数初始化为 0**：使用梯度下降法（将在 2.2.1 节介绍）不可能找到新的解决方案，因为整个梯度为 0，所以没有对更新方向的指示。

❑ **打破不同单元之间的对称性**：如果两个具有相同激活函数的隐藏单元连接到相同输入，那么这两个输入必须具有不同的初始参数值。这是必需的，因为几乎每个解决方案都需要将一组不同的参数分配给每个神经元，才能找到一个有意义的解决方案。相反，如果从所有具有相同值的参数开始，由于更新的值取决于误差，该误差对于网络中的每个神经元均相等，那么每个更新步骤都将以相同数量更新所有网络参数。因此，我们将无法找到一个有意义的解决方案。

通常情况下，问题的初始解是由具有零均值和一元方差的随机正态分布来采样的。这种分布方式保证了网络参数较小，且在零值附近均匀分布，但各参数之间又存在差异，从而打破了对称性。

既然我们已经定义了网络架构，正确设置了输入标签的格式，并利用损失函数定义了输入输出关系，那么如何才能使损失最小化？如何迭代调整模型参数使损失最小化，从而解决问题？

这些都是优化和优化算法要解决的问题。

2.2　优化

运筹学为我们提供了有效的算法，即如果问题被表示为具有明确特征的函数（例如，凸优化要求函数为凸），则可通过查找全局最优（全局最小点）来解决问题。

人工神经网络是通用的函数逼近器。因此，不可能对神经网络拟合的函数的形状做出假设。此外，最常见的优化方法利用了几何方面的考虑，但我们从第 1 章中了解到，由于维度诅咒问题，当维数很高时，几何会以一种不同寻常的方式工作。

为此，不可能使用能够发现优化（最小化）问题的全局最优解的运筹学方法。相反，我们必须使用迭代改进方法，从初始解决方案开始尝试改善（通过更新代表该解决方案的模型参数），以期找到一个良好的局部最优解。

我们可以把模型参数 W 看作最小化问题的初始解。由此，我们可以在第 0 个训练步中（$\mathcal{L}_s=0$）开始评估损失函数，这样，我们知道了在初始参数配置 $Ws=0$ 下损失函数的假定值。现在，我们必须决定如何更新模型参数。要做到这一点，我们需要按照损失提供的信息执行第一个更新步骤。我们可以采取两种方式。

❑ **随机扰动**：我们可以对当前的参数集应用一个随机扰动 ΔW，并计算获得的新参数集的损失值 $W_s = W_{s-1} + \Delta W_{s-1}$。

如果训练步骤 s 的损失值小于前一个步骤的损失值，我们就可以接受找到的解，并继续对新参数集应用新的随机扰动。否则，我们必须重复随机扰动，直到找到更好的解。

❑ **更新方向估计**：这种方法不是随机生成一组新的参数，而是将局部最优研究过程引导到函数的最大下降方向上。

第二种方法是参数训练型机器学习模型的实际标准，这些模型表示为可微函数。

为了更好地理解这种梯度下降法，我们必须将损失函数看作在参数空间中定义一个曲面的一种方法——我们的目标，即最小化损失，意味着我们需要找到这个曲面上的最低点。

2.2.1　梯度下降法

当寻找最小化/最大化问题的解决方案时，梯度下降法是一种计算最佳移动方向的方法。此方法建议我们更新模型参数时遵循以下方向：根据所使用的输入数据，找到的方向是损失面下降最陡的方向。所使用的数据非常重要，因为它遵循损失函数的评估，并且用于评估更新方向的曲面。

更新方向由损失函数的梯度给出。由微积分可知，对于单变量可微函数 $f(x)$，在点 x 上的导数运算可由下式给出：

$$\frac{\mathrm{d}f(x)}{\mathrm{d}x} = \lim_{h \to 0} \frac{f(x+h) - f(x)}{h}$$

此操作描述了函数在点 x 上的行为：在以 x 为中心的无限小区域中，函数相对于变量 x 的变化量。

n 变量函数的导数运算的泛化由梯度给出，即偏导数向量（将其他任何变量均看作常数时，函数对一个单个变量的导数向量）。就损失函数而言，如下所示：

$$\nabla \mathcal{L}(W) = \left(\frac{\partial \mathcal{L}}{\partial w_1}, \cdots, \frac{\partial L}{\partial w_n} \right)$$

$\nabla \mathcal{L}(W)$ 表示函数增长的方向。因此，由于我们的目标是找到最小值，我们要沿着反梯度的方向移动，如下所示：

$$d = -\nabla \mathcal{L}(W)$$

这里，反梯度表示执行参数更新时要遵循的方向。参数更新步骤如下：

$$W_s = W_{s-1} - \eta \nabla \mathcal{L}(\text{dataset}; W_{s-1})$$

该参数 η 为学习率，是梯度下降训练阶段的超参数。为学习率选择正确的值与其说是一门科学，不如说是一门艺术，我们唯一能做的就是通过直觉来选择一个适合模型和数据集的值。必须记住，反梯度只告诉我们要遵循的方向，它没有给出任何关于从当前解到最小值点的距离的信息。距离或更新的强度取决于学习率：

❑ 过高的学习率会使训练阶段不稳定，这是由局部极小值附近的跳跃所致。这会引起损失函数值的振荡。为了记住这一点，我们可以考虑一个 U 形曲面。如果学习率太高，在接下来的更新步骤中，则从 U 的左边跳到右边，反之亦然，不会下降谷值（因为 U 的两个峰值的距离大于 η）。

❑ 过低的学习率会使训练阶段不理想，处于次优状态，因为我们永远不会跳出一个并非全局最小值的谷值。因此，存在陷入局部最小值的风险。此外，学习率太低的另一个风险是永远找不到一个好的解决方案——不是因为我们被困在一个局部的最小值中，而是因为我们朝着当前方向前进得太慢了。由于这是一个迭代的过程，研究可能会花费太长时间。

为了面对选择学习率值的挑战，各种策略已被开发出来，这些策略在训练阶段改变学习率的值，通常会降低它的值，以便在使用较高学习率探索景观与使用较低学习率对已找到的解决方案进行优化（降谷）之间寻找平衡。

到目前为止，我们已经考虑通过使用完整数据集计算出的损失函数来一次性更新参数。这种方法称为**批量梯度下降法**。实际上，这种方法永远不可能应用到真实的场景中，因为神经网络的现代应用要处理海量的数据，而很少有计算机的内存能满足这些海量数据的存储需求。

为了克服批量梯度下降法的局限性，我们开发了几种不同的 batch 梯度下降法的变体，并采用不同的策略来更新模型参数，这将有助于我们解决与梯度下降法本身相关的一些挑战。

随机梯度下降法

随机梯度下降法为训练数据集的每个元素更新模型参数——以一个更新步骤举例：

$$W_s = W_{s-1} - \eta \nabla \mathcal{L}((x_i, y_i); W_{s-1})$$

如果数据集的方差较大，则随机梯度下降会导致训练阶段损失值的大幅波动。这既是优点也是缺点：

❑ 这可能是一种优势，因为由于损失的波动，我们进入了可能包含更好最小值的解空间的未探索区域。

❑ 这是一种适合在线训练的方法，意味着在模型的整个生命周期中通过新数据进行训练（这意味着我们可以继续使用通常来自传感器的新数据来训练模型）。

❑ 缺点是这些更新的方差较高，导致收敛速度较慢，很难找到一个合适的最小值。

试图同时保持 batch 和随机梯度下降的优点的训练神经网络的实际方法，称为小批量梯度下降。

小批量梯度下降

小批量梯度下降法保留了批量梯度下降法和随机梯度下降法的最佳部分。它使用训练集的基数为 b 的子集来更新模型参数，这就是一个小批量：

$$W_s = W_{s-1} - \eta \nabla \mathcal{L}((x_{\lceil j, j+b \rceil}, y_{\lceil j, j+b \rceil}); W_{s-1})$$

这是使用最广泛的方法，原因如下：

❑ 使用小批量减少了参数的更新方差，因此训练过程收敛更快。

❑ 使用一定基数的小批量，可以重复使用相同的方法进行在线训练。

梯度下降在更新步骤 s 的一般公式可写作如下形式：

$$W_s = W_{s-1} - \eta \frac{1}{b} \sum_{i=1}^{b} \mathcal{L}_{\lceil j, j+b \rceil}, ((x_{\lceil j, j+b \rceil}, y_{\lceil j, j+b \rceil}); W_{s-1})$$

❑ $b=1$，则方法为随机梯度下降法

❑ $b=$ 数据集，则方法为批量梯度下降法

❑ $1<b<$ 数据集，则方法为小批量梯度下降法

这里展示的三种方法以一种所谓的普通方式更新模型参数，该方式只考虑当前参数的值和通过应用定义计算的反梯度。它们都使用一个固定值作为学习率。

还有其他的参数优化算法，开发这些算法的目的都是为了找到更好的解决方案，更好地探索参数空间，克服传统方法在寻找最佳最小值时可能遇到的所有问题：

❑ **选择学习率**：学习率可能是整个训练阶段最重要的超参数。这些原因已在 2.2.1 节的末尾加以解释。

❑ **固定的学习率**：普通更新策略在训练阶段不改变学习率值。此外，它使用相同的学习率来更新每个参数。这总是可取的吗？可能不是，因为以相同的方式处理与输入特性相关的具有不同出现频率的参数是不合理的。直观地说，我们希望更新与低出现频率特征相关的参数，并使用更小的步骤更新其他参数。

❑ **鞍点和停滞区**：用于训练神经网络的损失函数是大量参数的函数，因此是非凸函数。在优化过程中，可能会遇到鞍点（函数值沿一个维度增加，而沿其他维度减少的点）或停滞区（损失曲面局部恒定不变的区域）。

在这种情况下，每个维度的梯度几乎为零，所以反梯度指向的方向几乎为零。这意味着我们陷入了困境，优化过程无法继续。我们被损失函数在几个训练步骤中假定的常数值愚弄了。我们认为我们找到了一个很好的最小值，但实际上，我们被困在解空间的一个无意义区域内。

2.2.2　梯度下降优化算法

为了提高普通优化的效率，人们提出了多种优化算法。接下来我们将回顾常见的优化算法，并展示两种最常见的优化算法：动量算法和 ADAM 算法。前者展示了损失曲面的物理解释如何导出成功的结果，后者是使用最广泛的自适应优化方法。

原始梯度下降算法

如前所述，更新公式只需要估计方向，通过反梯度和学习率得到：

$$W_s = W_{s-1} - \eta \nabla \mathcal{L}(W_{s-1})$$

动量算法

动量优化算法是基于损失曲面的物理解释。让我们把损失曲面想象成一个混乱的场景，其中一个粒子在四处移动，目的是找到全局的最小值。

前述原始梯度下降算法通过计算反梯度得到的方向来更新粒子的位置，从而使粒子从一个位置跳到另一个位置没有任何物理意义。这可以看作是一个能量丰富的不稳定系统。

动量算法的基本思想如同在物理系统中一样，通过考虑表面和粒子之间的相互作用来更新模型参数。

在现实世界中，在零时间内将一个粒子从一个点传送到一个新的点，而且没有能量损失的系统是不存在的。由于外力以及速度随时间变化，系统的初始能量会损失。

特别地，我们可以使用一个物体（粒子）的类比，该物体在一个表面（损失曲面）上滑动，受到动能摩擦力的影响，该摩擦力的能量和速度会随着时间的推移而降低。在机器学习中，我们称摩擦系数为动量，但在实践中，可以像在物理学中一样进行推理。因此，给定摩擦系数 μ（超参数，取值范围为 [0,1]，但通常为 [0.9,0.999]），动量算法的更新规则如下式所示：

$$v_s = \eta v_{s-1} - \eta \nabla \mathcal{L}(W_{s-1})$$
$$W_s = W_{s-1} + v_s$$

这里，v 是粒子的向量速度（如果向量是特定维度上的速度，则是每个分量）。速度的类比很自然，因为在一个维度上，位置相对时间的导数就是速度。

该方法考虑了粒子在前一步所达到的向量速度，并再后续更新中，对于不同方向的分量减小向量速度，对于相同方向的分量则增加向量速度。

这样，系统的总能量降低了，反过来减少了振荡并获得了更快的收敛，正如我们从图 2-4 中看到的，它显示了普通（左图）和动量（右图）优化算法之间的区别。

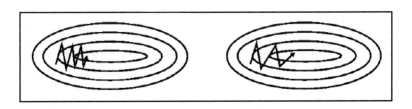

图 2-4　原始梯度下降算法（左）和动量算法优化算法（右）的可视化表示。动量算法引起
　　　　更少的损失振荡，并更快地达到最小值

ADAM 算法

原始梯度下降算法和动量优化算法将参数 η 视为常数：更新的强度（更新步数）对于网络中每个参数是相同的，在与高出现频率特征或低出现频率特征相关的参数之间没有区别。

为了解决这一问题，提高优化算法的效率，提出了一套新的称为**自适应学习率优化方法**的新算法。

这些算法背后的思想是将不同的学习率与网络的每个参数相关联，从而使用一个自适应于神经元专门提取的特征类型的学习率来更新这些参数（或者一般地，使学习率自适应于神经元视为输入的不同特征）：与频繁出现的特征相关联的使用小更新步长，否则使用较大更新步长。**自适应矩估计**（Adaptive Moment Estimation，ADAM）算法并不是第一个被开发的自适应方法，但它是最常用的方法，因为它在许多不同任务上胜过了几乎所有其他自适应和非自适应算法：它增加了模型的泛化能力，同时加快了其收敛速度。

作为一种自适应方法，它为模型中的每个参数创建一个学习率，如下所示：

$$\eta, i = 0, 1, \cdots, |W|$$

该算法的作者决定考虑梯度（梯度平方）变化及其方差：

$$m_s = \beta_1 m_{s-1} + (1 - \beta_1)\nabla\mathcal{L}(W_{s-1})$$
$$v_s = \beta_2 v_{s-1} + (1 - \beta_2)\nabla\mathcal{L}(W_{s-1})^2$$

第一项是梯度的指数移动平均（一阶动量估计），第二项是梯度平方的指数移动平均（二阶动量估计）。m_s 和 v_s 都是带有 $|w|$ 分量的向量，并且初始值均为 0。

β_1 和 β_2 指数移动平均的衰减因子，是该算法的超参数。

m_s 和 v_s 向量的零初始化使它们的值接近于 0，特别是当衰减因子接近于 1 时（因此衰减率较低）。

这是一个问题，因为我们将要估计接近于零的值，并且不受任何可能的更新规则的影响。为了解决这个问题，作者建议通过以下计算方法来修正一阶和二阶动量：

$$\hat{m}_s = \frac{m_s}{1 - \beta_1^s}$$

$$\hat{v}_s = \frac{v_s}{1 - \beta_2^s}$$

最后，他们提出了一个受其他自适应算法（Adadelta 和 RMSProp，本书没有介绍）启发的更新规则：

$$W_s = W_{s-1} - \frac{\eta}{\sqrt{\hat{v}_s + \epsilon}}\hat{m}_s$$

作者建议我们使用接近 1 的衰减率，并且将 epsilon 参数设置为一个非常小的值（这样只是为了避免被 0 除）。

为什么要用一阶矩和二阶矩估计以及这个更新规则来更新网络的每一个参数，从而提高模型的收敛速度，并提高模型的泛化能力？

有效学习率$\dfrac{\eta}{\sqrt{\hat{v}_s}+\epsilon}$在训练过程中对每个参数进行自适应调整，并考虑到每个神经元输入特征的出现频率。如果计算出来的与当前参数相关的偏导数不同于零，比如与该神经元相关的输入特征频繁出现，分母就会增大。出现频率越高，训练中更新步长变得越小。

相反，如果每次的偏导数几乎为零，那么更新步长几乎是恒定的，并且在训练期间不会改变它们的大小。

我们目前提出的每一个梯度下降优化算法都要求我们计算损失函数的梯度。由于神经网络可以近似任意函数，且其拓扑结构非常复杂，如何有效地计算复函数的梯度？解决方案是用数据流图和反向传播算法来表示计算过程。

2.2.3 反向传播和自动微分

计算偏导数是一个在训练神经网络时要重复成千上万次的过程，因此，这个过程必须尽可能高效。

前面我们向大家展示了如何使用损失函数在模型的输出、输入和标签之间建立联系。如果我们使用一个图来表示整个神经网络架构，很容易看出，给定一个输入实例，我们只是以纵坐标的方式执行一个数学操作（输入乘以一个参数，加上那些乘法结果，并将非线性函数应用到总和上）。在这个图的输入处，我们有来自数据集的输入样本。图的输出节点是预测，该图可以看作是如下类型的一组复合函数：

$$f(g(x))$$

使用 ReLU 激活函数的具有两个输入 x_1 和 x_2 的神经元的输出如下：

$$\hat{y} = \max(0, w_1 x_1 + w_2 x_2 + b)$$

前式中使用的函数如下：

$p_{w_i}(x) = w_i x$ 是参数的输入的乘积函数。

$s(x, y) = x + y$ 是两个值的求和函数。

$\mathrm{ReLu}(x) = \max(0, x)$ 是修正后的线性单元激活函数。

因此，我们可以将输出神经元表示为这些函数的组合：

$$\hat{y} = \mathrm{ReLU}(s(s(p_{w_1}(x_1), p_{w_2}(x_2)), b))$$

记住，变量不是函数的输入值，而是模型参数。我们感兴趣的是计算损失函数的偏导数来训练网络。我们使用梯度下降算法来进行此操作。作为一个简单的例子，我们可以考虑一个简单的损失函数：

$$\mathcal{L}(y, \hat{y}) = y - \hat{y} = s(y, -\mathrm{ReLU}(s(s(p_{w_1}(x_1), p_{w_2}(x_2)), b)))$$

为了计算关于变量 $(w_{1,2}, b)$ 的损失梯度，可以应用链式法则（复合函数导数的法则）：

$$(f \circ g)'(x) = f'(g(x))g'(x)$$

使用 Leibniz（莱布尼茨）符号，更容易看到如何应用链式法则来计算任何可微函数的偏导数，这些可微函数被表示为一个图（从而表示为一组复合函数）：

$$\frac{\mathrm{d}f}{\mathrm{d}x} = \frac{\mathrm{d}f}{\mathrm{d}z} \frac{\mathrm{d}z}{\mathrm{d}x}$$

最后，就只是将操作表示为复合函数的事情，而使用图是一种自然的方法。我们可以将一个图节点与一个函数相关联：它的输入是函数的输入，节点执行函数计算并输出结果。此外，节点可以具有属性，例如在计算其对输入的偏导数时要使用的公式。

此外，我们可以在两个方向上遍历图。我们可以沿着正向（反向传播算法的正向遍历）遍历它，从而计算损失值。我们也可以沿反方向遍历它，应用输出对与每个节点相关的输入的导数公式，并将来自前一个节点的值与当前节点的值相乘来计算偏导数。这就是链式法则的应用。

将计算表示为图，允许我们可以通过计算复杂函数的梯度来实现自动微分。我们只重点考虑操作，且只关注节点的输入和输出。

在图上应用链式法则有两种不同的方法——正向模式和反向模式。对正向和反向模式的自动微分的详细解释超出了本书的范围。然而，在接下来的章节中，我们将看到TensorFlow 如何在反向模式下实现自动微分，以及它如何应用链式法则来计算损失值，然后以反向模式遍历图 D 次。与在正向模式下实现自动微分相比，反向模式下的自动微分依赖于输入基数，而不是网络参数的数量（现在很容易想象为什么 TensorFlow 会在反向模式下实现自动微分。神经网络可以有数百万个参数）。

到目前为止，我们已经描述了可用于计算损失函数的优化算法和策略，使其适合于训练数据。我们使用一个经过神经网络近似的泛型函数来实现。在实践中，我们只介绍了一种神经网络架构——全连接架构。然而，根据数据集类型的不同，有几种不同的神经网络架构可用于解决不同的问题。

神经网络的优势之一是能够根据所使用的神经元拓扑结构，执行不同的任务。

全连接配置是输入的全局视图——每个神经元都能看到所有内容。然而，有些类型的数据不需要一个完整的视图就可以被神经网络正确使用，或者在完全连接的配置下很难计算。考虑一下具有数百万像素的高分辨率图像。我们必须将每个神经元与每个像素连接起来，创建一个参数数量等于像素数量乘以神经元数量的网络：一个只有两个神经元的网络将产生 2* 像素数量个参数——这是完全难以处理的！

卷积神经网络是为了处理图像而开发的架构，也许是过去几年开发的最重要的神经元层。

2.3　卷积神经网络

卷积神经网络（CNN）是现代计算机视觉、语音识别甚至自然语言处理应用的基本构件。在本节中，我们将介绍卷积运算符，它在信号分析领域的应用，以及卷积在机器学习中的应用。

2.3.1　卷积运算符

信号理论为我们提供了正确理解卷积运算所需的所有必要的工具：为什么它在许多不同的领域被如此广泛地使用，以及为什么 CNN 如此强大。卷积运算用于研究特定物理系统在将信号应用到其输入时的响应。不同的输入激励可以使系统 S 产生不同的输出，系统的行为可以通过卷积运算来建模。

让我们从一维情况开始，引入**线性时间不变**（Linear Time-Invariant，LTI）系统的概念。

如果满足以下属性，则接受输入信号并产生输出信号 $y(t)$ 的系统 S 是 LTI 系统：

❏ 线性：$S[\alpha x_1(t) + \beta x_2(t)] = \alpha y(x_1(t)) + \beta y(x_2(t)) \alpha, \beta \in \mathbb{R}$

❏ 时间不变性：$S[x(t + t_0)] = y(t + t_0)$

是否有可能通过分析 LTI 系统对 Dirac Delta 函数 $\delta(t)$ 的响应来分析其行为。$\delta(t)$ 是一个函数，除 $t = 0$ 以外，其函数值在定义域内每个点的值均为零。在 $t = 0$ 时，它假定一个值使它的定义为真：

$$\int_{-\infty}^{+\infty} \delta(t)\phi(t)\mathrm{d}t = \phi(0)$$

直观地，将 $\delta(t)$ 函数应用到 $\phi(t)$ 函数，意味在 $t=0$ 处对 $\phi(t)$ 采样。因此，如果我们将 $\delta(t)$ 作为系统 S 的输入，将得到它对以零为中心的单一脉冲的响应。当输入为 Dirac Delta 函数时，系统输出称为系统脉冲响应，记为：

$$h(t) = S[\delta(t)]$$

系统脉冲响至关重要，因为它允许我们计算 LTI 系统对任何输入的响应。

通用信号 $x(t)$ 可以被看作是每一个瞬间 t 所呈现的值的总和。可以将其建模为在 $\delta(t)$ 在 x 域的每个点上转换的应用：

$$x(t) = \int_{-\infty}^{+\infty} x(t)\delta(t - \tau)\mathrm{d}\tau = x(t) * \delta(t)$$

该公式就是两个信号之间卷积的定义。

那么，为什么卷积运算对 LTI 系统的研究如此重要呢？

给定 $x(t)$ 为一般输入信号，$h(t)$ 为 LTI 系统的脉冲响应，得到：

$$y(t) \stackrel{\text{def}}{=} x(t) * h(t) = (x * h)(t) = \int_{-\infty}^{+\infty} x(t)h(t-\tau)\mathrm{d}\tau$$

当 $x(t)$ 是 LTI 系统的输入时,该系统通过其脉冲响应 $h(t)$ 进行建模,卷积的结果就表示了 LTI 系统的行为。这是一个重要的结果,因为它向我们展示了脉冲响应如何完全表征系统,以及当给定任意输入信号时,如何使用卷积运算来分析 LTI 系统的输出。

卷积运算是可交换的,运算结果是一个函数(信号)。

到目前为止,我们只考虑了连续的情况,但在离散域上有一个自然的推广。如果 $g[n]$ 和 $x[n]$ 定义在 $\mathbb{Z}$ 上,则卷积计算如下:

$$(x * g)[n] \stackrel{\text{def}}{=} \sum_{m=-\infty}^{\infty} x[m]g[n-m]$$

2.3.2　二维卷积

将我们已经介绍过的一维卷积推广到二维情况是很自然的。特别是图像,可以看作是二维离散信号。在二维情况下,与 Dirac Delta 函数对应的是 Kronecker Delta 函数,它可以独立于所使用空间的维数来表示。它被视为一个张量 δ,具有以下分量:

$$\delta_{i,j} \stackrel{\text{def}}{=} \begin{cases} 1 & \text{如果 } i = j \\ 0 & \text{否则} \end{cases}$$

可以将图像视为 LTI 系统的 2D 版本。在这种情况下,我们讨论的是**线性空间不变**(Linear Space-Invariant,LSI)系统。

在二维离散情况下,卷积运算定义如下:

$$O(i, j) = \sum_{u=-\infty}^{\infty} \sum_{v=-\infty}^{\infty} F(u, v)I(i-u, j-v)$$

图像是具有明确定义的空间范围的有限维信号。这意味着前面引入的公式变为:

$$O(i, j) = \sum_{u=-k}^{k} \sum_{v=-k}^{k} F(u, v)I(i-u, j-v)$$

在这里,我们有以下几点:

❑ I 是输入图像

❑ F 是卷积滤波器(也称为内核)本身,$2k$ 是其边

❑ $O(i, j)$ 是在位置 (i, j) 处的输出像素

我们所描述的操作是对输入图像的每个 (i, j) 位置执行的,当它在输入图像上滑动时,

与卷积滤波器完全重叠。

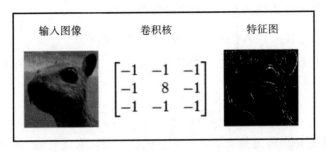

输入图像　　　　卷积核　　　　　特征图

图 2-5　输入图像（左侧）与卷积核进行卷积运算，得到右侧的特征图

如图 2-5 所示，不同的卷积滤波器从输入图像中提取不同的特征。事实上，在上图中我们可以看到矩形滤波器（Sobel 滤波器）是如何能够提取输入图像边缘的。用不同的卷积滤波器对图像进行卷积，意味着必须提取内核可捕获的不同输入特征。在介绍卷积神经网络之前，正如我们将在后文看到的那样，我们必须手动设计能够提取出解决当前任务所需特性的卷积核。

还有两个额外的参数没有在前面的公式中显示出来，它们控制着卷积运算的执行方式。这些参数是水平步长和垂直步长，它们表示了当我们在输入图像的水平和垂直方向上移动内核时，要跳过多少像素。通常，水平步长和垂直步长是相等的，并以字母 S 表示。

如果输入图像满足侧边 $I_w = I_h$，则通过内核大小为 k 的卷积得到的输出信号的分辨率，计算如下：

$$O_w = O_h = \frac{I_w - 2k}{S} + 1$$

2.3.3　卷间的二维卷积

到目前为止，我们只考虑了灰度图像的情况，即只有一个通道的图像。我们在现实生活中看到的图像都是 RGB 图像，这是具有三个颜色通道的图像。当输入图像有多个通道时，卷积运算也能很好地工作。事实上，为了使卷积运算跨越每个通道，它的定义做了一些细微的改变。

该扩展版本要求卷积滤波器具有与输入图像相同的通道数。简而言之，如果输入图像有三个通道，那么卷积核也必须有三个通道。通过这种方式，我们将图像视为二维信号的堆叠，我们称之为卷。

作为一个卷，每个图像（或卷积核）由三元组（W, H, D）标识，其中 W、H 和 D 分别是宽度、高度和深度。

通过将图像和内核视为卷，我们可以将它们视为无序集。事实上，通道的顺序（RGB，BGR）只会改变软件解释数据的方式，而内容保持不变：

$$I = \{I_1, \cdots, I_D\}, F = \{F_1, \cdots, F_D\}$$

这样的推理使得我们可以扩展之前的公式，从而使其考虑到输入深度：

$$O(i, j) = \sum_{d=1}^{D} \sum_{u=-k}^{k} \sum_{v=-k}^{k} F_d(u, v) I_d(i-u, j-v)$$

这种卷积运算的结果称为特征图。虽然卷积是在卷之间进行的，但输出的是深度单一的特征图，因为卷积运算将已生成的特征图相加以将所有共享相同空间位置（x, y）的像素点的信息考虑进去。实际上，对生成的 D 特征图求和是一种将一组二维卷积视为单个二维卷积的方法。

这意味着生成的激活图的每个位置 O 都包含从相同输入位置到其整个深度捕获的信息。这就是卷积运算背后的直观思想。

那么，现在我们已经掌握了卷积运算在一维和二维空间中的应用。我们还介绍了卷积核的概念，强调定义内核值是一种手工操作，其中不同的内核可以从输入图像 / 卷中提取不同的特性。

内核定义的过程是纯工程，定义它们并不容易：不同的任务可能需要不同的内核；其中一些从未被定义过，其中大部分可能根本无法设计，因为某些特征只能通过处理已处理过的信号来提取，这就意味着我们将不得不把卷积运算应用于另一个卷积运算的结果上（级联卷积运算）。

卷积神经网络解决了这个问题：我们不需要手工定义卷积核，只需定义由神经元组成的卷积核即可。

我们可以从输入卷中提取特征，方法是将其与多个滤波器的卷进行卷积，并将它们组合起来，同时考虑为新的卷积层提取新输入的特征图。

网络越深，提取的特征就越抽象。CNN 的一个最大的优势是它们能够组合已提取的特征，从通过首个卷积层提取的原始、基本特征，到末层提取的以及组合学习其他层提取的低级特征得到的高级抽象特征。如图 2-6 所示。

卷积层相对于全连接层的另一个优点是它们的局部视图特性。

为了处理图像，一个全连接层必须线性化输入图像，并创建从每个像素值到该层每个神经元的连接。内存需求是巨大的，而且让每个神经元都查看整个输入并不是提取有意义特征的理想方法。

有些特征，由于其性质导致其不像全连接层所捕获的那些特征那样具有全局性。相反，它们是局部的。例如，一个对象的边缘是某个输入区域的局部特征，而不是整个图像。因此，CNN 可以学习只提取局部特征，并将它们合并到下面的层中。卷积架构的另一个优点是参数数量少：它们不需要查看（从而创建连接）整个输入；他们只需要了解局部感受野。卷积运算需要较少的参数来提取有意义的特征图，所有这些特征图都能捕获输入卷的局部特征。

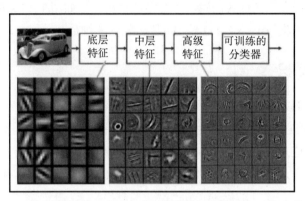

图 2-6　CNN 学习在首层中提取底层特征。随着网络的不断深入，提取特征的抽象级别也随之提高。图片来自 Zeiler 和 Fergus，2013 年

　　CNN 通常与另一层（称为池化层）一起使用。无须过多研究此操作的细节（现在的架构中通常会避免使用），我们可以将其视为与卷积操作具有相同结构的操作（因此一个窗口可以在输入的水平和垂直方向移动），但没有一个可学习的内核。在输入的每个区域都应用了一个不可学习的函数。这个操作的目的是减少卷积运算产生的特征图的大小，从而减少网络的参数数量。

　　这样，我们就对常见的卷积神经网络架构有所了解，图 2-7 给出了 LeNet 5 的架构，LeNet 5 使用一个卷积层、最大池化（max-pooling）（池化操作，其中不可学习函数是窗口上的最大操作），以及全连接层，目的是将手写数字化的图像分为 10 类。

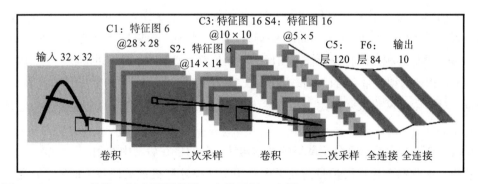

图 2-7　LeNet 5 结构—每个平面都是一个特征图。来源：*Grodient-Based Learning Applied to Document Recognition*，Yann LeCun 等，1998

定义诸如 LeNet 5 之类的网络体系是一门艺术——对于可以使用的层数、需要学习的卷积滤波器的数量，或者全连接层中的神经元数量，没有确切的规则。而且，甚至为隐含层选择正确的激活函数也是需要寻找的另一个超参数。复杂模型不仅具有丰富的可学习参数，而且具有丰富的可调超参数，使得深度架构的定义变得非常重要和具有挑战性。

卷中的 $1 \times 1 \times D$ 卷积允许我们做一些奇妙的事情，比如用 $1 \times 1 \times D$ 卷积层替换每一个全连接层，在网络内部使用 $1 \times 1 \times D$ 卷积来降低输入的维数。

2.3.4　$1 \times 1 \times D$ 卷积

$1 \times 1 \times D$ 卷积可以用于不同的目的，因此它是各种最先进模型的重要组成部分。

一个目的是使用它们作为降维技术。让我们通过一个例子来理解这一点。

如果卷积操作应用于一个 $100 \times 100 \times 512$ 的输入卷，并与一组 D 维卷积滤波器进行卷积，每一个滤波器大小为 $1 \times 1 \times 512$，则特征数从 512 减少到 D。输出卷现在的形状是 $100 \times 100 \times D$。

一个 $1 \times 1 \times D$ 卷积也等价于一个全连接层。主要区别在于卷积运算符的性质和全连通层的总体结构：全连通层要求输入具有固定的大小，而全连通层则接受大于或等于 1×1 的空间范围内的每一个卷作为输入。因此，由于这种等价性，一个 $1 \times 1 \times D$ 卷积可以替换任何全连通层。

此外，$1 \times 1 \times D$ 卷积不仅减少了下一层输入的特征，还为网络引入了新的参数和新的非线性，有助于提高模型的精度。

当 $1 \times 1 \times D$ 卷积被放置在一个分类网络的最后边时，它的作用就像一个全连接层，此时不是把它看作一种降维技术，而是更直观地作为一个层，这个层将会输出一个形状为 $W \times H \times num\_classes$ 的张量。输出张量的空间范围（由 W 和 H 确定）是动态的，由被网络分析的输入图像的位置决定。

如果网络的输入定义为 $200 \times 200 \times 3$，我们给它一个这样大小的图像作为输入，那么输出将是一个 $W=H=1$ 和 $depth=num\_classses$ 的图。然而，如果输入图像的空间范围大于 200 x 200，然后卷积网络将分析输入图像的不同位置（就像一个标准的卷积一样，因为它无法将整个卷积架构视为带有自己内核边和步长参数的卷积操作），将产生一个 $W > 1$ 和 $H > 1$ 的张量。对于限制网络接受固定大小的输入并生成固定大小的输出的全连接层，这是不可能的。

$1 \times 1 \times D$ 卷积也是语义分割网络的基本构件，我们将在后文中看到。

卷积、池化和全连接层是目前几乎所有用于解决计算机视觉任务（如图像分类、目标检测、语义分割、图像生成等）的神经网络架构的构件。

在接下来的内容中，我们将使用 TensorFlow 2.0 实现所有这些神经网络架构。

尽管 CNN 的参数数量减少了，但在深度配置（卷积层的堆叠）中使用时，即使是这个模型也会出现过拟合问题。

因此，任何机器学习从业者都应该注意的另一个基本主题是正则化。

2.4　正则化

正则化是解决过拟合问题的一种方法：正则化的目标是修改学习算法或模型本身，使模型不仅在训练数据上，而且在新的输入上，均表现良好。

对于过拟合问题，使用最广泛的解决方案之一——可能也是最容易理解和分析的解决方案之一——被称为 dropout。

2.4.1　dropout

dropout 的思想是训练一组神经网络，并对结果进行平均，而不是只训练一个标准的网络。从标准神经网络开始，dropout 通过以概率 p 丢弃神经元来构建新的神经网络。

当一个神经元被丢弃时，它的输出被设置为零。如图 2-8 所示。

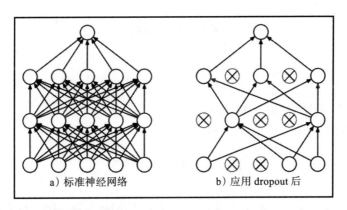

a）标准神经网络　　　　b）应用 dropout 后

图 2-8　a 是一个标准的全连接结构。图 2-8b 是通过丢弃神经元得到的一个可能的网络结构，这意味着它在训练阶段使用了 dropout。来源：*Dropout: A simple way to Prevent Neural Networks from Overfitting* - N. Srivastava-2014

被丢弃的神经元无助于训练阶段。由于神经元在每次新的训练迭代中被随机丢弃，使用 dropout 使得每次的训练阶段都不同。事实上，使用 dropout 意味着每一个训练步骤都是在一个新的网络上执行的——甚至更好的是，在一个有着不同拓扑结构的网络上执行。

N. Srivastava 等人在 " Dropout: A Simple way to Prevent Neural Networks from Overfitting"（介绍这种正则化技术的论文）中很好地解释了这一概念：

"在一个标准的神经网络中，每个参数接收到的导数会告诉它应该如何变化，因此考虑到所有其他单元的工作情况，最终的损失函数将减小。因此，神经网络单元可能会在某种程度上改变，以修复其他单元的错误。

这可能会导致复杂的相互适应。这反过来又会导致过拟合，因为这些协同适应并不适用于未见过的数据。我们假设，对于每一个隐藏的单元，dropout 通过使其他隐藏单元的存在变得不可靠来防止协同适应。因此，一个隐藏的单元不能依靠其他特定的单元来改正它的错误。"

dropout 在实践中效果很好，因为它阻止了神经元在训练阶段的相互适应。在后文中，我们将分析 dropout 是如何工作的，以及它是如何实现的。

dropout 是如何工作的

我们可以通过观察 dropout 在单个神经元上的应用来分析它是如何工作的。假设我们有以下内容：

❑ $h(x)=xW+b$ 为线性神经元

❑ $a(h)$ 为激活函数

通过使用这些，可以对 dropout 的应用（仅在训练阶段）进行建模，作为对激活函数的修改：

$$f(h) = D \odot a(h)$$

这里，

$$D = (X_1, \cdots, X_{d_h})$$

是一个伯努利随机变量的 d_h 维向量 X_i。

一个伯努利随机变量的概率质量分布如下：

$$f(k; p) = \begin{cases} p & k=1 \\ 1-p & k=0 \end{cases}$$

这里，k 是可能的结果。由于神经元以 $p= P(k=1)$ 的概率被关闭，反之则开启，因此伯努利随机变量正确地模拟了神经元上的 dropout 应用。了解 dropout 在全连接层的通用的第 i 个神经元上的应用（但同样适用于卷积层的单个神经元）会有所帮助：

$$O_i = X_i a\left(\sum_{k=1}^{d_i} w_k x_k + b\right) = \begin{cases} a\left(\sum_{k=1}^{d_i} w_k x_k + b\right) & X_i = 1 \\ 0 & X_i = 0 \end{cases}$$

在这里，$P(X_i= 0)= p$。

在训练过程中，神经元以概率 q 的形式被保留。因此，在测试阶段，我们必须模拟在训练阶段使用的网络集成的行为。为了做到这一点，我们需要将神经元的输出按 q d 的系数进行缩放。

因此，我们有以下几点：

❑ **训练阶段**：$O_i = X_i a\left(\sum_{k=1}^{d_i} w_k x_k + b\right)$

❑ **测试阶段**：$O_i = q a\left(\sum_{k=1}^{d_i} w_k x_k + b\right)$

反向 dropout

一种稍微不同的方法——几乎在所有深度学习框架的实践中都使用的方法——是使用反向 dropout。这种方法包括在训练阶段扩展激活，其明显优势是在测试阶段不必更改网络架构。

比例因子是保留概率的倒数 $\dfrac{1}{1-p} = \dfrac{1}{q}$，因此我们得到以下结果：

❑ **训练阶段**：$O_i = \dfrac{1}{q} X_i a\left(\sum_{k=1}^{d_i} w_k x_k + b\right)$

❑ **测试阶段**：$O_i = a\left(\sum_{k=1}^{d_i} w_k x_k + b\right)$

反向 dropout 是在实践中如何实现 dropout 的方法，因为它帮助我们定义模型，并只改变一个参数（保留概率 / 丢弃概率）来训练和测试同一个模型。

直接 dropout 是在前面小节中介绍的版本，它在测试阶段强制修改网络，因为如果不乘以 q，神经元会产生比连续神经元所期望的值更高的值（因此随后的神经元可能饱和或爆炸）。这就是为什么反向 dropout 是更常见的实现方式的原因。

dropout 和 L2 正则化

dropout 通常与 L2 归一化和其他参数约束技术一起使用，但情况并非总是如此。

归一化有助于使模型参数值保持较低。这样，一个参数就不能增长太多。简而言之，L2 归一化是损失函数的一个附加项，其中 $\lambda \in [0, 1]$ 是一个超参数，称为正则化强度，$F(W; x)$ 是模型，ε 是实值 y 与预测值 $\hat{y}$ 之间的误差函数：

$$\mathcal{L}(y, \hat{y}) = \varepsilon(y, F(W; x)) + \frac{\lambda}{2} W^2$$

很容易理解，当我们通过梯度下降进行反向传播时，这个附加项减少了更新量。如果 η 是学习率，则参数 $w \in W$ 的更新量如下：

$$w \leftarrow w - \eta\left(\frac{\partial F(W; x)}{\partial w} + \lambda w\right)$$

单独的 dropout 无法防止参数值在此更新阶段变得太大。

还有另外两个非常容易实现的解决方案，它们甚至不需要更改模型或增加损失函数的附加项。这些解决方案被称为数据扩充和早期停止。

2.4.2 数据扩充

数据扩充是增加数据集大小的一种简单方法。这是通过在训练数据上应用一组转换来实现的。其目的是使模型意识到某些输入变化是可能的，从而使其在各种输入数据上的性能更好。

转换集高度依赖于数据集本身。通常，当处理一个图像数据集时，要应用的转换如下：

❑ 左右随机翻转
❑ 上下随机翻转
❑ 向输入图像添加随机噪声
❑ 随机亮度变化
❑ 随机饱和度变化

但是，在将任何这些转换应用于我们的训练集之前，我们必须询问：

对于我的数据集以及手头的任务，这种转换对这种数据类型有意义吗？

只考虑输入图像的随机左 / 右翻转：如果我们的数据集是绘制箭头的数据集，每个箭头都标有其方向，并且我们正在训练一个模型来预测箭头的方向，则镜像图像只会破坏我们的训练集。

2.4.3 早期停止

正如我们在第 1 章中介绍的那样，在训练阶段同时在验证集和训练集上测量模型的性能是一个好习惯。这种良好的习惯可以帮助我们防止过拟合，并节省大量训练时间，因为度量指标告诉我们模型是否正在开始过拟合训练数据，从而是否应该停止训练过程。

让我们考虑一个分类器——我们测量验证准确率、训练准确率和损失值。

查看损失值，我们可以看到，随着训练过程的进行，损失减少了。当然，这只适用于健康的训练。当损失趋势降低时，训练是健康的。仅仅观察由小批量梯度下降或使用随机正则化过程（dropout）而引起的波动是可能的。

如果训练过程健康并且损失趋势减少，则训练准确率将提高。训练准确率衡量的是模型学习训练集的能力—它没有捕获其泛化能力。另外，验证准确率是衡量模型在没见过的数据上预测效果的标准。

如果模型正在学习中，则验证准确率会提高。如果模型过拟合，则验证准确率将停止增加，甚至可能开始下降，而在训练集上测得的准确率将达到最大值。

如果验证准确率（或任何受监控的指标）停止增加后，你立即停止训练模型，那么你将轻松有效地面对过拟合问题。

数据扩充和早期停止是减少过拟合而不改变模型架构的两种方法。

但是，类似于 dropout，还有另一种常见的正则化技术，称为批量归一化，它要求我们更改所使用的模型架构。这有助于加快训练过程，并获得更好的表现。

2.4.4　批量归一化

批量归一化不仅是一种正则化技术，而且还是加快训练过程的一种好方法。为了提高学习过程的稳定性，从而减少损失函数的振荡，批量归一化通过减去批量平均值并将其除以批量标准偏差，将层的输出标准化。

经过这种非学习过程的归一化之后，批量归一化添加了两个可训练的参数：标准偏差参数和平均值参数。

批量归一化不仅可以通过减少训练振荡来加快收敛速度，而且还可以减少过拟合，因为它在训练过程中以类似于 dropout 的方式引入了随机性。区别在于，dropout 以一种明显的方式增加噪声，而批量归一化通过计算批量的均值和方差来引入随机性。

图 2-9 取自 Reducing Internal Covariate Shift 的原始论文 "Batch Normalization –Accelerating Deep Network Training"（Ioffe 等人，2015 ），展示了在训练过程中应用的该算法。

$$
\begin{aligned}
&\textbf{Input: } \text{Values of } x \text{ over a mini-batch: } \mathcal{B} = \{x_{1\ldots m}\}; \\
&\qquad\quad\ \text{Parameters to be learned: } \gamma, \beta \\
&\textbf{Output: } \{y_i = \text{BN}_{\gamma,\beta}(x_i)\}
\end{aligned}
$$

$$\mu_{\mathcal{B}} \leftarrow \frac{1}{m}\sum_{i=1}^{m} x_i \qquad\qquad \text{// mini-batch mean}$$

$$\sigma_{\mathcal{B}}^2 \leftarrow \frac{1}{m}\sum_{i=1}^{m}(x_i - \mu_{\mathcal{B}})^2 \qquad \text{// mini-batch variance}$$

$$\widehat{x}_i \leftarrow \frac{x_i - \mu_{\mathcal{B}}}{\sqrt{\sigma_{\mathcal{B}}^2 + \epsilon}} \qquad\qquad \text{// normalize}$$

$$y_i \leftarrow \gamma \widehat{x}_i + \beta \equiv \text{BN}_{\gamma,\beta}(x_i) \qquad \text{// scale and shift}$$

算法 1：批量归一化转换，作用于小批量的 x 上

图 2-9　批量归一化算法。资料来源：*Batch Normalization-Accelerating Deep Network Training by Reducing Internal Covariate Shift*，Loffe 等，2015 年

在训练过程的最后，要求应用在训练过程中学习到的仿射变换。但是，不是计算输入批量的均值和方差，而是使用训练过程中累积的均值和方差。实际上，批量归一化就像 dropout 一样，在训练和推理阶段具有不同的行为。在训练阶段，它计算当前输入批量的均值和方差，但在推理阶段积累移动平均值和方差的使用。

幸运的是，由于这是一种非常常见的操作，因此 TensorFlow 拥有一个批量归一化（BatchNormalization）层可供随时使用，所以我们不必担心训练期间统计信息的积累以及在推理阶段必须更改该层的行为。

2.5 总结

本章可能是整本书中理论性最强的一章。但是，你需要至少对神经网络的构建部分以及机器学习中使用的各种算法有一个直观的认识，这样你才能开始对正在发生的事情建立一个有意义的理解。

我们已经了解了什么是神经网络、训练它的含义以及如何使用一些最常见的更新策略来执行参数更新。现在，你应该对如何应用链式法则以有效地计算函数的梯度有了一个基本的了解。

我们还没有明确地讨论深度学习，但是在实践中，我们已经做了。记住，堆叠神经网络层就像堆叠不同分类器一样，将它们的表达能力组合起来。我们用"深度学习"一词表示了这一点。实践中，我们可以说深度神经网络（一种深度学习模型）就是具有多个隐藏层的神经网络。

在本章后面，我们介绍了许多有关参数模型训练的重要概念、神经网络的起源及其相关数学公式。最重要的是，当我们定义全连接层（以及其他层），定义损失函数，利用机器学习框架（例如 TensorFlow）使用某种特定的优化策略训练模型时，至少要对发生了什么有一个直观的概念。

TensorFlow 隐藏了我们在本章中描述的所有内容的复杂性，但是只要了解底层发生了什么，你就可以通过查看模型的行为来对其进行调试。你还将了解为什么在训练阶段会发生某些事情，以及如何解决某些问题。例如，最优化策略的知识将帮助你理解为什么损失函数的值在训练阶段遵循一定的趋势并假定某些特定的值，并帮助你了解如何选择正确的超参数。

在第 3 章中，我们将看到在 TensorFlow 中，如何使用图表示计算的方式，有效地实现本章中介绍的所有理论概念。

2.6　练习题

本章出现了各种需要理解的理论概念，不要跳过这些练习：

1. 人工神经元和生物学神经元之间有什么相似之处？

2. 神经元的拓扑结构是否会改变神经网络的行为？

3. 为什么神经元需要非线性激活函数？

4. 如果激活函数是线性的，则多层神经网络与单层神经网络相同。为什么？

5. 神经网络如何处理输入数据中的错误？

6. 写出通用神经元的数学公式。

7. 写出全连接层的数学公式。

8. 为什么多层配置可以解决具有非线性可分离解的问题？

9. 绘制 sigmoid、tanh 和 ReLu 激活函数的图形。

10. 是否总是需要将训练集标签格式化为独热编码形式？若任务是回归呢？

11. 损失函数在期望结果和模型输出之间建立了联系，为什么要使损失函数可微分？

12. 损失函数的梯度表示了什么？反梯度呢？

13. 什么是参数更新规则？解释原始梯度下降更新规则。

14. 写出小批量梯度下降算法，并解释三种可能的情况。

15. 随机扰动是一种好的更新策略吗？解释这种方法的利弊。

16. 非自适应和自适应优化算法有什么区别？

17. 速度和动量更新的概念之间有什么关系？描述动量更新算法。

18. 什么是 LTI 系统？它与卷积运算有什么关系？

19. 什么是特征向量？

20. CNN 是特征提取器吗？如果是，可以使用全连接层对卷积层的输出进行分类吗？

21. 模型参数初始化的指导原则是什么？为网络的每个参数赋值常数值 10 是否是一种好的初始化策略？

22. 直接 dropout 和反向 dropout 有什么区别？为什么 TensorFlow 可实现反向 dropout？

23. 使用 dropout 时，为什么对网络参数进行 L2 归一化很有用？

24. 写出卷积之间的卷积公式：展示在 $1 \times 1 \times D$ 卷积核的情况下卷积的行为。为什么在全连接层和 $1 \times 1 \times D$ 卷积之间存在等价关系？

25. 如果在训练分类器时，验证准确率停止增加，这意味着什么？如果已经存在 dropout 层，那么添加 dropout 或增加 dropout 概率，是否可以再次提高网络的验证准确率？为什么？

TensorFlow 基础

本部分介绍 TensorFlow 2.0 如何工作，以及与 1.x 版本的差别。本部分还会介绍如何定义一个完整的机器学习流水线，从数据获取开始，再到模型定义和 TensorFlow 1.x 中的图在 TensorFlow 2.0 中如何存在。

本部分包括第 3、4、5 章。

TensorFlow 图架构

最简明完整的关于 TensorFlow 的说明可以在该项目的网站（https://www.tensorflow.org/）上找到，这份说明注明了该软件库的所有重要部分。TensorFlow 是一个用于高性能数值计算的开源软件库。灵活多变的架构允许它部署在多种硬件平台上（CPU、GPU 或TPU），从桌面终端到计算集群，甚至是移动和边缘计算设备，它都可以运行。TensorFlow最初由 Google 的 AI 部门旗下 Google Brain 小组的研究员和工程师开发，因此在机器学习和深度学习方面有着强大的技术支持，而且，其灵活多变的数据计算核心程序在多个科学领域得到了广泛应用。

TensorFlow 的能力和最重要的特征可以总结为以下三点。

❑ **高性能的数值计算库**：TensorFlow 只需要通过导入函数就可以被多种应用程序所使用。它是由 C++ 编写的，提供多种编程语言的接口。最完整、高级和广泛使用的接口是 Python 接口。TensorFlow 是一个高性能计算库可以被用于多个领域（不仅仅是机器学习!）的高效数值计算。

❑ **灵活多变的架构**：TensorFlow 被设计成可以工作在多种多样不同硬件和网络架构上。它的抽象程度很高，以至于用于训练同一个模型的代码，无论是运行在单机上还是计算集群上，几乎完全一致。

❑ **面向产品**：TensorFlow 已经被 Google Brain 小组开发成一个用于规模化开发和服务机器学习模型的工具。它的设计理念是简化整个从设计到产品之间的流程。该软件库已经包含了多种可在生产环境下使用的 API。

因此，记住这一点，TensorFlow 是一个数值计算库。你可以随意使用它提供的数学运算操作，充分发挥硬件的全部计算能力，即使是用于与机器学习无关的任务。

本章你将会学到所有你需要知道的关于 TensorFlow 的内容：什么是 TensorFlow，如何设置你的运行环境来运行 1.x 版本和 2.0 版本从而了解它们的差别，同时，你将会学习到很多关于如何构建一个计算图的内容。在此过程中，你将会学习到如何使用 TensorBoard 来可视化计算图。

在本章，你将（终于）开始阅读一些代码。请不要仅仅阅读这些代码和其相关的解释。亲自输入这些代码并且尝试运行它。按照如何设置两个虚拟运行环境的说明一步步来，我们需要你亲自动手编写代码。在本章的最后，你将会熟悉每个 TensorFlow 版本的基础知识。

本章将介绍以下主题：

- ❏ 环境设置
- ❏ 数据流图
- ❏ 模型定义和训练
- ❏ 使用 Python 操作图

3.1　环境设置

为了能够理解 TensorFlow 的结构，所有本章中展示的例子将使用 TensorFlow 1.15。不过，我们也会设置所有 TensorFlow 2.0 需要的东西，因为我们将会在第 4 章用到它们。

本书中指明了运行所有的例子所需的 TensorFlow 版本。因为是一个软件库，我们在安装的时候需要指定所需的版本。当然，在一个系统中安装同一个库的两个不同版本是错误的。为了能够在两个版本中切换，我们将要使用两个不同的 Python 虚拟环境。

下面是一个关于什么是**虚拟环境**（virtualenv）以及为什么它能完美地满足我们的需求的说明，来自于官方的虚拟环境介绍（https://docs.Python.org/3/tutorial/venv.html#introduction）如下：

Python 应用经常会用到标准库以外的包和模块。这些应用有时候会用到一个特定版本的库，这是因为这个应用可能需要修复一个特定的 bug 或者该应用在编写时用了这个库的旧版本接口。

这意味着一个 Python 安装不一定能满足全部应用的需求。如果应用 A 需要某个特定模块的 1.0 版本，但是应用 B 需要版本 2.0，那么这两个需求就会发生冲突，不管是安装 1.0 还是 2.0 都会导致一个应用无法运行。

解决这个问题的办法是创建一个虚拟环境，即一个自包含的目录树。这个目录树包含了一个特定版本的 Python 安装加上一些额外需要的包。

不同的应用可以使用不同的虚拟环境。为了解决上面提到的依赖冲突问题，应用 A 可以拥有它专属的虚拟环境，该环境安装了 1.0 版本的库，而应用 B 运行在另一个安装了 2.0 版本库的虚拟环境下。如果应用 B 需要一个库升级到 3.0 版本，这不会影响到应用 A 的环境。

创建虚拟环境最简单的方法是使用 `pipenv:virtualenv` 创建和管理的专用工具。只需遵循它的安装说明（https://github.com/pypa/pipenv）即可。这是一个跨平台的工具，所以使用 Windows、Mac 还是 Linux 没有区别。安装好 pipenv 后，我们只需要为两个不同版本的 TensorFlow 建立两个独立的虚拟环境。

ⓘ 安装的 TensorFlow 将不具备 GPU 支持，因为 `tensorflow-gpu` 依赖于 CUDA，并且需要一块最新的 NVIDIA GPU 才能实现 CUDA 程序包的计算加速功能。如果你有一块最新的 NVIDIA GPU，可以安装 `tensorflow-gpu` 程序包，但是必须注意，一定要安装 TensorFlow 所要求的 CUDA 版本（TensorFlow 2.0 和 TensorFlow 1.5 需要 CUDA 10）。此外，你必须确定两个安装在不同虚拟环境下的 `tensorflow-gpu` 软件包依赖于相同版本的 CUDA（CUDA 10）。否则，一个软件包可以运行而另一个则无法运行。不过，如果你坚持使用 2.0 和 1.15 版本的 TensorFlow，由于它们都是基于 CUDA 10 编译的，所以，根据其 GPU 版本安装它们并且在你的系统上安装 CUDA 10 应当不会有问题。

3.1.1　TensorFlow 1.x 的环境设置

创建一个文件夹 `tf1`，进入这个文件夹，然后运行下列命令来创建一个环境，激活它，用 `pip` 安装 TensorFlow：

```
# create the virtualenv in the current folder (tf1)
pipenv --python 3.7
# run a new shell that uses the just created virtualenv
pipenv shell
# install, in the current virtualenv, tensorflow
pip install tensorflow==1.15
#or for GPU support: pip install tensorflow-gpu==1.15
```

Python3.7 版本并不是必需的。TensorFlow 支持 Python 3.5、3.6 和 3.7。因此，如果你使用一个自带旧 Python 版本的操作系统发行版，例如 Python 3.5 版本，只需在 `pipenv` 命令中改变 Python 的版本。

到目前为止，一切顺利。现在，你处于一个使用了 Python3.7 和 TensorFlow 1.15 的环境中。为了能够创建一个 TensorFlow 2.0 的新环境，我们必须先退出创建的 `pipenv` shell，即现在正在用的这个环境。一个通用的规则是，我们用 `pipenv shell` 激活了一个环境，需要通过输入 `exit` 命令退出当前 shell 的会话，从而反激活这个环境后，才能切换到另一个 `virtualenv`。

因此，在创建第二个虚拟环境之前，输入 `exit` 关闭当前正在运行的 shell。

3.1.2　TensorFlow 2.0 的环境设置

与创建 TensorFlow 1.x 的方法类似，先创建一个文件夹 `tf2`，进入文件夹内，运行下列命令：

```
# create the virtualenv in the current folder (tf2)
pipenv --python 3.7
# run a new shell that uses the just created virtualenv
pipenv shell
# install, in the current virtualenv, tensorflow
pip install tensorflow==2.0
#or for GPU support: pip install tensorflow-gpu==2.0
```

> ⓘ 在本书的余下部分中将通过在代码前面标注（`tf1`）或者（`tf2`）表示该代码在 TensorFlow 1.x 还是 2.0 环境下运行。

现在我们可以开始深入挖掘 TensorFlow 的结构，分析和描述一些在 TensorFlow 1.x 中暴露出来，但是在 TensorFlow 2.0 中被隐藏起来的（但是仍然存在）的东西：数据流图。因为下面的分析关注如何创建一个图和在创建图的过程中如何使用大量的底层运算，所以几乎所有的代码都是用的 TensorFlow 1.x 的环境。如果你已经了解和使用过 TensorFlow 1.x，并且只对 2.0 版本有兴趣，可以跳过这一部分。不过，还是推荐有经验的使用者阅读这一部分。

> 💡 只使用 TensorFlow 2.0 环境并且用 TensorFlow 2 中的兼容性模块替换掉所有 tensorflow 软件包中 tf 的调用是可能的。因此，如果你用 TensorFlow 2.0 的环境，必须用 `tf.compat.v1` 替换掉所有 `tf.` 调用，并且在导入 TensorFlow 软件包后添加一行 `tf.compat.v1.disable_eager_execution()` 函数来关闭 eager 执行模式。

既然我们完成了环境设置，让我们开始探索数据流图并学习如何开始编写实际代码。

3.2 数据流图

为了能够实现一个高效、灵活和面向产品的软件库，TensorFlow 使用数据流图来表示计算中各个运算之间的关系。数据流是一种编程模型，被广泛地应用于并行计算。在一个数据流图中，节点表示计算单元，而边表示被计算单元消费或者生产的数据。

正如第 2 章介绍的，在神经网络和深度学习中用图来表示计算有一个优势，那就是可以运行前向计算和后向计算，这是使用梯度下降来计算训练参数化的机器学习模型所需要的，而每个节点应用链式法则计算梯度值进行局部处理，然而，这不是使用图的唯一好处。

降低抽象程度，思考用图表示计算的实现细节可以带来如下好处。

❑ **并行化**：用节点表示运算，用边表示节点之间的依赖关系，TensorFlow 可以识别出能够并行化的运算。

❑ **计算优化**：图是一个广泛使用的数据结构。这就可以通过分析图来优化计算效率。例如，有可能会检测到图中没有使用的节点，并将其移除，从而优化其规模。也有可能发现冗余的节点或者非最优的图结构，并用最优的图替代。

❑ **可移植性**：图是一个编程语言中立和平台中立的计算表示方法。TensorFlow 用**协议缓冲区**（Protocol Buffer，Protobuf）——一种语言无关、平台无关的可扩展的序列化结构数据的机制来存储图。在实际中，这意味着在 Python 用 TensorFlow 定义的模型可以用语言无关的表示方式存储（Protobuf），然后应用在用其他语言编写的程序中。

❑ **分布式执行**：每个图的节点可以被部署在独立的设备和不同的机器上。TensorFlow 可以管理好各个节点之间的通信，并保证图的执行是正确的。此外，TensorFlow 可以根据设备的性能特性将图分配到不同的设备上。

让我们实现第一个数据流图（基本示例），这个数据流图计算多个矩阵及单个向量之间的乘积及和，然后存储这个图表示，并用 TensorBoard 对其进行可视化：

(tf1)

```
import tensorflow as tf

# Build the graph
A = tf.constant([[1, 2], [3, 4]], dtype=tf.float32)
x = tf.constant([[0, 10], [0, 0.5]])
b = tf.constant([[1, -1]], dtype=tf.float32)
y = tf.add(tf.matmul(A, x), b, name="result") #y = Ax + b

writer = tf.summary.FileWriter("log/matmul", tf.get_default_graph())
writer.close()
```

上面这几行代码中包含很多 TensorFlow 自身的特性和用来构建计算图的方式。这个图表示用 Python 变量 A 定义的张量单元和用 Python 变量 x 定义的张量单元之间的矩阵积，及结果矩阵与另一个用 Python 变量 b 定义的张量单元之间的和。

计算结果是用 Python 变量 y 表示的，也就是图中被命名为 `result` 的 `tf.add` 节点的输出。

ⓘ　注意 Python 变量和图节点的概念上的区别：我们只是用 Python 语言定义图，Python 变量的名字在图的定义中没有任何意义。

此外，我们创建了 `tf.summary.SummaryWriter` 来保存一个所构建的图的图形化表示。这个 `writer` 对象创建时的参数包括保存该图形化表示的存储路径（`log/matmul`）和 `tf.Graph` 对象，该对象是 `tf.get_default_graph` 函数调用返回的默认对象，因为每个 TensorFlow 应用都会表示至少一个图。

现在你可以用 TensorBoard 对这个图进行可视化了，TensorBoard 是一个 TensorFlow 提供的免费的可视化工具。TensorBoard 工作方式是读取指定（`--logdir`）日志目录下的日志文件，然后创建一个 Web 服务，这样我们就可以通过浏览器可视化创建的计算图了。

要运行 TensorBoard 并可视化图，只需输入下面命令，然后打开 Web 浏览器，输入 TensorBoard 给出的地址：

```
tensorboard --logdir log/matmul
```

图 3-1 在 TensorBoard 中展示出了已构建好的图及节点**结果**的细节。图 3-1 有助于理解 TensorFlow 是如何表示节点，以及每个节点有哪些特征。

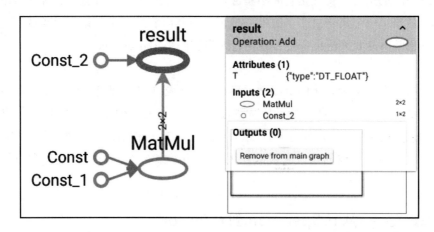

图 3-1　这个计算图描述了计算 y=Ax+b 的运算。结果节点用红色高亮标识出来了，其细节显示在右边列中

注意**我们只是描述**图 3-1——调用 TensorFlow API 只是增加运算（节点）和它们之间的

联系（边）。这个阶段**没有进行计算**。在 TensorFlow 1.x 中，如下的规则必须被遵守——图定义和执行都是静态的，但在 2.0 中这不是必需的。

因为计算图是整个框架的基础模块（在所有版本中都是），所以必须要深刻理解它，即使切换到 2.0 版本下，也要理解其造成差异的内部原理（而且，这将对程序调试有极大的帮助）。

3.2.1 主要结构——tf.Graph

正如前面所介绍的，Python 变量名和节点名之间毫无关系。一定要记住 TensorFlow 是一个 C++ 库，我们只是用 Python 来用简单的方式来构造数据流图。Python 简化了数据流图的描述阶段，因为它甚至无须显式定义就可以图。事实上，存在两种定义图的方式。

❑ **隐式定义**：仅仅用 `tf.*` 方法定义一个图。如果一个图不是显式定义的，TensorFlow 总是定义一个默认的 `tf.Graph`，可以通过调用 `tf.get_default_graph` 访问。隐式定义限制了 TensorFlow 的表示能力，因为它被限制只使用单独一个图。

❑ **显式定义**：可以显式地定义一个计算图，因此，每个应用可以有多个图。这种方式有更强的表示能力，但是并不常用，因为需要多个图的应用并不常见。

为了能显式地定义一个图，TensorFlow 允许创建 `tf.Graph` 对象时，通过 `as_default` 方法创建一个上下文管理器。每个上下文中定义的运算都被放进相关的图中。实际上，一个 `tf.Graph` 对象定义了一个它所包含的 `tf.Operation` 对象的命名空间。

`tf.Graph` 的第二个特性是它的**图集合**。每一个 `tf.Graph` 用集合机制来存储与图结构相关的元数据。一个集合由一个键唯一标识，而其内容是一个一系列对象或者运算的列表。使用者通常不需要关注集合是否存在，因为它们是 TensorFlow 为了正确定义一个图所使用的。

例如，在定义一个参数化的机器学习模型时，图必须知道哪些 `tf.Variable` 对象是在学习阶段要被更新的，哪些变量不是模型的一部分而是有其他用途的（例如在训练过程中移动计算的期望 / 方差——这些是不被训练的变量）。在这种情况下（我们下面将会看到），当一个 `tf.Variable` 被创建，它被默认的加入两个集合：全局变量集合和可训练变量集合。

3.2.2 图定义——从 tf.Operation 到 tf.Tensor

数据流图表示的是计算，其中，节点代表计算单元，而边代表了计算中消费和产生的数据。

在 `tf.Graph` 的上下文中，每个 API 的调用定义了 `tf.Operation`（节点），每个节点可以有多个输入和输出的 `tf.Tensor`（边）。例如，在之前的例子中，当调用 `tf.constant([[1, 2], [3, 4]], dtype=tf.float32)` 时，一个名叫 Const 的新节点（`tf.Operation`）加入从上下文中集成下来的默认 `tf.Graph` 中。这个节点返回一个名为 Const:0 的 `tf.Tensor`（边）。

由于图中每个节点都是唯一的，如果已经图中存在一个名为 Const 的节点（这是所有常量的默认名字），TensorFlow 将在名字上添加后缀 '_1' '_2' 等使其名称唯一。正如在示例中显示的那样，如果不给一个新加的运算命名，TensorFlow 将会给每一个新增加的运算一个默认的名称，并添加后缀使其在此例中的名称唯一化。

输出的 `tf.Tensor` 和其相关的 `tf.Operation` 名字相同，但是加上了 :ID 形式的后缀。这个 ID 是一个递增的整数，表示该运算产生了多少个输出。在 `tf.constant` 这个例子中，输出只有一个单独的张量，因此 ID=0。但是可以存在有多个输出的运算，这种情况下，:0、:1 等后缀会被加到由该运算产生的 `tf.Tensor` 名字后。

也可以通过调用 `tf.name_scope` 函数定义的一个上下文，为该上下文中所有的运算添加命名范围前缀。这个默认的命名范围前缀是一个用"/"分割的一个名字列表，这个列表包含了全部活跃的 `tf.name_scope` 上下文管理器的名字。为了能保证这些被定义的命名范围的唯一性和每个命名范围内被定义的运算的唯一性，命名规则类似于 `tf.Operation` 的后缀命名规则。

下列的代码片段显示了我们的基本示例是如何被包装成一个单独的图，如何用同一个 Python 脚本创建第二个独立的图，以及我们如何用 `tf.name_scope` 来改变节点名称、添加前缀。首先，导入 TensorFlow 库：

(tf1)

```
import tensorflow as tf
```

定义两个 `tf.Graph` 对象（这个命名范围系统允许我们方便地使用多个图）：

```
g1 = tf.Graph()
g2 = tf.Graph()

with g1.as_default():
    A = tf.constant([[1, 2], [3, 4]], dtype=tf.float32)
    x = tf.constant([[0, 10], [0, 0.5]])
    b = tf.constant([[1, -1]], dtype=tf.float32)
    y = tf.add(tf.matmul(A, x), b, name="result")

with g2.as_default():
    with tf.name_scope("scope_a"):
        x = tf.constant(1, name="x")
```

```
    print(x)
with tf.name_scope("scope_b"):
    x = tf.constant(10, name="x")
    print(x)
y = tf.constant(12)
z = x * y
```

定义两个 summary writer。需要用两个不同的 `tf.summary.FileWriter` 对象来记录两个单独的图。

```
writer = tf.summary.FileWriter("log/two_graphs/g1", g1)
writer = tf.summary.FileWriter("log/two_graphs/g2", g2)
writer.close()
```

运行这个例子然后用 TensorBoard 来可视化这两个图，用 TensorBoard 左边列来切换 "runs"。

具有相同名称的节点（例如本例中的 x）可以存在于同一个图内，但是必须在不同的命名范围下。事实上，处在不同的命名范围内的节点之间是完全独立的，并且为不同的节点。事实上，节点名称不仅仅是传递到运算定义的参数名称，还包含了其所有的前缀，即它的完整路径。

执行这个脚本，输出如下：

```
Tensor("scope_a/x:0", shape=(), dtype=int32)
Tensor("scope_b/x:0", shape=(), dtype=int32)
```

正如所见，它们的全名是不一样的，并且我们可以知道产生的张量的其他信息。一般来说，每个张量都有一个名称、一个类型、一个秩（rank）和一个形状。

❏ **名称**唯一地标识了计算图中的张量。通过调用 `tf.name_scope` 函数，我们可以为张量的名称添加前缀，从而改变其整个路径。我们也可以每个 `tf.*` 的 API 调用中的 `name` 属性来指定名称。

❏ **类型**是 tensor 的数据类型；例如，`tf.float32`、`tf.int8` 等。

❏ **秩**，在 TensorFlow 的世界里（这是不同于严格的数学定义的），指的是一个张量的维数。例如，一个标量秩为 0，一个向量秩为 1，一个矩阵秩为 2，等等。

❏ **形状**是每个维中元素的个数。例如，一个标量的秩为 0，而形状值是空的 `()`；一个向量的值为 1，形状为 `(D0)`；一个矩阵的秩为 2，形状为 `(D0, D1)`，等等。

ℹ️ 有时可能见到一个维度为 –1 的形状。这是一种特殊的句法，用来告诉 TensorFlow 需要从其他定义好的张量的维度中推断出应该放在此处的值。通常，一个负的 shape 值被用在 `tf.reshape` 运算中，如果被请求的张量与这个张量的元素数量相兼容的话，这个运算能够改变一个张量的形状。

另外，当定义一个张量时，有可能发生一个或多个维度的值是 None 的情况。在这种情况下，完整的形状定义被安排在执行阶段，因为使用 None 是为了告诉 TensorFlow 准备好为只有在运行时才知道位置的地方赋值。

作为一个 C++ 库，TensorFlow 数据类型是严格的静态类型。这意味着在图定义阶段必须知道每个运算 / 张量的类型。此外，这也意味着不能在不兼容的类型上执行运算。

仔细观察上面的基本示例，可以看到矩阵乘法和加法运算都是在具有相同数据类型 tf.float32 的张量上执行的。这些张量由 Python 定义的变量 A 和 b 标识的，能够清晰定义运算的数据类型，而张量 x 的数据类型也同样是 tf.float32。但是在这个例子中，这是由 Python 接口推断出来的，它能深入检查这个常量值并且在定义运算时推断出类型。

此外，Python 接口还有一个特性就是可以用运算符重载来简化一些常用的数学运算的定义。那些最常见的数学运算都有对应的 tf.Operation。因此，使用运算符重载来简化图定义就非常自然了。

表 3-1 显示了能够在 TensorFlow Python API 中重载的运算符。

表　3-1

Python 运算符	操作名
__neg__	unary -
__abs__	abs()
__invert__	unary ~
__add__	binary +
__sub__	binary -
__mul__	binary elementwise *
__floordiv__	binary //
__truediv__	binary /
__mod__	binary %
__pow__	binary **
__and__	binary &
__or__	binary |
__xor__	binary ^
__le__	binary <
__lt__	binary <=
__gt__	binary >
__ge__	binary <=
__matmul__	binary @

运算符重载允许更简便的图定义，并且与其 tf.* 的 API 调用完全等价（例如，用 __add__ 与用 tf.add 函数效果是一样的）。只有一种情况下使用 TensorFlow 的 API 调用

比使用运算符重载更好：当需要一个运算的名称时。通常，当定义一个图时，我们喜欢只给那些输入输出节点赋予有意义的名称，而其他的节点只需让 TensorFlow 自动命名即可。

如果用了重载的运算符，我们就不能指定节点名称及输出的张量的名称了。事实上，在上面的基本示例中，我们用 tf.add 方法定义了加法运算，因为我们想给输出一个有意义的名字。实际上，这两行是等价的：

```
# Original example, using only API calls
y = tf.add(tf.matmul(A, x), b, name="result")

# Using overloaded operators
y = A @ x + b
```

如本节开头所述，TensorFlow 本身可以将特定的节点放在更适合操作执行的不同设备上。该框架非常灵活，允许用户仅使用 tf.device 上下文管理器就可以在不同的本地和远程设备上手动操作。

3.2.3　图放置——tf.device

tf.device 创建一个和设备相符的上下文管理器。这个函数允许使用者请求将同一个上下文下创建的所有运算放置在相同的设备上。由 tf.device 指定的设备不仅仅是物理设备。实际上，它能指定如远程服务器、远程设备、远程工作者及不同种类的物理设备（GPU、CPU、TPU）。它需要遵照一个设备的指定规范才能正确地告知框架来使用需要的设备。一个设备指定规范有着如下的形式：

```
/job:<JOB_NAME>/task:<TASK_INDEX>/device:<DEVICE_TYPE>:<DEVICE_INDEX>
```

下面分开解释：

❑ <JOB_NAME> 是一个由字母和数字构成的字符串，首个字符不能是数字。

❑ <DEVICE_TYPE> 是一个已经注册过的设备类型（CPU 或者 GPU）。

❑ <TASK_INDEX> 是一个非负整数，代表了在名为 <JOB_NAME> 的工作中的任务编号。

❑ <DEVICE_NAME> 是一个非负整数，代表设备的索引号，例如 /GPU:0 是第一个 GPU。

实践中无须指定设备指定规范的每个部分，例如，当在一个单 GPU 上运行一个单机配置时，你也许可以使用 tf.device 来指定某些运算固定运行在 GPU 或是 CPU 上。

因此我们可以扩展基本示例将某些运算放置在选择的设备上。由此，可以将矩阵乘法放在 GPU 上，因为它从硬件上对此类运算进行了优化，并将其他运算放在了 CPU 上。注意由于只有一个图描述，因此无须真的有一个 GPU，或者使用 tensorflow-gpu 包。首先，我们导入 TensorFlow 库：

(tf1)

```
import tensorflow as tf
```

现在，使用上下文管理器将运算放置在不同的设备上，首先，放置在本地机器的第一
个 CPU 上：

```
with tf.device("/CPU:0"):
    A = tf.constant([[1, 2], [3, 4]], dtype=tf.float32)
    x = tf.constant([[0, 10], [0, 0.5]])
    b = tf.constant([[1, -1]], dtype=tf.float32)
```

放置在本地机器上第一个 GPU 上：

```
with tf.device("/GPU:0"):
    mul = A @ x
```

当设备没有被作用域所强制指定时，TensorFlow 决定运算的最优的放置设备。

```
y = mul + b
```

我们定义 summary writer：

```
writer = tf.summary.FileWriter("log/matmul_optimized",
tf.get_default_graph())
writer.close()
```

查看生成的图，我们会发现它和基本示例中生成的图是相似的，除了两个主要的区别：

❑ 对于输出的张量，我们只有一个默认的名称，而不是一个有意义的名称。

❑ 单击矩阵乘法节点，在 TensorBoard 中可能看到这个运算必须在本地机器的第一个
GPU 上执行。

这个 matmul 节点被放置在本机的第一个 GPU 上，而其他的运算在 CPU 上执行。
TensorFlow 可以用一种透明的方式处理不同设备之间的通信。如图 3-2 所示。

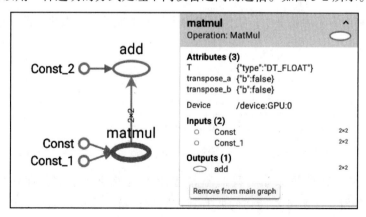

图　3-2

请注意，尽管我们定义能产生常量张量的常量运算，但是不管是在节点属性之中还是输入输出的属性之中，它们的值都是不可见的。

当使用静态图和会话执行方式的时候，执行是与图定义完全分离的。在 eager 执行模式中却不是这样的。然而，本章的内容主要是关于 TensorFlow 架构的，因此我们要关注 tf.Session 的执行方式：在 TensorFlow2.0 中，这个会话仍然存在，但是被隐藏起来。我们将会在第 4 章看到。

3.2.4　图执行——tf.Session

tf.Session 是一个 TensorFlow 提供的类，用来表示 Python 程序和 C++ 运行库之间的联系。

这个 tf.Session 对象以具体的构建所定义的图为目标，是唯一能直接与硬件通信（通过 C++ 运行库）、将运算放置到指定的设备上、使用本地和分布式 TensorFlow 运行库的对象。这个 tf.Session 对象是高度优化过的，一旦被正确地构建，它就会将 tf.Graph 缓存起来以加速其执行。

作为物理资源的拥有者，tf.Session 对象必须以一个文件描述符的方式来做下面的工作：

❑ 通过创建 tf.Session 来获取资源（等价于 open 操作系统调用）。

❑ 使用这些资源（等价于使用在文件描述符上使用 read/write 操作）。

❑ 使用 tf.Session.close 来释放资源（等价于 close 调用）。

通常，一个会话是通过一个上下文管理器来使用的，该上下文可以在模块退出时自动关闭会话。一般不需要使用者手动定义一个会话并处理其创建和销毁操作。

tf.Session 的构造函数比较复杂，并且是高度可定制的。这是因为它的作用是用来配置和创建计算图的执行。

在最简单和最常见的场景中，我们只想用当前的本地的硬件来执行前面描述的计算图，如下所示：

```
(tf1)
    # The context manager opens the session
    with tf.Session() as sess:
        # Use the session to execute operations
        sess.run(...)
    # Out of the context, the session is closed and the resources released
```

还有一些更复杂的场景中，我们不希望用本地的执行引擎，而是使用一个远程 TensorFlow 服务器，该服务器能访问所有其控制的设备。这可以通过使用服务器的 URL（grpc://）来指定 tf.Session 的 target 参数：

```
(tf1)
    # the IP and port of the TensorFlow server
    ip = "192.168.1.90"
    port = 9877
    with tf.Session(f"grpc://{ip}:{port}") as sess:
        sess.run(...)
```

默认情况下，这个 tf.Session 将会捕捉和使用默认的 tf.Graph 对象，但是当需要运算多个图时，可以用 graph 参数指定需要使用的图。可以非常容易理解为何同时用多个图并不常见，因为 tf.Session 对象每次只能处理一个图。

tf.Session 对象的第三个（即最后一个）参数是硬件 / 网络配置，通过 config 函数指定。这个配置通过 tf.ConfigProto 对象来指定，该对象可以控制会话的行为。这个 tf.ConfigProto 对象比较复杂，可选项很多。最常用的选项是下面两个（其他所有的选项是用于分布式、复杂的环境的）。

❑ allow_soft_placement：如果被设定为真，它会启用软设备安排。不是所有的运算可以被严格地安排在 CPU 和 GPU 上的，因为某运算的 GPU 实现有可能没有，启用这个选项允许当在定义阶段，一个不被支持的设备被指定时，TensorFlow 可以忽略通过 tf.device 指定的设备并将运算安排到正确的设备上。

❑ gpu_options.allow_growth：如果被设定为真，就会改变 TensorFlow GPU 显存的分配器工作方式。默认的分配器只要在 tf.Session 被创建的时候就会分配所有可用的 GPU 显存，而 allow_growth 参数为 True 的分配器可以逐步地增加分配的显存。在生产环境中，物理资源是完全被用于 tf.Session 的执行的，所以默认的分配器工作方式会被设置成这样。然而，在标准的研究环境中，这些资源是共享使用的（GPU 是一种在 tf.Session 执行时能被其他进程所使用的资源），因此会有所区别。

基线示例不仅可以扩展为定义一个图，还可以继续进行有效的构建和执行：

```
import tensorflow as tf
import numpy as np

A = tf.constant([[1, 2], [3, 4]], dtype=tf.float32)
x = tf.constant([[0, 10], [0, 0.5]])
b = tf.constant([[1, -1]], dtype=tf.float32)
y = tf.add(tf.matmul(A, x), b, name="result")

writer = tf.summary.FileWriter("log/matmul", tf.get_default_graph())
writer.close()

with tf.Session() as sess:
    A_value, x_value, b_value = sess.run([A, x, b])
    y_value = sess.run(y)
```

```
# Overwrite
y_new = sess.run(y, feed_dict={b: np.zeros((1, 2))})
print(f"A: {A_value}\nx: {x_value}\nb: {b_value}\n\ny: {y_value}")
print(f"y_new: {y_new}")
```

第一个 `sess.run` 函数评估了 3 个 `tf.Tensor` 对象：A、x、b，并用 numpy 数组的方式返回了它们的值。

第二个调用 `sess.run(y)` 的工作方式如下：

1）y 是一个运算的输出节点：回溯它的输入。

2）递归的回溯所有节点直到无法找到父母节点。

3）评估输入。在这个例子中，就是 A、x、b 这些张量。

4）跟踪依赖图：乘法运算的执行必须在其运算结果与 b 的求和运算的执行之前。

5）执行矩阵乘法。

6）执行加法。

加法是这个图求解的进入点（Python 变量 y），也是计算完成的地方。

第一个 `print` 调用，产生如下的输出：

```
A: [[1. 2.]
    [3. 4.]]
x: [[ 0. 10. ]
    [ 0. 0.5]]
b: [[ 1. -1.]]
y: [[ 1. 10.]
    [ 1. 31.]]
```

第三个 `sess.run` 调用展示了它是如何把外部以 numpy 数组形式的值注入计算图中，从而重写一个节点。这个 `feed_dict` 参数可以让你实现这个功能：通常，输入通过 `feed_dict` 参数和 `tf.placeholder` 重写运算符传递到图中。

`tf.placeholder` 创建的目的是当外面的值没有被注入图中时抛出一个错误。然而，`feed_dict` 参数不仅仅是用于填充 placeholder 的一种方法。事实上，前面的例子显示如何用它重写其他节点。如下所示，重写一个节点的结果被一个 Python 变量 b 表示，这是一个 numpy 数组，需要和被重写的变量不论是在数据类型还是形状上都要完全相兼容：

```
y_new: [[ 0. 11.]
        [ 0. 32.]]
```

更新基本示例中的代码以演示下面的运算：

❏ 如何构建一个图

❏ 如何保存一个图的图表示

❏ 如何创建一个会话并执行定义的图

到目前为止，我们已经用了有常量值的图，也用了 `sess.run` 函数中的 `feed_dict` 参数来重写一个节点的参数。然而，由于 TensorFlow 是设计用来解决复杂问题的，因此引入了 `tf.Variable` 的概念使得每一个参数化的机器学习模型都可以用 TensorFlow 定义和训练。

3.2.5　静态图中的变量

一个变量是一个对象，这个对象在图中多个 `sess.run` 调用之间维护图的状态。一个变量通过构建 `tf.Variable` 类的一个实例加入到 `tf.Graph` 中。

一个变量可以由一对参数（`type, shape`）完全定义，通过调用 **tf.Variable** 所创建的变量可以被用作图中其他节点的输入。事实上，在构建一个图时，`tf.Tensor` 和 `tf.Variable` 对象可以用相同的方式使用。

与张量相比，变量有更多的属性：一个变量对象必须被初始化，因此必须有初始值。一个变量默认地被加到全局变量和可训练变量图集合中。如果一个变量设置成不可训练，图可以用它来存储状态，但是优化器将在学习过程中忽略它。

有两种在图中声明变量的方式：`tf.Varable` 和 `tf.get_variable`。`tf.Variable` 更简单，但是不如第二种方式强大，第二种方式更复杂，但是有更强的表示能力。

tf.Variable

调用 `tf.Variable` 总是会创建一个新的变量，同时，它总是需要指定一个初始值。在下面的代码行中，显示了创建一个形状为（`5, 5, size_in, size_out`）的变量 W 和一个形状为（`size_out`）的变量 B：

```
w = tf.Variable(tf.truncated_normal([5, 5, size_in, size_out], stddev=0.1),
name="W")
b = tf.Variable(tf.constant(0.1, shape=[size_out]), name="B")
```

w 的初始值由 `tf.truncated_normal` 运算产生，该运算对初始化张量所需的 $5 \times 5 \times$ `size_in` x `size_out`（总数）值进行抽样，其正态分布的均值为 0，标准差为 0.1，而 b 则是用 `tf.constant` 运算产生的 0.1 常量值来初始化的。

因为每个 `tf.Variable` 的调用都会创建图中一个新变量，所以它是创建层的完美候选：每一层（例如，一个卷积层或者全连接层）的定义需要创建一个新的变量。例如，下面几行代码显示两个可用来定义一个卷积神经网络和全连接神经网络的函数：

```
(tf1)
```

第一个函数创建一个 2D 卷积层（包含一个 5×5 的内核），然后执行 `max_pool` 操作，将输出的空间减半：

```
def conv2D(input, size_in, size_out, name="conv"):
"""Define a 2D convolutional layer + max pooling.
Args:
    input: Input tensor: 4D.
    size_in: it could be inferred by the input (input.shape[-1])
    size_out: the number of convolutional kernel to learn
    name: the name of the operation, using name_scope.
Returns:
    The result of the convolution as specified + a max pool operation
    that halves the spatial resolution.
"""
    with tf.name_scope(name):
        w = tf.Variable(tf.truncated_normal([5, 5, size_in, size_out],
stddev=0.1), name="W")
        b = tf.Variable(tf.constant(0.1, shape=[size_out]), name="B")
        conv = tf.nn.conv2d(input, w, strides=[1, 1, 1, 1], padding="SAME")
        act = tf.nn.relu(conv + b)
        tf.summary.histogram("w", w)
        tf.summary.histogram("b", b)
        return tf.nn.max_pool(act, ksize=[1, 2, 2, 1], strides=[1, 2, 2,
1], padding="SAME")
```

第二个函数定义一个全连接层：

```
(tf1)

    def fc(input, size_in, size_out, name="fc"):
    """Define a fully connected layer.
    Args:
        input: Input tensor: 2D.
        size_in: it could be inferred by the input (input.shape[-1])
        size_out: the number of output neurons kernel to learn
        name: the name of the operation, using name_scope.
    Returns:
        The linear neurons output.
    """
```

两个函数都用了 `tf.summary` 模块来记录权重、偏移和激活值的直方图，这些值在训练中都会发生变化。

调用 `tf.summary` 方法自动将 summary 加入全局集合中，`tf.Saver` 和 `tf. Summary Writer` 可以用它在 TensorBoard 日志目录里记录每个 summary 的值：

```
(tf1)

    with tf.name_scope(name):
        w = tf.Variable(tf.truncated_normal([size_in, size_out], stddev=0.1),
    name="W")
        b = tf.Variable(tf.constant(0.1, shape=[size_out]), name="B")
        act = tf.matmul(input, w) + b
        tf.summary.histogram("w", w)
```

```
tf.summary.histogram("b", b)
return act
```

用这种方式定义的层对大多数常见场景是完美的，在这些场景中，用户想定义一个由多个层堆叠而成的深度学习模型，并且在给定一个从开始层流到最后层的输入的情况下对这个模型进行训练。

然而，如果训练过程不是标准的，并且需要在不同的输入之间共享变量的值该怎么办呢？

我们需要用到一个叫作变量共享的 TensorFlow 特征，这个特征不能在 `tf.Variable` 定义的层中使用，因此我们需要用到最强的方法：`tf.get_variable`。

tf.get_variable

与 `tf.Variable` 一样，`tf.get_variable` 也用来定义和创建新的变量。它们的主要区别在于如果变量已经定义，那么 `tf.get_variable` 的行为有所变化。

`tf.get_variable` 总是和 `tf.variable_scope` 一起使用，因为它可以通过它的 `reuse` 参数来实现 `tf.get_variable` 的变量共享能力。下面的例子说明了这个概念：

(tf1)

```
with tf.variable_scope("scope"):
    a = tf.get_variable("v", [1]) # a.name == "scope/v:0"
with tf.variable_scope("scope"):
    b = tf.get_variable("v", [1]) # ValueError: Variable scope/v:0 already
exists
with tf.variable_scope("scope", reuse=True):
    c = tf.get_variable("v", [1]) # c.name == "scope/v:0"
```

在前面的例子中，Python 变量 a 和 c 指向了名为 scope/v:0 的相同的图变量。因此，一个用 `tf.get_variable` 定义变量的层，可以同时使用 `tf.variable_scope` 来定义和重用该层的变量。这种方式在使用对抗训练方法训练生成模型时非常有用且非常强大。我们可以在第 9 章中看到。

与 `tf.Variable` 不一样，在这个例子中，我们不能用直接的方法传递初始值（直接在调用方法中将值作为输入传递）。我们总是显式地用一个初始化器。先前定义的层可以用 `tf.get_variable` 来写（这也是推荐的定义变量的方法），如下所示：

(tf1)

```
def conv2D(input, size_in, size_out):
    w = tf.get_variable(
        'W', [5, 5, size_in, size_out],
        initializer=tf.truncated_normal_initializer(stddev=0.1))
    b = tf.get_variable(
        'B', [size_out], initializer=tf.constant_initializer(0.1))
    conv = tf.nn.conv2d(input, w, strides=[1, 1, 1, 1], padding="SAME")
```

```
        act = tf.nn.relu(conv + b)
        tf.summary.histogram("w", w)
        tf.summary.histogram("b", b)
        return tf.nn.max_pool(
            act, ksize=[1, 2, 2, 1], strides=[1, 2, 2, 1], padding="SAME")

    def fc(input, size_in, size_out):
        w = tf.get_variable(
            'W', [size_in, size_out],
            initializer=tf.truncated_normal_initializer(stddev=0.1))
        b = tf.get_variable(
            'b', [size_out], initializer=tf.constant_initializer(0.1))
        act = tf.matmul(input, w) + b
        tf.summary.histogram("w", w)
        tf.summary.histogram("b", b)
        return act
```

调用 `conv2D` 或者 `fc` 定义了在当前范围定义一个层所需的变量。因此，必须使用 `tf.variable_scope` 来避免定义两个卷积层时的命名冲突：

```
input = tf.placeholder(tf.float32, (None, 28,28,1))
with tf.variable_scope("first"):
    conv1 = conv2d(input, input.shape[-1].value, 10)
with tf.variable_scope("second"): #no conflict, variables under the second/
scope
    conv2 = conv2d(conv1, conv1.shape[-1].value, 1)
# and so on...
```

手动定义层是一个很好的练习，了解 TensorFlow 拥有的定义每个 ML 层所需的全部基本元素，对每个机器学习的从业人员来说都是必须知道的知识。但是，手动定义每个单独的层是非常重复的乏味的工作（我们在几乎每一个项目中都需要全连接、卷积、dropout 和批量归一化层），因此，TensorFlow 提供了一个名叫 `tf.layers` 的模块，这个模块包含了几乎所有常用的层，这些层内部都是用 `tf.get_variable` 来定义的，因此，这些层可以和 `tf.variable_scope` 一起使用来共享它们的变量。

3.3　模型定义和训练

声明：层模块在 TensorFlow2.0 中已经被完全移除了，用 `tf.keras.layers` 定义层是新的标准。然而，关于 `tf.layers` 的介绍仍然值得了解，因为它显示了如何一层一层地定义深度模型是一个自然而然的过程，同时，它也让我们了解从 `tf.layers` 迁移到 `tf.keras.layers` 背后的原理。

3.3.1　用 tf.layers 定义模型

正如前面所示，TensorFlow 提供了用来定义一个神经网络层的所有原始特征：用户在定义变量、运行节点、激活函数及日志记录时要谨慎，并且要定义一个合适的接口来处理全部情况（是否添加 bias 项、正则化层参数等）。

　　TensorFlow 1.x 中的 tf.layers 模块和 TensorFlow 2.0 中的 `tf.keras.layers` 模块提供了一个出色的 API，用于以一种方便强大的方法定义机器学习模型。`tf.layers` 中的每一层都用 `tf.get_variable` 定义变量，因此，所有用这种方法定义的层都可以应用 `tf.variable_scope` 提供的变量来共享特征。

　　之前手动定义的 2D 卷积和全连接层可以通过 `tf.layers` 来进行清晰的展现和良好的定义。如下所示，用它们定义一个像 LeNet 的 CNN 也是非常容易的。首先，我们定义一个用来分类的卷积神经网络：

```
(tf1)

    def define_cnn(x, n_classes, reuse, is_training):
        """Defines a convolutional neural network for classification.
        Args:
            x: a batch of images: 4D tensor.
            n_classes: the number of classes, hence, the number of output
    neurons.
            reuse: the `tf.variable_scope` reuse parameter.
            is_training: boolean variable that indicates if the model is in
    training.
        Returns:
            The output layer.
        """
        with tf.variable_scope('cnn', reuse=reuse):
            # Convolution Layer with 32 learneable filters 5x5 each
            # followed by max-pool operation that halves the spatial extent.
            conv1 = tf.layers.conv2d(x, 32, 5, activation=tf.nn.relu)
            conv1 = tf.layers.max_pooling2d(conv1, 2, 2)

            # Convolution Layer with 64 learneable filters 3x3 each.
            # As above, max pooling to halve.
            conv2 = tf.layers.conv2d(conv1, 64, 3, activation=tf.nn.relu)
            conv2 = tf.layers.max_pooling2d(conv2, 2, 2)
```

　　然后，我们把数据平坦化为一维向量，这样我们可以使用全连接层了。注意批大小位置上的负维度以及新形状是如何计算出来的：

```
        shape = (-1,conv2.shape[1].value * conv2.shape[2].value *
    conv2.shape[3].value)
        fc1 = tf.reshape(conv2, shape)

        # Fully connected layer
        fc1 = tf.layers.dense(fc1, 1024)
        # Apply (inverted) dropout when in training phase.
        fc1 = tf.layers.dropout(fc1, rate=0.5, training=is_training)

        # Prediction: linear neurons
        out = tf.layers.dense(fc1, n_classes)
```

```
        return out
input = tf.placeholder(tf.float32, (None, 28, 28, 1))
logits = define_cnn(input, 10, reuse=False, is_training=True)
```

作为一个对 TensorFlow 原始运算的高层包装，在本书中没有必要详细介绍每一层的功能是什么，因为它们反映在层的名字中和文档中。建议读者熟悉官方文档，另外，特别要尝试用层定义自己的分类模型：https://www.tensorflow.org/versions/r1.15/api_docs/python/tf/layers。

将基本示例中的图用这个 CNN 定义取代，可以看到每个层是如何拥有自己的范围的，以及层与层之间是如何连接的。同时，如图 3-4 所示，双击一个层，可以看到它的内容，从而在没有阅读代码的情况下理解它是如何实现的。

图 3-3 显示了定义的、像 LeNet 的 CNN 的结构。整个结构被放在了 cnn 范围内。输入节点是一个 placeholder。它也可以可视化这个 CNN 层与层之间的连接，并且显示了 TensorFlow 如何为模块添加 _1 后缀来避免命名冲突的方式。

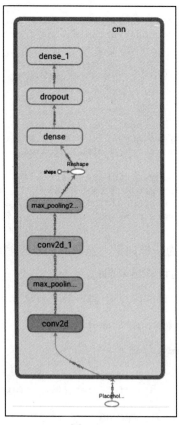

图　3-3

双击 conv2d 模块，就可以分析层定义的多种组件是如何相互连接的。请注意，TensorFlow 的开发者用的是一个名为 BiasAdd 的运算（而不是原始的加法运算）来加上 bias 的，这一点和我们自己的层实现不一样。这两种运算最终的行为是一样的，但是该方法句法更清晰。如图 3-4 所示。

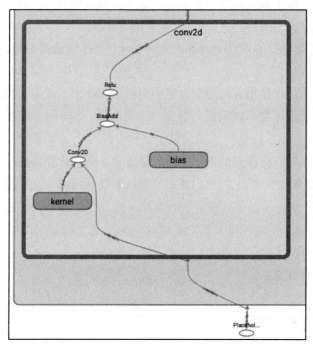

图　3-4

作为练习，你可以试着扩展基本示例，定义一个与刚才演示的那个相类似的 CNN 网络来可视化和理解层结构。

我们要记住 TensorFlow 1.x 遵从图定义和会话执行的方式。这意味着即使训练阶段也要在执行之前在 tf.Graph 中进行描述。

3.3.2　自动微分——损失函数和优化器

TensorFlow 使用自动微分——一个微分器是一个对象，这种对象包含了构建一个新图时，遍历每个节点时求解导数所需的所有规则。TensorFlow 1.x 中的 tf.train 模块包含了最广泛使用的微分器，这里称为优化器。在这个模块中，可以从全部的优化器中找出名为 tf.train.AdamOptimizer 的 ADAM 优化器和名为 tf.train.GradientDescentOptimizer 的标准梯度下降优化器。每个优化器是一个实现了通用接口的对象。这些接口把如何使用优化器训练一个模型标准化了。执行一个小批量梯度下降步骤的过程只不过就是在 Python 循环中执行一个训练运算，也就是一个由每个优化器的 .minimize 方法返回的运算。

你从第 2 章中已经知道，训练分类器用的是互熵损失，需要用独热方式编码标签。TensorFlow 有一个名叫 tf.losses 的模块包含了最经常使用的、能够自实现独热编码的损失函数。此外，每个损失函数需要 logits 张量作为输入。即模型没有应用 softmax/sigmoid 激活函数的线性输出。logits 张量的命名是一个 TensorFlow 设计选择：它就是这么命名的，即使没有应用 sigmoid 转换（一个更好的选择可能是将此参数命名为 unscaled_logits）。

这种选择的原因是让使用者的注意力集中到网络设计中，而无须担心计算某个特定损失函数是否会遇到数值不稳定性问题。事实上，每个 tf.losses 模块中定义的损失都是数值稳定的。

为了能对本章主题有更深刻的理解，同时能演示一个优化器构建一个与之前的图相连接的图（实际上只是添加了节点），可以将记录图的基线示例同定义了损失函数和优化器的网络的例子结合起来。

因此，前面的例子可以以如下的方式修改。为了定义标签用的输入占位符，然后我们可以定义损失函数（tf.losses.sparse_softmax_cross_entropy）并实例化 ADAM 优化器来最小化它：

```
# Input placeholders: input is the cnn input, labels is the loss input.
input = tf.placeholder(tf.float32, (None, 28, 28, 1))
labels = tf.placeholder(tf.int32, (None,))

logits = define_cnn(input, 10, reuse=False, is_training=True)
# Numerically stable loss
loss = tf.losses.sparse_softmax_cross_entropy(labels, logits)
# Instantiate the Optimizer and get the operation to use to minimize the
loss
train_op = tf.train.AdamOptimizer().minimize(loss)

# As in the baseline example, log the graph
writer = tf.summary.FileWriter("log/graph_loss", tf.get_default_graph())
writer.close()
```

在 TensorBoard 中我们可以看到图是如何构建的。如图 3-5 所示。

图 3-5 显示了当一个定义损失函数并且调用 .minimize 方法时图的结构。

这个 ADAM 优化器是一个单独的块，只有输入值——包括模型（cnn）、梯度和 ADAM 使用的不可训练的参数 beta1 和 beta2（在其构造函数中指定，在此例子中为默认值）。正如你们从理论中知道的，梯度根据模型的参数计算用于最小化损失函数值。图的左边完美地描述了这种构造。梯度块是由最小化方法调用创建的，它是一个命名范围，所以，它可以通过双击来查看细节，就和 TensorBoard 中的其他块一样。

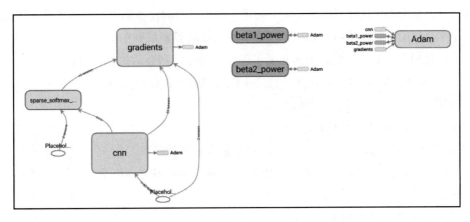

图　3-5

图 3-6 显示了梯度块展开后的样子：它包含了用于前向模型的一个原图镜像对称的结构。优化器中用来优化参数的每个块都是梯度块的输入。梯度则是优化器（ADAM）的输入。

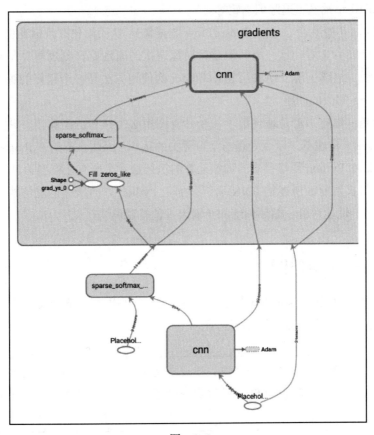

图　3-6

理论上,微分器(优化器)梯度块中创建了一个原图的镜像来执行梯度计算。优化器将生成的梯度值应用到它在学习过程中定义和实现的变量更新规则中。

下面简要回顾一下我们到目前为止所了解到的静态图和会话执行的内容:

1)用 placeholder 或者其他优化方法定义模型的输入,如后文所示。

2)把模型定义成输入的一个函数。

3)定义损失函数为模型输出的一个函数。

4)定义优化器并执行 .minimize 方法来定义梯度计算图。

这 4 步使得我们能够定义一个简单的训练循环并训练模型。但是,我们跳过了一些重要的部分:

❑ 在训练和验证集上模型表现评估

❑ 保存模型参数

❑ 模型选择

此外,因为输入是用 placeholder 定义的,我们不得不处理好所有与输入相关的东西:分割数据集、创建小批量、追踪训练轮等。

TensorFlow 2.0 提供了 tfds(TensorFlow 数据集),从而简化并且标准化了输入流水线的定义,我们会在后文看到这一点。但是,对深层次的原理有深刻理解总是有优势的,因此,对读者来说,继续了解下面底层 placeholder 的使用方法是一个很好的练习,进而可以更好地理解 tfds 解决的问题。

到目前为止,你应当清楚地理解了一个计算图中必须执行的运算了,并且你应当理解了 Python 只是用来构建图,以及处理与学习无关的运算(因此,不是 Python 执行的变量更新,而是由会话中 Python 变量代表的训练运算的执行触发了所有让模型学习的运算)。

下面我们将扩展前面所述的 CNN 示例,加上 Python 方面所需的能够执行模型选择的功能(保存模型、性能评价、循环训练和给输入占位符赋值)。

3.4 用 Python 操作图

Python 是用来训练 TensorFlow 模型的语言。然而,用 Python 定义一个计算图后,也可以用其他语言来执行其所定义的学习运算。

🛈 记住我们用 Python 来定义一个图,而这些定义可以被导出成一个可移植的、编程语言不相关的表示(Protobuf)——这种表示可以被其他语言使用,来创建一个图并在会话中使用它。

TensorFlow 的 Python API 是完整易用的。因此，我们可以扩展前面的例子来评估模型的准确率（在图中定义准确率评估运算），并且用这个指标来进行模型选择。

选择最优的模型意味着需要在每轮训练结束时存储模型参数，并且复制到另外一个目录下，然后调试那些能给出更高性能指标的参数。为此，我们需要在 Python 中定义输入流水线，并使用 Python 解释器与图交互。

3.4.1　给占位符赋值

前面提到，占位符是最容易使用的，但也是性能最差和最易出错的构建数据输入流水线的方式。后面将会介绍一种更好、更高效的方法。这种高效方法有一个在图内部定义的完整的输入流水线。但是，占位符不仅仅是最简单的方案，也是在某些特定场景中唯一能用的方案（例如，在训练强化学习代理时，通过占位符的输入是优先解决方案）。

在第 1 章中描述了 fashion-MNIST 数据集，现在我们要用它作为前面定义的用来分类风格数据的 CNN 模型的输入数据集。

幸运的是，我们不需要担心数据集的下载和处理部分，因为 TensorFlow 的 `keras` 模块已经提供了一个为我们下载和处理数据的函数，这个函数将训练图片和验证图片连同它们的标签转化成我们需要的格式（28×28 图像）：

(tf1)

```
from tensorflow.keras.datasets import fashion_mnist
(train_x, train_y), (test_x, test_y) = fashion_mnist.load_data()
# Scale input in [-1, 1] range
train_x = train_x / 255. * 2 - 1
test_x = test_x / 255. * 2 - 1
# Add the last 1 dimension, so to have images 28x28x1
train_x = np.expand_dims(train_x, -1)
test_x = np.expand_dims(test_x, -1)
```

train_x 和 test_x 包含整个数据集——使用包含完整的数据集的单个批处理训练一个模型在标准的计算机上是很难实现的，因此我们用 Python 来分割数据集并构建小批量，从而实现训练过程。

我们想训练这个模型 10 轮，每批包含 32 个数据。计算每轮训练模型所需的批次数量是非常容易的，然后执行遍历每个批次的训练循环：

(tf1)

```
epochs = 10
batch_size = 32
nr_batches_train = int(train_x.shape[0] / batch_size)
print(f"Batch size: {batch_size}")
print(f"Number of batches per epoch: {nr_batches_train}")
```

当然，由于需要进行模型选择，我们需要首先定义一个计算准确率的模型函数，然后用 tf.summary.SummaryWriter 对象来记录这个图的训练和验证的准确率。

3.4.2　总结记录

基本示例已经用了一个 tf.summary.SummaryWriter 对象来在 log 目录下记录图，并将其显示在 TensorBoard 的图中。然而，SummaryWriter 不仅可以用于记录图，也可以记录直方图、标量值、分布、日志图和其他多种数据类型。

tf.summary 包包含了很多易用的记录任何数据的方法。例如，如果对记录损失值感兴趣。由于损失值是一个标量，因此可以用 tf.summary.scalar 方法。tf.summary 包的使用说明文档已经非常完善了，你应当花点时间来研究它：https://www.tensorflow.org/versions/r1.15/api_docs/python/tf.

为了扩展前面的例子，我们可以将准确率计算定义为输入 placeholder 的一个函数。通过这种方法，我们可以在需要的时候改变输入值，并重复执行相同的运算。例如，我们有可能对在每轮训练后测量训练和验证准确率感兴趣。

相同的方式可以被应用到损失值上：将损失定义为模型的函数，而模型为占位符的函数，我们只需改变输入就可以测量损失如何随训练和验证的输入改变而改变了。

```
(tf1)
   # Define the accuracy operation over a batch
   predictions = tf.argmax(logits, 1)
   # correct predictions: [BATCH_SIZE] tensor
   correct_predictions = tf.equal(labels, predictions)
   accuracy = tf.reduce_mean(
       tf.cast(correct_predictions, tf.float32), name="accuracy")

   # Define the scalar summarie operation that once executed produce
   # an input for the tf.train.SummaryWriter.

   accuracy_summary = tf.summary.scalar("accuracy", accuracy)
   loss_summary = tf.summary.scalar("loss", loss)
```

一个单独的 tf.train.FileWriter 对象和硬盘上一个独一无二的路径相关联，被称为 run。run 代表当前试验一个特定的配置。例如，默认的 run 一般是训练阶段。在此阶段，在这个 run 中，在训练集上测量相关的度量指标（损失、准确率、日志图等）。

一个不同的 run 可以通过一个新的关联了不同路径的 tf.train.FileWriter 的方式来创建，但是需要和其他（训练）的 FileWriter 有相同的根。通过这种方式，我们可以用 TensorBoard 来可视化同一个图的不同曲线。例如，在同一个曲线图中显示验证准确率和训练准确率。当你分析一个实验的表现时，或者你想快速比较不同实验时，这个功能非常重要。

如果想在一张图上同时展现训练和验证曲线，可以创建两个不同的记录器：

```
writer = tf.summary.FileWriter("log/graph_loss", tf.get_default_graph())
validation_summary_writer = tf.summary.FileWriter(
    "log/graph_loss/validation")
```

第一个是训练阶段记录器，第二个是研究阶段记录器。

现在，我们可以计算验证准确率和训练准确率了，只需运行准确率张量，并相应更改输入 placeholder 的值。这意味着我们已经可以进行模型选择了，选择有最高验证准确率的模型。

为了保存模型参数，需要一个 tf.Saver 对象。

3.4.3　保存模型参数和模型选择

保存模型参数是重要的，因为这是唯一能在中断后继续训练一个模型的方法，也是唯一能在任何条件下记录一个模型状态的方法——无论是训练完成，还是模型到达了最优的验证性能。

tf.Saver 是一个 TensorFlow Python API 提供的、能够保存当面模型变量的对象。请注意 tf.Saver 只保存变量，不保存图结构。

SavedModel 对象可以同时保存图结构和变量。然而，因为 Saved Model 对象与将一个经过训练的模型用在生产中的行为联系更紧密，所以其定义和使用要求专门用于生产环境中。

tf.Saver 对象保存在其构造函数中指定的一系列可训练的变量和其他所有不可训练的变量。创建后，这个对象提供了 Save 方法，这个方法接受了保存变量的路径。一个单独 Saver 对象可以被用来创建多个检查点，从而能将达到最好验证指标的模型保存在不同路径下，进而进行模型选择。

此外，Saver 对象提供了 restore（还原）方法，这个方法可以在先前定义的图训练开始之前给图中的变量赋值，从而重启一个中断的训练过程。最终，可以在调用还原方法时从检查点中指定一系列需要还原的变量，从而使得使用预定义层及其对其进行精细调整成为可能。在进行模型的转移学习和微调时，tf.Saver 是主要涉及的对象。

先前的例子可以被扩展到在 TensorBoard 中进行训练 / 验证准确率记录（在代码中，测量准确率是在每批有 128 个数据的条件下，在每轮训练结束的时候进行的），训练 / 验证的损失值，并且用测量的准确率和一个新的 saver 来进行模型选择。

现在由你来分析和运行整个例子来全面理解每个出现其中的对象是如何工作的。对于其他的附加运算，请参考 TensorFlow API 文档并尝试一切可能：

```
(tf1)
    def train():
        input = tf.placeholder(tf.float32, (None, 28, 28, 1))
        labels = tf.placeholder(tf.int64, (None,))
        logits = define_cnn(input, 10, reuse=False, is_training=True)
        loss = tf.losses.sparse_softmax_cross_entropy(labels, logits)
        global_step = tf.train.get_or_create_global_step()
        train_op = tf.train.AdamOptimizer().minimize(loss, global_step)

        writer = tf.summary.FileWriter("log/graph_loss",
    tf.get_default_graph())
        validation_summary_writer = tf.summary.FileWriter(
            "log/graph_loss/validation")

        init_op = tf.global_variables_initializer()

        predictions = tf.argmax(logits, 1)
        # correct predictions: [BATCH_SIZE] tensor
        correct_predictions = tf.equal(labels, predictions)
        accuracy = tf.reduce_mean(
            tf.cast(correct_predictions, tf.float32), name="accuracy")

        accuracy_summary = tf.summary.scalar("accuracy", accuracy)
        loss_summary = tf.summary.scalar("loss", loss)
        # Input preprocessing a Python stuff
        (train_x, train_y), (test_x, test_y) = fashion_mnist.load_data()
        # Scale input in [-1, 1] range
        train_x = train_x / 255. * 2 - 1
        train_x = np.expand_dims(train_x, -1)
        test_x = test_x / 255. * 2 - 1
        test_x = np.expand_dims(test_x, -1)

        epochs = 10
        batch_size = 32
        nr_batches_train = int(train_x.shape[0] / batch_size)
        print(f"Batch size: {batch_size}")
        print(f"Number of batches per epoch: {nr_batches_train}")

        validation_accuracy = 0
        saver = tf.train.Saver()
        with tf.Session() as sess:
            sess.run(init_op)
            for epoch in range(epochs):
                for t in range(nr_batches_train):
                    start_from = t * batch_size
                    to = (t + 1) * batch_size

                    loss_value, _, step = sess.run(
                        [loss, train_op, global_step],
                        feed_dict={
                            input: train_x[start_from:to],
                            labels: train_y[start_from:to]
                        })
                    if t % 10 == 0:
```

```
                    print(f"{step}: {loss_value}")
                print(
                    f"Epoch {epoch} terminated: measuring metrics and logging
summaries"
                )

                saver.save(sess, "log/graph_loss/model")
                start_from = 0
                to = 128
                train_accuracy_summary, train_loss_summary = sess.run(
                    [accuracy_summary, loss_summary],
                    feed_dict={
                        input: train_x[start_from:to],
                        labels: train_y[start_from:to]
                    })

                validation_accuracy_summary, validation_accuracy_value,
validation_loss_summary = sess.run(
                    [accuracy_summary, accuracy, loss_summary],
                    feed_dict={
                        input: test_x[start_from:to],
                        labels: test_y[start_from:to]
                    })

                # save values in TensorBoard
                writer.add_summary(train_accuracy_summary, step)
                writer.add_summary(train_loss_summary, step)

validation_summary_writer.add_summary(validation_accuracy_summary,
                                                    step)
                validation_summary_writer.add_summary(validation_loss_summary,
step)

                validation_summary_writer.flush()
                writer.flush()
                # model selection
                if validation_accuracy_value > validation_accuracy:
                    validation_accuracy = validation_accuracy_value
                    saver.save(sess, "log/graph_loss/best_model/best")

        writer.close()
```

正如在 TensorBoard 中看到的，结果显示在下面两幅图中。图 3-7 通过用两个不同的记录器，可以将两天不同的曲线绘制在同一个图中，图 3-8 显示了图标签。

需要注意的是，即使只有几轮训练，这个模型已经表现得很不错了，不过从准确率图中可以看出这其实是由于过拟合导致的。

3.5　总结

本章我们分析了 TensorFlow 内部工作原理——图定义和在会话内运行是两个分开的阶段，如何用 Python API 来操作一个图，以及如何定义一个模型并在训练中度量其指标。

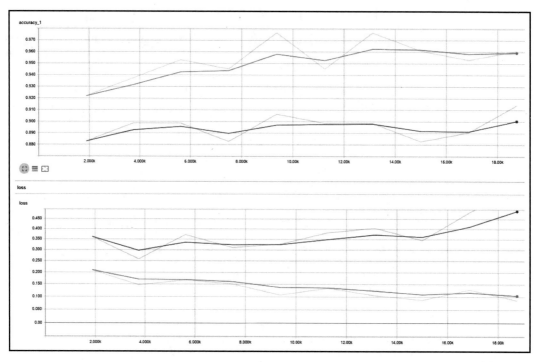

图 3-7 使用两个 SummaryWriter，可以在同一个图中绘出两条不同的曲线，上面是验证图，下面是损失值图，橙色的是训练 run，蓝色的是验证（附彩图）

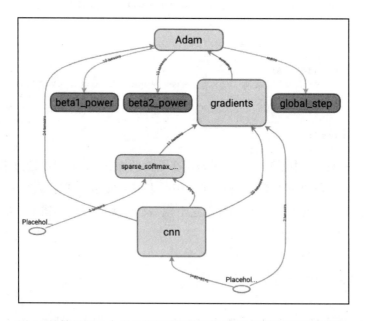

图 3-8 结果图，合适地使用变量范围可以让图易于阅读和理解

值得注意的是，本章分析了 TensorFlow 如何在静态图中工作，这一点在 TensorFlow 2.0 中不再是默认的了。然而图依然存在，每个 API 的调用，即使在 eager 执行模式中使用，都会产生能够在图中执行的运算，从而加速执行。第 4 章将会看到，TensorFlow 2.0 仍然允许模型用静态图方式定义，尤其当用 Estimator API 定义模型时。

从根本上来说，了解图表示的知识是非常重要的，而对用数据流图来表示计算模型，哪怕有一点点直觉上的认识，也就能了解为何 TensorFlow 的适应性如此出色，即使应用在大规模复杂的环境中，如 Google 的数据中心，也是如此。

练习内容是非常重要的，它要求你解决前面章节中没有介绍的问题，这是唯一能熟悉 TensorFlow 文档和代码库的方法。请在仅参考 TensorFlow 文档和 Stack Overflow 上的一些问题的情况下，花点时间独立解决每一个问题！

在第 4 章中，你将会深入 TensorFlow 2.0 的世界，包括：eager 执行模式、自动图转化、一个更好、更简洁的代码库和基于 Keras 的方法。

3.6　练习题

1. 为什么只通过看图就可以发现一个模型过拟合了？

2. 扩展基本示例，将矩阵乘法操作放到一个 ip 为 192.168.1.12 的远程设备上，在 TensorBoard 中可视化结果。

3. 将一个操作放在远程设备上是必需的吗？

4. 扩展在 define_cnn 方法中定义的 CNN 结构：在卷积层输出和它的激活函数之间增加一个批处理归一化层（从 tf.layers）。

5. 试着用扩展的 CNN 架构训练模型：批处理归一化层添加两个必须在训练开始之前执行的更新操作。熟悉用 tf.control_dependencies 方法来强制执行包含在 tf.GraphKeys.UPDATE_OPS 集合中的操作，要在训练操作之前执行（参考文档中 tf.control_dependencies 和 tf.get_collection 内容）。

6. 在 TensorBoard 中记录训练和验证图像。

7. 前面例子中的模型选择是否正确？扩展 Python 脚本测量整个数据集的准确率，而不仅仅测量一批数据。

8. 用 tf.metrics 包中提供的准确率操作替换掉手动计算准确率部分。

9. 处理 fashion-MNIST 数据集，将其变成一个二值数据集：所有标签为非 0 的数据的标签都是 1。现在这个数据集不平衡了，你需要用哪个指标来评估模型表现，并用来进行模型选择呢？给出你的答案（参考第 1 章）并手动实现这个指标计算。

10. 用 tf.metrics 包中相定义指标计算替换掉相同的手动实现的指标计算。

Chapter 4 第 4 章

TensorFlow 2.0 架构

第 3 章介绍了 Tensorflow 图定义和执行范式，尽管它非常强大，有很强的表示能力，但是仍然有下面的缺点：

❑ 陡峭的学习曲线

❑ 难以调试

❑ 当涉及具体操作时反直觉的句法

❑ Python 只是用来构建图

学习如何操作计算图比较困难——用 Python 解释器只是定义计算而非执行运算，是一种与其他大部分程序运行机制完全不同的思想，尤其对于那些只用指定语言工作的人。

然而，仍然推荐你深入理解数据流图以及 TensorFlow 1.x 如何强迫它的用户思考的，因为这将帮助你理解关于 TensorFlow 2.0 架构的很多方面。

调试一个数据流图不是一件容易的事——TensorBoard 帮助可视化图，但是它不是一个调试工具。可视化图只是帮助确定图是否已按照 Python 定义的方式来构建，但是像并行执行一些无依赖的运算（还记得第 3 章最后关于 `tf.control_dependencies` 的练习吗？）这些特性是非常难以发现的，在图可视化中也不会明显地看出来。

Python，这个事实上的数据科学及机器学习语言，只是用来定义图。其他可以帮助解决问题的 Python 库在图定义的时候不能使用，因为它不能同时进行图定义和会话执行。混合图定义、执行和在图生成的数据上使用其他的函数库非常困难，并且会使 Python 应用程序的设计非常丑陋，因为它几乎不可能不依赖对于其他文件来说更通用的全局变量、集合和对象。当使用这种图定义和执行范式的时候，用类和函数组织代码就非常不自然。

TensorFlow 2.0 的发布为这个框架带来了很多变化：从默认的 eager 执行模式到全面净化的 API。整个 TensorFlow 包事实上充斥着各种重复的和过时的 API，而这些 API 在 TensorFlow 2.0 中全部被移除了。此外，因为决定遵循 Keras API 规范，TensorFlow 的开发者移除了一些不符合该规范的 API：最重要的移除是用 tf.keras.layers 代替了 tf.layers（就是我们在第 3 章用到的那个）。

另一个广泛应用的模块——tf.contrib，也被完全移除了。这个 tf.contrib 模块包含了社区添加的使用了 TensorFlow 的层 / 软件。从软件工程角度来看，在一个包中存在一个包含了很多完全不相关的巨大项目的模块是一个很差的主意。因此，开发者从主包中移除了这个模块，并决定将仍在维护的大模块放到分开的代码包里，同时移除了没有用的和不再维护的模块。

通过默认 eager 执行模式并移除掉图定义和执行范式，TensorFlow 2.0 允许更好的软件设计，因此降低了学习曲线的陡峭程度，并简化了调试过程。当然，从静态图定义和执行范式过来的你需要另一种思考方式——这种煎熬是值得的，因为 2.0 版本带来的优点从长期来看将会大大补偿开始时的适应过程。

本章将介绍以下主题：

❏ 重新学习 TensorFlow 框架
❏ Keras 框架及其模型
❏ Eager 执行模式和新的特征
❏ 代码库迁移

4.1　重新学习这个框架

正如我们在第 3 章介绍的，TensorFlow 的工作方式是先建立一个计算图，然后再执行它。在 TensorFlow 2.0 中，图的定义被隐藏和简化了，可以同时混合定义和执行，并且执行的流程总是与代码中表现的一致——2.0 中无须为执行顺序而担心。

在 2.0 版本以前，开发者按照下面的模式设计图和源代码：

❏ 我该如何定义图？我的图是由逻辑上分开的多个层组成的吗？如果是这样，则不得不在不同的 tf.variable_scope 中定义每个逻辑块。

❏ 在训练或者推理阶段，我是否必须要在同一个执行步骤中不止一次地使用图的某个部分？如果是这样，则必须通过下面的方式定义这一部分：将这一部分包装在一个 tf.variable_scope 中并保证参数重用必须正确。我们第一次这样做是为了定义这个块。在其他时候，我们会重用它。

❏ 图定义是不是已经完成了？如果完成了，则必须初始化所有的全局和局部变量，因

此要定义 `tf.global_variables_initializer()` 运算并尽快执行它。

❑ 最后，你必须创建会话，载入图并且在想执行的节点上运行 `sess.run` 调用。

在 TensorFlow 2.0 发布后，这个思路彻底发生了变化，变得更自然，更符合那些没有用过数据流图的开发者们的直觉。事实上，在 TensorFlow 2.0 中发生了以下变化：

❑ 不再有全局变量。在 1.x，图是全局的。一个变量是否定义在一个 Python 函数里无关紧要——它是可见的，并独立于图的其他部分。

❑ 不再有 `tf.variable_scope`。一个上下文管理器不能通过设置一个布尔标志（重用）的方式来改变一个函数的行为。在 TensorFlow 2.0，变量共享通过模型自身完成。每个模型是一个 Python 对象，每个对象有其自己的一组变量，只需给予相同模型不同输入的方式来共享这些变量。

❑ 不再有 `tf.get_variable`。我们在第 3 章了解到的 `tf.get_variable` 允许声明一个可以通过 `tf.variable_scope` 共享的变量。由于现在每个变量与一个 Python 变量 1：1 相对应，不需要声明全局变量了。

❑ 不再有 tf.layers。之前每个在 `tf.layers` 模块中声明的层用 `tf.get_variable` 来定义其拥有的变量。现在被 `tf.keras.layers` 代替。

❑ 不再有全局集合。每个加入全局变量集合的变量可以通过 `tf.trainable_variables()` 访问到——这是与良好的软件设计原则相矛盾的。现在，访问一个对象的变量的唯一方法是通过访问其 `trainable_variables` 属性，它会返回这个特定对象的可训练变量的列表。

❑ 不必手动调用初始化全部变量的运算。

❑ 清理了 API 并移除了 `tf.contrib`，更适合创建一些小的组织良好的项目。

所有这些变化的目的是简化 TensorFlow 的使用方法，使用户能更好地组织代码库，增强框架的表示能力，并且对其结构进行标准化。

Eager 执行模式与 Keras API 结合使用，是 TensorFlow's 2.0 发布的最重要的改变。

4.2　Keras 框架及其模型

与那些已经熟悉 Keras 的人想象的相反，Keras 不是一个高层的机器学习框架（TensorFlow、CNTK 或 Theano）的包装。事实上，它是一个用来定义和训练机器学习模型的 API 规范。

TensorFlow 在其 `tf.keras` 模块中实现了这个规范。特别地，TensorFlow 2.0 本身就是该规范的实现，因此，很多底层的子模块不过就是 `tf.keras submodules` 的别名。例如 `tf.metrics = tf.keras.metrics`，而 `tf.optimizers =tf.keras.optimizers`。

　　到目前为止，TensorFlow 2.0 是该规范最为全面的实现，从而使其成为大多数机器学习研究者选择的框架。任何 Keras API 的实现都允许你构建和训练深度学习模型。由于其层组织的方式，它可用于遵循人类自然思维方式的快速解决方案的原型开发，并且因为其模块性和可扩展性及易于部署在生产环境中，它也被用在高级研究中。在 TensorFlow 实现 Keras 的主要优点如下。

- ❏ **易于使用**：Keras 接口是标准化的。每个模型的定义必须遵循通用接口；每个模型都是由层构成的，每一层都要实现一个良好定义的接口。

　　从模型定义到训练循环每个部分都标准化了，使得学习使用这个规范的框架非常容易，并且非常有用：其他实现了 Keras 规范的框架看起来非常熟悉。这是一个巨大的优点，因为它允许研究者可以阅读用其他框架写的代码而无须花费时间精力来深入了解该框架的细节。

- ❏ **模块化和可扩展性**：Keras 规范描述了一组可以用来组成任意机器学习模型的构建块。TensorFlow 的实现允许你定制组成块，例如新的层、损失函数以及优化器，并且用它们来实现新的想法。
- ❏ **原生内置**：在 TensorFlow 2.0 发布后，无须下载一个单独的 Python 包来使用 Keras。`tf.keras` 已经被内置到 tensorflow 包里，并且它还有一些 TensorFlow 专用的增强。

　　Eager 执行模式是一个最重要的特性，就像高性能输入流水线模块 `tf.data` 一样。导出一个用 Keras 创建的模型比导出一个用 TensorFlow 定义的模型更容易。能够导出为与语言无关的格式意味着它可以和任何生产环境相兼容，并且保证能在 TensorFlow 中允许。

　　Keras 与 eager 执行模式结合使用，是快速实现新想法的原型和设计组织良好、可维护性高的软件的完美工具。事实上，你无须考虑图、全局集合以及如何定义模型以在不同的运行之间共享参数。在 TensorFlow 2.0 最重要的是用 Python 对象的方式思考，每个对象有自己的变量。

　　TensorFlow 2.0 让你在设计全部的机器学习流水线时只需要考虑对象和类，不需要考虑图和会话执行。

　　Keras 在 TensorFlow 1.x 已经出现，但是没有默认开启 eager 执行模式，eager 执行模式可以让你仅通过组装层就可以定义、训练并评估模型。在下面几节中，我们将会展示三种构建模型的方法并用标准的训练循环对其进行训练。

　　在 4.3 节，你将会了解到如何创建一个自定义的训练循环。基本的原则是用 Keras 构建一个模型，如果需要解决的任务非常标准的话，使用标准的训练循环，当 Keras 不能够提供简单并立即可用的训练循环时，编写一个自定义的训练循环。

4.2.1　顺序 API

最常见的一类模型是一组层的堆叠。`tf.keras.Sequential` 模型可以让你通过堆叠 `tf.keras.layers` 的方式定义 Kears 模型。

我们在第 3 章定义的 CNN 模型可以用 Keras 顺序模型以更少的代码和更优雅的方式创建。因为要训练一个分类器，我们可以用 Keras 模型的 compile 和 fit 方法来分别构建训练循环并执行它。在训练循环的最后，可以用 evaluate 方法评估这个模型在测试集上的表现——Keras 将会自己处理所有的样板代码：

```
(tf2)

    import tensorflow as tf
    from tensorflow.keras.datasets import fashion_mnist

    n_classes = 10
    model = tf.keras.Sequential([
     tf.keras.layers.Conv2D(
     32, (5, 5), activation=tf.nn.relu, input_shape=(28, 28, 1)),
     tf.keras.layers.MaxPool2D((2, 2), (2, 2)),
     tf.keras.layers.Conv2D(64, (3, 3), activation=tf.nn.relu),
     tf.keras.layers.MaxPool2D((2, 2), (2, 2)),
     tf.keras.layers.Flatten(),
     tf.keras.layers.Dense(1024, activation=tf.nn.relu),
     tf.keras.layers.Dropout(0.5),
     tf.keras.layers.Dense(n_classes)
    ])

    model.summary()

    (train_x, train_y), (test_x, test_y) = fashion_mnist.load_data()
    # Scale input in [-1, 1] range
    train_x = train_x / 255. * 2 - 1
    test_x = test_x / 255. * 2 - 1
    train_x = tf.expand_dims(train_x, -1).numpy()
    test_x = tf.expand_dims(test_x, -1).numpy()

    model.compile(
     optimizer=tf.keras.optimizers.Adam(1e-5),
     loss='sparse_categorical_crossentropy',
     metrics=['accuracy'])

    model.fit(train_x, train_y, epochs=10)
    model.evaluate(test_x, test_y)
```

关于上面代码需要注意如下问题：

❑ `tf.keras.Sequential` 通过堆叠 Keras 层来构建一个 `tf.keras.Model` 对象。除了第一层，每个层需要输入并产生输出。第一层用了额外的 `input_shape` 参数，这个参数是正确构建模型并且在赋予一个真实的输出之前打印 summary 所必需的。Keras 允许指定第一层输入的形状，或者不去定义它。在前一种情况下，后面每一层都知道输入的形状，并将其输出的形状传递到下一层，使得只要 tf.keras.Model 对象被创建，模型中的每一层输入输出的形状就可以明确。在后面一种情况下，形状是未定义的，并且将会在真正的输入被送进模型后计算出来，从而可以生成 summary.

❑ model.summary() 打印出完整的模型描述，这个功能非常重要，尤其是在你想核实这个模型是否正确的定义并检查是否在模型定义时存在错误、哪一层的权重最大（依据参数数量），以及整个模型有多少个参数时。这个 CNN 的 summary 在下面的代码中展示了。我们可以看到，大部分的参数在全连接层：

```
Model: "sequential"
_____
Layer    (type)       Output Shape       Param #
=================================================
conv2d (Conv2D) (None, 24, 24, 32) 832
_____
max_pooling2d (MaxPooling2D) (None, 12, 12, 32) 0
_____
conv2d_1 (Conv2D) (None, 10, 10, 64) 18496
_____
max_pooling2d_1 (MaxPooling2D) (None, 5, 5, 64) 0
_____
flatten (Flatten) (None, 1600) 0
_____
dense (Dense) (None, 1024) 1639424
_____
dropout (Dropout) (None, 1024) 0
_____
dense_1 (Dense) (None, 10) 10250
=================================================
Total params: 1,669,002
Trainable params: 1,669,002
Non-trainable params: 0
```

❑ 数据集处理没有用到 NumPy 而是用了 eager 执行模式。tf.expand_dims (data, -1).numpy() 展示了 TensorFlow 如何可以替代 NumPy（有 1：1 的 API 兼容性）。通过用 tf.expand_dims 代替 np.expand_dims，我们得到了相同的结果（在输入的 tensor 添加了一个维度），但是却创建了一个 tf.Tensor 对象，而不是一个 np.array 对象。但是，compile 方法需要 NumPy 数组作为输入，因此要用 numpy() 方法。每个 tf.Tensor 对象都有对应的 Tensor 对象包含的 NumPy 值。

❑ 在标准的分类任务中，Keras 允许用一行用了 compile 方法的代码构建训练循环。这种方法只需要 3 个参数来配置一个训练循环：优化器、损失函数和监控指标。在前面的例子中，我们看到可以用字符串和 Keras 对象作为参数来正确地构建训练循环。

❑ `model.fit` 是在构建完训练循环后调用的方法，是为了有效地在传递来的数据上启动训练，从而能在想要的轮数内完成训练，同时测量在编译阶段指定的指标。batch 的大小可以通过传入的 `batch_size` 参数来配置。在这个例子中，我们用了默认值 32。

❑ 在训练循环的最后，模型的性能可以通过一些隐藏的数据测算。在这个例子中，它测试了 fashion-MNIST 测试集数据。

Keras 负责在模型训练时以标准输出方式给使用者反馈每一轮训练的进度条、当前损失值和度量指标值：

```
Epoch 1/10
60000/60000 [===============] - 126s 2ms/sample - loss: 1.9142 - accuracy:
0.4545
Epoch 2/10
60000/60000 [===============] - 125s 2ms/sample - loss: 1.3089 - accuracy:
0.6333
Epoch 3/10
60000/60000 [===============] - 129s 2ms/sample - loss: 1.1676 - accuracy:
0.6824
[ ... ]
Epoch 10/10
60000/60000 [===============] - 130s 2ms/sample - loss: 0.8645 - accuracy:
0.7618

10000/10000 [===============] - 6s 644us/sample - loss: 0.7498 - accuracy:
0.7896
```

前面代码的最后一行是调用 `evaluate` 方法的结果。

4.2.2 函数式 API

顺序 API 是最简单、最常用的定义模型的方法。然而，它却无法用于定义任意模型。函数式 API 可以定义复杂的拓扑，无须考虑顺序层的限制。

利用函数式 API 可以定义多输入、多输出的模型、易于共享的层，定义残差连接，并且可以定义由任意复杂拓扑构成的模型。

一旦构建完成，一个 Keras 层就是一个可调用的对象，这个对象接受一个输入 tensor 并产生一个输出 tensor。它可以将这些 tensor 当作函数来对待，并以此构建层，仅通过传递输入输出层就可以构建一个 `tf.keras.Model`。

下面的代码展示了如何用函数型接口来定义一个 Keras 模型：该模型是一个全连接神经网络，这个神经网络接收一个 100 维的输入，输出一个单个的数（我们将会在第 9 章看到，这是我们的生成器架构）：

```
(tf2)
```

```
import tensorflow as tf

input_shape = (100,)
inputs = tf.keras.layers.Input(input_shape)
net = tf.keras.layers.Dense(units=64, activation=tf.nn.elu,
name="fc1")(inputs)
net = tf.keras.layers.Dense(units=64, activation=tf.nn.elu,
name="fc2")(net)
net = tf.keras.layers.Dense(units=1, name="G")(net)
model = tf.keras.Model(inputs=inputs, outputs=net)
```

作为一个 Keras 模型，这个模型可以像其他应用了顺序 API 的 Keras 模型一样编译和训练。

4.2.3　子类方法

顺序和函数式 API 基本上可以处理全部可能的场景。但是，Keras 提供了另一种定义模型的方法。这种方法是面向对象的且更灵活，但是更容易出错，并且难以调试。实际中，可以通过在 __init__ 中定义层并在 call 方法中前向传递的方式生成任何 tf.keras.Model 的子类：

(tf2)

```
import tensorflow as tf

class Generator(tf.keras.Model):

    def __init__(self):
        super(Generator, self).__init__()
        self.dense_1 = tf.keras.layers.Dense(
            units=64, activation=tf.nn.elu, name="fc1")
        self.dense_2 = f.keras.layers.Dense(
            units=64, activation=tf.nn.elu, name="fc2")
        self.output = f.keras.layers.Dense(units=1, name="G")

    def call(self, inputs):
        # Build the model in functional style here
        # and return the output tensor
        net = self.dense_1(inputs)
        net = self.dense_2(net)
        net = self.output(net)
        return net
```

我们不推荐使用子类方法，因为它将层定义和使用分开了，使得重构代码时容易出错。但是有时候只能用这种方法定义前向传递，尤其是当使用循环神经网络时。

tf.keras.Model 的子类 Generator 对象自身仍然是一个 tf.keras.Model 对象，因此，它可以用先前介绍的 compile 和 fit 方法来训练。

Keras 可以用来训练和评估模型，但是 TensorFlow 2.0 有了 eager 执行模式，我们可以编写自己的自定义训练循环，从而可以完全控制训练过程，调试也更加简单。

4.3 eager 执行模式和新的特征

下面是官方文档对 eager 执行模式的描述（https://www.tensorflow.org/guide /eager）：

TensorFlow 的 eager 执行模式是一个重要的编程环境，它能立即评估运算，而无须构建图：运算会实时返回值，而不是构建一个计算图后再运行。这使得使用 TensorFlow 和调试模型更简单，并且可以减少很多样板代码。请在交互式 Python 解释器中运行下列代码来继续学习本教程。

eager 执行模式对研究和实验来说是一个灵活的机器学习平台，有下列特点：

- ❑ 一个更符合直觉的接口：以自然的方式组织代码并可以应用 Python 数据结构。快速地遍历小的模型和小量数据。
- ❑ 更易调试：直接调用运算来检查运行的模型和测试变化。用标准的 Python 调试工具来快速报告错误。
- ❑ 自然的控制流：使用 Python 控制流取代图控制流，简化动态模型的配置。

正如在 4.2.1 节中介绍的，eager 执行模式允许你将 TensorFlow 作为一个标准的 Python 库来使用，它可以在 Python 解释器中立即运行。

正如我们在第 3 章所解释的那样，图定义和会话执行范式不再是默认设置。别担心，如果想完全掌握 TensorFlow 2.0，那么你在第 3 章中学到的所有内容都是非常重要的，这些内容将会帮助你理解为何这个框架的特定部分是这样工作的，特别是在使用 AutoGraph 和估计器 API 时，我们将在下面介绍这些内容。

让我们看一下第 3 章的基本示例在 eager 执行模式开启的情况下是如何工作的。

4.3.1 基本示例

让我们回忆一下第 3 章的基本示例：

(tf1)

```
import tensorflow as tf

A = tf.constant([[1, 2], [3, 4]], dtype=tf.float32)
x = tf.constant([[0, 10], [0, 0.5]])
b = tf.constant([[1, -1]], dtype=tf.float32)
y = tf.add(tf.matmul(A, x), b, name="result") #y = Ax + b

with tf.Session() as sess:
    print(sess.run(y))
```

会话执行后生成 NumPy 数组：

```
[[ 1. 10.]
 [ 1. 31.]]
```

基本示例可以直接转换到 TensorFlow 2.0：

❑　无须担心图

❑　无须担心会话执行

❑　只要在任何你想要它执行的时候写出你想要执行的内容：

```
(tf2)

import tensorflow as tf

A = tf.constant([[1, 2], [3, 4]], dtype=tf.float32)
x = tf.constant([[0, 10], [0, 0.5]])
b = tf.constant([[1, -1]], dtype=tf.float32)
y = tf.add(tf.matmul(A, x), b, name="result")
print(y)
```

上面的代码产生一个与 1.x 版本相比不一样的输出：

```
tf.Tensor(
[[ 1. 10.]
 [ 1. 31.]], shape=(2, 2), dtype=float32)
```

数值当然是一样的，但是返回的对象不再是一个 NumPy 数组，而是一个 tf.Tensor 对象。

在 TensorFlow 1.x 中，一个 tf.Tensor 对象只是一个 tf.Operation 输出的符号化表示；在 2.0 中，不再是这个情况。

因为运算在 Python 解释器评估它们的时候就会得到执行，所以每个 tf.Tensor 对象不再仅仅是一个 tf.Operation 输出的符号化表示，而是一个真正的包含了运算结果的 Python 对象。

ℹ️　注意，tf.Tensor 对象仍然是一个 tf.Operation 输出的符号化表示。这一点允许它支持和使用 1.x 的特性从而能操作 tf.Tensor 对象，进而构建能产生 tf.Tenor 的 tf.Operation 的图。

图依然存在，并且 tf.Tensor 对象会作为每个 TensorFlow 方法的返回值。

Python 变量 y，作为一个 tf.Tensor 对象，可以被用作其他任意 TensorFlow 运算的输入。如果只是想要提取 tf.Tensor 的值，使得我们获取和在 1.x 版本中的 sess.run 调用相同的值，那么只需执行 tf.Tensor.numpy 方法：

```
print(y.numpy())
```

TensorFlow 2.0 的重点在于 eager 执行模式，允许用户设计更好的工程软件。在 1.x 版本中，TensorFlow 的全局变量、集合和会话的概念无处不在。

因为存在一个默认的图，变量和集合可以从源代码的任意处进行访问。

会话是组织完整项目结构所必需的，因为它知道当前只存在一个会话。每当需要评估一个节点的时候，必须实例化会话对象，并且在当前范围内可访问。

TensorFlow 2.0 改变了上面这些方面，提高了可使用它编写的代码的整体质量。在 2.0 之前，用 TensorFlow 设计一个复杂的软件系统非常困难，很多用户只好放弃，而将所有的东西放在一个巨大的单个文件中。现在则有可能通过遵循软件工程的良好实践来用一种更好、更干净的方式设计软件。

4.3.2　函数，而不是会话

tf.Session 对象已经从 TensorFlow API 中移除。把重点放在 eager 执行模式上，你不再需要会话的概念，因为运算的执行是即时的——我们无须在运行计算之前构建计算图。

这样开启了一个新的场景，在这个场景下源代码可以被更好地组织。在 TensorFlow 1.x 中，很难按照面向对象的原则设计软件，甚至是用 Python 函数来创建模块代码。但是在 TensorFlow 2.0 中，这些是自然的而且是高度推荐的。

正如前面例子中所显示的，基本示例可以很容易地转换成 eager 执行模式版本。源代码可以按照 Python 最佳实践来改进。

```
(tf2)

    import tensorflow as tf

    def multiply(x, y):
        """Matrix multiplication.
        Note: it requires the input shape of both input to match.
        Args:
            x: tf.Tensor a matrix
            y: tf.Tensor a matrix
        Returns:
            The matrix multiplcation x @ y
        """

        assert x.shape == y.shape
        return tf.matmul(x, y)

    def add(x, y):
        """Add two tensors.
        Args:
            x: the left hand operand.
            y: the right hand operand. It should be compatible with x.
        Returns:
            x + y
        """
```

```
        return x + y

def main():
    """Main program."""
    A = tf.constant([[1, 2], [3, 4]], dtype=tf.float32)
    x = tf.constant([[0, 10], [0, 0.5]])
    b = tf.constant([[1, -1]], dtype=tf.float32)

    z = multiply(A, x)
    y = add(z, b)
    print(y)

if __name__ == "__main__":
    main()
```

通过调用 sess.run 单独执行的两个运算（矩阵乘法和求和）被移到独立函数中。当然，基本示例很简单，但是考虑一下机器学习模型的训练迭代过程——很容易定义一个能接收模型和输入的函数，然后执行一个训练迭代过程。

让我们列举以下优点：

❑ 更好的软件组织。

❑ 几乎对程序执行流的完全控制。

❑ 无须在源代码中用 tf.Session 对象。

❑ 无须使用 tf.placeholder。只要将数据传递给函数就可以对图输入数据。

❑ 我们可以将代码文档化。在 1.x 中，为了能理解程序的特定部分，我们不得不通读整个源代码，理解它的组织，理解当一个节点在 tf.Session 中被评估时哪些运算得到了运行，然后才能明白发生的事情。

通过使用函数，我们可以编写自包含的、能够被良好文档化的代码，这些代码的功能完全符合文档的说明。

Eager 执行模式带来的第二个并且最重要的优点是，不再需要全局图，而且相应地也不再需要全局集合和变量。

4.3.3　不再有全局的东西

全局变量是一种糟糕的软件工程实践——每个人都赞同这一点。

在 TensorFlow 1.x 中，Python 变量的概念和图变量的概念是强烈分割的。一个 Python 变量是一个有着特定名字和类型的变量，遵循 Python 语言规则：它可以通过 del 方法删除，并且只在它自己的命名范围和下级命名范围内可见。

另外，图变量是一个在计算图中声明的，而且不遵循 Python 语言规则的图。我们可以通过将其赋给一个 Python 变量的方式声明一个图变量，但是它们之间的联系不紧密：这个 Python 变量在它走出命名范围后就会被立即销毁，而图变量仍然存在：它是一个全局的并持久存在的对象。

为了能理解这个改变带来的巨大优势，我们看一下当 Python 变量被回收时基本操作定义会发生什么：

```
(tf1)

    import tensorflow as tf

    def count_op():
        """Print the operations define in the default graph
        and returns their number.
        Returns:
            number of operations in the graph
        """
        ops = tf.get_default_graph().get_operations()
        print([op.name for op in ops])
        return len(ops)


    A = tf.constant([[1, 2], [3, 4]], dtype=tf.float32, name="A")
    x = tf.constant([[0, 10], [0, 0.5]], name="x")
    b = tf.constant([[1, -1]], dtype=tf.float32, name="b")

    assert count_op() == 3
    del A
    del x
    del b
    assert count_op() == 0 # FAIL!
```

程序在第二个断言的时候失败，同时 `count_op` 的输出和激活 `[A, x, b]` 的时候一样。

删除 Python 变量是完全没用的，因为所有在图中定义的运算仍然在那里。因此可以通过恢复 Python 变量或者创建新的指向图节点的 Python 变量来访问它们的输出 tensor。我们可以用下面的代码来做到这点：

```
A = tf.get_default_graph().get_tensor_by_name("A:0")
x = tf.get_default_graph().get_tensor_by_name("x:0")
b = tf.get_default_graph().get_tensor_by_name("b:0")
```

为什么这个行为很糟糕？考虑下面几点：

❏ 运算一旦在图中被定义，就会一直在那里。

❏ 如果任何图中定义的运算有副作用（看下面关于变量初始化的例子），删除对应的 Python 变量是没有用的，而副作用仍然存在。

❏ 总之，即使你在一个单独的有其自己 Python 作用域的函数中声明 A,x,b 变量，我们仍然可以从别的函数中通过获取 tensor 名字的方式访问它，这就打破了封装。

下面的例子展示了没有将全局图变量与 Python 变量相联系造成的副作用：

```
(tf1)

    import tensorflow as tf

    def get_y():
        A = tf.constant([[1, 2], [3, 4]], dtype=tf.float32, name="A")
        x = tf.constant([[0, 10], [0, 0.5]], name="x")
        b = tf.constant([[1, -1]], dtype=tf.float32, name="b")
        # I don't know what z is: if is a constant or a variable
        z = tf.get_default_graph().get_tensor_by_name("z:0")
        y = A @ x + b - z
        return y

    test = tf.Variable(10., name="z")
    del test
    test = tf.constant(10, name="z")
    del test

    y = get_y()

    with tf.Session() as sess:
        print(sess.run(y))
```

这段代码无法运行，展示出了一些全局变量方法的缺点，以及 TensorFlow 1.x 使用的命名系统的缺陷：

❑ `sess.run(y)` 触发了一个运算的执行，这个运算依赖于 `z:0` tensor。

❑ 当通过使用名字获取一个 tensor 的时候，我们不知道这个产生它的那个运算有没有副作用。在我们这个例子中，这个运算是一个 `tf.Variable` 定义，这个运算需要变量的初始化在 `z:0 tensor` 被评估执行得到执行；这是这个代码无法运行的原因。

❑ Python 变量名字在 TensorFlow 1.x 中没有任何意义：test 首先包含了一个名为 z 的图变量，然后 test 被销毁，并且被我们需要的一个图常量所取代，那就是 z。

❑ 然而，对 `get_y` 的调用发现了一个名为 z:0 的 tensor，它指向的是 `tf.Variable` 运算（有副作用），而不是常量节点 z。为什么？尽管我们在图变量中删掉了 test 变量，z 依然被定义着。因此，当调用 `tf.constant` 时，存在一个与 TensorFlow 处理的图存在冲突的名字。这个图给输出的张量加了 _1 后缀。

所有这些问题在 TensorFlow 2.0 中都不存在了——我们只需编写 Python 代码。没有必要担心图、全局范围、命名冲突、placeholder、图依赖、以及其他副作用了。甚至控制流也同 Python 一样，我们将会在后文看到。

4.3.4　控制流

如果运算没有明显的执行顺序约束，在 TensorFlow 1.x 中执行顺序运算不是一个容易的任务。比如我们想让 TensorFlow 执行下面的工作：

1）声明和初始化两个变量：x 和 y。

2）y 增加 1。

3）计算 x*y。

4）重复 5 次上面的运算。

在 TensorFlow 1.x 中，第一个无效的尝试是按照下面的步骤编写代码：

(tf1)

```
import tensorflow as tf

x = tf.Variable(1, dtype=tf.int32)
y = tf.Variable(2, dtype=tf.int32)

assign_op = tf.assign_add(y, 1)
out = x * y
init = tf.global_variables_initializer()

with tf.Session() as sess:
    sess.run(init)
    for _ in range(5):
        print(sess.run(out))
```

你们当中在第 3 章完成这个练习的人应该已经发现代码的问题了。

输出节点 out 对 assign_op 节点没有明确的依赖，因此它永远不会评估 out 何时会被执行，使得输出只是一个 2 的序列。在 TensorFlow 1.x 中，我们必须用 tf.control_dependencies 明确强制设置执行顺序、运算的执行条件，使其在对 out 评估之前得到执行：

```
with tf.control_dependencies([assign_op]):
    out = x * y
```

现在，这个输出是序列 3、4、5、6、7，正是我们想要的。

还有更复杂的例子。如当执行条件发生（用 tf.cond）时，有可能做到图内部直接声明和执行循环，但是有着相同的问题——在 TensorFlow 1.x 中，我们必须要担心操作造成的副作用，必须在写 Python 代码时思考图的结构，并且不能使用我们熟悉的 Python 解释器。执行条件必须用 tf.cond 而不能用 Python 的 if 语句，而且循环操作必须用 tf.while_loop 定义，而不能使用 Python 的 for 和 while 语句。

TensorFlow 2.x 有了 eager 执行模式，使得使用 Python 解释器控制执行控制流程成为可能：

(tf2)

```
import tensorflow as tf
```

```
x = tf.Variable(1, dtype=tf.int32)
y = tf.Variable(2, dtype=tf.int32)

for _ in range(5):
    y.assign_add(1)
    out = x * y
    print(out)
```

前面的例子用了 eager 执行模式编写，更容易开发、调试和理解——它就是标准的 Python！

通过简化控制流，eager 执行模式成为可能，它也是在 TensorFlow2.0 中引入的主要特性之一。现在，就算没有任何数据流图或描述性编程语言经验的使用者也可以开始编写 TensorFlow 代码了。Eager 执行模式减少了整个框架的复杂性，降低了入门门槛。

从 TensorFlow 1.x 过来的使用者也许会开始疑惑我们如何训练机器学习模型，因为我们需要一个运算执行的图来用自动微分计算梯度。

TensorFlow 2.0 引入了 GradienTape 概念来有效地解决这个问题。

4.3.5　GradientTape

tf.GradientTape() 函数创建一个记录所有自动微分运算的上下文（"磁带"）。如果上下文管理器中至少有一个输入是可监控的，而且正在被监控，那么每个在上下文管理器中执行的运算都会被记录在"磁带"上。

当出现下列情况时，输入是可监控的：

❑ 它是一个由 tf.Variable 创建的可训练变量。

❑ 它正被"磁带"监视，这个可以通过调用 tf.Tensor 对象的 watch 方法实现。

这个"磁带"记录了所有在上下文中执行的用于构建前向传递图的运算。然后，这个"磁带"可以被展开，从而应用反向自动微分来计算梯度。这是通过调用 gradient 方法做到的：

```
x = tf.constant(4.0)
with tf.GradientTape() as tape:
    tape.watch(x)
    y = tf.pow(x, 2)
# Will compute 8 = 2*x, x = 8
dy_dx = tape.gradient(y, x)
```

在上面的例子中，我们明确指定"磁带"监视一个常量值，尽管从根本上来说，常量值是无法被监视的（因为它不是一个 tf.Variable 对象）。

一旦 tf.GradientTape.gradient() 被调用，tf.GradientTape 对象（即所谓的"磁带"）就会释放它保存的全部资源。在大多数情况下这是我们想要的，但是有的情况下我们需要多次调用 `tf.GradientTape.gradient()`。这时，我们需要创建一个持久性的梯度"磁带"，它能够允许多次 `gradient` 方法的调用而不释放资源。这种情况下交由开发者负责资源的释放。这可以通过使用 Python 的 `del` 指令来删除对"磁带"的引用来做到：

```
x = tf.Variable(4.0)
y = tf.Variable(2.0)
with tf.GradientTape(persistent=True) as tape:
    z = x + y
    w = tf.pow(x, 2)
dz_dy = tape.gradient(z, y)
dz_dx = tape.gradient(z, x)
dw_dx = tape.gradient(w, x)
print(dz_dy, dz_dx, dw_dx) # 1, 1, 8
# Release the resources
del tape
```

也可以将多个 `tf.GradientTape` 对象组成一个高阶导数（现在你应该很容易做到，因此我把这个当作一个练习）。

TensorFlow 2.0 提供了一种使用 Keras 构建模型的新的简单方法，并提供了一种应用"磁带"概念来计算梯度的可定制且高效的方法。

在前面几节中提到的 Keras 模型已经提供了训练和评估它们的方法。然而，Keras 不能覆盖全部的训练和评估情况。因此，TensorFlow 1.x 可以用于构建定制的训练循环，从而让你对训练和评估模型有全面的控制。这一点给了你能控制每个训练部分的实验自由度。例如，在第 9 章中，定义对抗训练过程的最佳方法是定义一个定制的训练循环。

4.3.6　定制训练循环

`tf.keras.Model` 对象通过它的 `compile` 和 `fit` 方法，使你可以训练非常多机器学习模型（从分类器到生成模型）。Keras 的训练方法能够加快大多数常见模型的训练过程的定义，但是对训练循环的定制仍是非常有限的。

有很多模型、训练策略和问题需要一种不同的模型训练方式。比如说我们要面对梯度爆炸问题。这个问题有可能在使用梯度下降法训练模型时发生，损失函数开始发散直到其变成 NaN，这是因为需要更新的梯度的数量变得越来越大，直到溢出了。

一个常用的用来应对这个问题的策略是裁剪梯度值或者阈值限制：梯度更新值不能比阈值更大。这能阻止网络不收敛，并且可以帮我们在最小化过程中找到一个更好的局部最优值。人们已经提出了很多裁剪策略，但是最常用的是 L2 正则梯度裁剪。

这个策略中，梯度向量被归一化了，使得其 L2 范数小于或等于阈值。在实践中，我们想用下面的方法更新梯度更新规则：

```
gradients = gradients * threshold / l2(gradients)
```

TensorFlow 有一个处理此任务的 API：`tf.clip_by_norm`。我们只需要获取计算处理的梯度、应用更新规则、然后输入到所选择的优化器中。

为了创建一个能用 `tf.GradientTape` 计算和后处理梯度值的定制训练循环，我们需要用 TensorFlow 2.0 重写第 3 章编写的图像分类训练脚本。

请花些时间仔细阅读源代码：注意新模块的组织，并将新的代码与前面的 1.x 的代码做对比。

这些 API 之间有一些不同：

❑ 现在的优化器是 Keras 优化器。

❑ 现在的损失函数是 Keras 损失。

❑ 用了 Keras metrics 包，准确率更容易计算了。

❑ 对于每个 TensorFlow 1.x 符号都有 TensorFlow 2.0 的版本。

❑ 不再有全局集合。"磁带"需要一个用于计算梯度的变量列表，而 `tf.keras.Model` 对象必须保存它自己的 `trainable_variables` 的组。

尽管在 1.x 版本中有方法的调用，在 2.0 中，则有一个能返回可调用对象的 Keras 方法。几乎每个 Keras 对象都用构造函数来配置这个对象，然后它们用 `call` 方法来使用它。

导入 tensorflow 库，然后定义 make_model 函数：

```
import tensorflow as tf
from tensorflow.keras.datasets import fashion_mnist

def make_model(n_classes):
 return tf.keras.Sequential([
   tf.keras.layers.Conv2D(
     32, (5, 5), activation=tf.nn.relu, input_shape=(28, 28, 1)),
   tf.keras.layers.MaxPool2D((2, 2), (2, 2)),
   tf.keras.layers.Conv2D(64, (3, 3), activation=tf.nn.relu),
   tf.keras.layers.MaxPool2D((2, 2), (2, 2)),
   tf.keras.layers.Flatten(),
   tf.keras.layers.Dense(1024, activation=tf.nn.relu),
   tf.keras.layers.Dropout(0.5),
   tf.keras.layers.Dense(n_classes)
 ])
```

定义 `load_data` 函数：

```
def load_data():
    (train_x, train_y), (test_x, test_y) = fashion_mnist.load_data()
    # Scale input in [-1, 1] range
    train_x = tf.expand_dims(train_x, -1)
    train_x = (tf.image.convert_image_dtype(train_x, tf.float32) - 0.5) * 2
    train_y = tf.expand_dims(train_y, -1)
```

```
test_x = test_x / 255. * 2 - 1
test_x = (tf.image.convert_image_dtype(test_x, tf.float32) - 0.5) * 2
test_y = tf.expand_dims(test_y, -1)

return (train_x, train_y), (test_x, test_y)
```

定义 `train()` 函数来实例化模型、输入数据和训练参数：

```
def train():
    # Define the model
    n_classes = 10
    model = make_model(n_classes)

    # Input data
    (train_x, train_y), (test_x, test_y) = load_data()

    # Training parameters
    loss = tf.losses.SparseCategoricalCrossentropy(from_logits=True)
    step = tf.Variable(1, name="global_step")
    optimizer = tf.optimizers.Adam(1e-3)
    accuracy = tf.metrics.Accuracy()
```

在 train 函数里定义 train_step 函数并将它用在训练循环中：

```
    # Train step function
    def train_step(inputs, labels):
        with tf.GradientTape() as tape:
            logits = model(inputs)
            loss_value = loss(labels, logits)

        gradients = tape.gradient(loss_value, model.trainable_variables)
        # TODO: apply gradient clipping here
        optimizer.apply_gradients(zip(gradients,
 model.trainable_variables))
        step.assign_add(1)

        accuracy_value = accuracy(labels, tf.argmax(logits, -1))
        return loss_value, accuracy_value

    epochs = 10
    batch_size = 32
    nr_batches_train = int(train_x.shape[0] / batch_size)
    print(f"Batch size: {batch_size}")
    print(f"Number of batches per epoch: {nr_batches_train}")

    for epoch in range(epochs):
        for t in range(nr_batches_train):
            start_from = t * batch_size
            to = (t + 1) * batch_size
            features, labels = train_x[start_from:to],
 train_y[start_from:to]
            loss_value, accuracy_value = train_step(features, labels)
            if t % 10 == 0:
                print(
                    f"{step.numpy()}: {loss_value} - accuracy:
 {accuracy_value}"
```

```
        )
        print(f"Epoch {epoch} terminated")
if __name__ == "__main__":
    train()
```

前面的例子没有包含模型保存、模型选择和 TensorBoard 记录。此外，梯度裁剪部分留作你的练习（请看前面代码的 TODO 部分）。

ℹ️ 在本章最后，所有缺失的功能都会加入。同时，仔细阅读新的版本的程序并和 1.x 版本做比较。

下面将会关注如何保存模型参数、重启训练过程和进行模型选择。

4.3.7　保存和恢复模型状态

TensorFlow 2.0 引入了可存档对象的概念：每个继承自 tf.train.Checkpointable 的对象都可自动序列化，这意味着它可以被保存到一个检查点中。与 1.x 版本相比，1.x 中只有变量可以被检查点所存档，而 2.0 中，整个 Keras 层 / 模型继承自 tf.train. Checkpointable。正因如此，可以保存整个层 / 模型而无须担心它们的变量。一如既往，Keras 引入了一个额外的抽象层来简化框架的使用。有两种方法可以保存模型：

❏ 使用检查点

❏ 使用 SavedModel

我们在第 3 章解释过，检查点不包含任何关于模型自身的描述：它们只是一种简单的存储参数并能让开发者正确恢复它的方法。这种方法通过定义一个模型来实现。这个模型用 Python 的 tf.Variable 对象（或者说，更高层的 tf.train.Checkpointable 对象）来映射检查点中保存的变量。

另外，SavedModel 格式在保存参数值的基础上加上了计算过程的序列化描述。下面我们总结了两种对象：

❏ 检查点：一种简单的在硬盘上保存变量的方法

❏ SavedModel：模型结构及检查点

SavedModels 是语言无关的表示方式（Protobuf 序列化 graphs），可以用其他语言部署。第 10 章重点介绍了 SaveModel，因为它是正确地将模型部署在生产中的方法。

在训练模型时，我们可以用 Python 进行模型定义。正因如此，我们对保存模型状态感兴趣，可以按照下面的步骤做：

❏ 在失败的时候重启训练过程，不浪费前面的计算。

❑ 在每个训练循环的末尾保存模型参数，这样我们可以用测试集测试训练的模型。

❑ 将模型参数保存在不同的地方，这样就可以保存能达到最佳验证性能的模型（模型选择）。

在 TensorFlow 2.0 中可以用两个对象保存和恢复模型参数：

❑ `tf.train.Checkpoint` 是一个基于对象的序列化/反序列化器。

❑ `tf.train.CheckpointManager` 是一个能用 `tf.train.Checkpoint` 实例来存储和管理检查点的对象。

与 TensorFlow 1.x 中的 `tf.train.Saver` 方法相比，`Checkpoint.save` 和 `Checkpoint.restore` 方法读写基于对象的检查点，而 `tf.train.Saver` 只能读写基于 `variable.name` 的检查点。

当修改 Python 程序时，用保存对象代替保存变量的方式更健壮，而且能在 eager 执行模式的范式下正确工作。在 TensorFlow 1.x 中，只保存 `variable.name` 就足够了，因为图一但定义并执行后就不能改变。在 2.0 中，图是隐藏的，而且控制流可以使对象和它的变量出现或者消失，因此保存对象是保留状态的唯一途径。

`tf.train.Checkpoint` 的使用极为简单——你想保存一个可以检查点存储的对象？只需要将它传递给它的构造函数，或者在它的生命周期内创建一个新的对象属性就可以了。

一旦你定义了检查点对象，用它来构建一个 `tf.train.CheckpointManager` 对象，这里你可以指定存放模型的地点和需要保留的检查点的数量。

正因如此，只需在模型和优化器定义后面加几行代码，就可以轻松实现前面模型的保存和恢复功能：

(tf2)

```
ckpt = tf.train.Checkpoint(step=step, optimizer=optimizer, model=model)
manager = tf.train.CheckpointManager(ckpt, './checkpoints', max_to_keep=3)
ckpt.restore(manager.latest_checkpoint)
if manager.latest_checkpoint:
    print(f"Restored from {manager.latest_checkpoint}")
else:
    print("Initializing from scratch.")
```

可训练的和非可训练的变量会自动加入检查点变量中来监控，允许你恢复模型并重启训练循环而避免在损失函数中引入不想要的波动。事实上，优化器对象通常保留自有非可训练的变量集合（移动均值和方差）。它是一个能够用检查点保存的对象，只要加入到检查点中，就允许你在当其训练循环被中断的时候以完全相同的状态重启训练循环。

当满足条件（i % 10 == 0，或者当验证指标有了提高）时，可以使用 manager.save 方法调用来记录模型状态：

```
(tf2)
    save_path = manager.save()
    print(f"Checkpoint saved: {save_path}")
```

管理器可以将模型参数保存到一个在其构造时候指定的目录里。因此，为了进行模型选择，你需要创建第 2 个管理器对象，当模型满足选择条件时激活它。这留给你作为练习题。

4.3.8　总结记录和指标度量

TensorBoard 仍然是 TensorFlow 默认和推荐的数据记录和可视化工具。`tf.summary` 包包含了所有的需要的方法来保存标量、图像、直方图、分布等。

再加上 `tf.metrics`，使得记录聚合的数据成为可能。各种指标通常是在小批量数据上进行验证的，而不是在整个训练 / 验证 / 测试集上：遍历完整的分割数据集是将数据聚合起来让我们能更好地测算指标。

在 `tf.metrics` 包中的对象是状态化的，这意味着它们能够聚合数据值，并在调用 `.result()` 的时候返回累积结果。

与 TensorFlow 1.x 中的方法一样，为了将总结记录保存到硬盘上，你需要一个 File/ Summary writer 对象。可以通过下面的方式创建：

```
(tf2)
    summary_writer = tf.summary.create_file_writer(path)
```

这个新对象和 1.x 中的工作方式不一样——它更强大，使用方式也被简化了。无须使用一个会话并且执行 `sess.run(summary)` 来写入 summary，一旦 summary 行计算完成，新的 `tf.summary.*` 能够检测到它们正在使用的上下文，并将正确的总结记录到 writer 中。

实际上，summary writer 对象通过调用 `.as_default()` 定义了一个上下文管理器，每个在上下文中调用的 `tf.summary.*` 都将会把它的结果加入默认的 summary writer 中。

将 `tf.summary` 同 `tf.metrics` 结合起来，我们就可以用一种比 TensorFlow 1.x 更简单的方法来正确测算和记录训练 / 验证 / 测试指标了。事实上，如果我们决定记录每 10 个迭代的计算的指标，需要可视化 10 个训练迭代的均值，而不仅仅是一个点的值。

因此，在每个训练迭代的末尾，我们可以通过调用 `metric` 对象的 `.update_state` 方法来聚合和保存在对象状态内计算的值，然后调用 `.result()` 方法。

这个 `.result()` 方法负责在聚合值上正确的计算指标。一旦完成计算，我们可以通过调用 `reset_states()` 来重置指标的内部状态。当然对于其他在训练过程中计算的值来说，原理也是一样的，因为损失值是非常常见的：

```
mean_loss = tf.metrics.Mean(name='loss')
```

这就定义了该指标的 Mean，即在训练过程中传递的输入的均值。在上面这个例子中是损失值，但是同样的指标可以用来计算所有标量的均值。

tf.summary 包也包含了可以用来记录图像的方法（tf.summary.image），因此拓展了前面的示例，以一种极为简单的方式在 TensorBoard 中记录标量指标和批量的图像。下面的代码展示了前面的示例如何可以扩展成记录训练损失、准确率和 3 张训练图像——请花些功夫分析结构，看看指标计算和记录是如何运行的，并且试着理解这个代码结构如何通过定义更多的函数来改进，使其更模块化，更易维护：

```python
def train():
    # Define the model
    n_classes = 10
    model = make_model(n_classes)

    # Input data
    (train_x, train_y), (test_x, test_y) = load_data()

    # Training parameters
    loss = tf.losses.SparseCategoricalCrossentropy(from_logits=True)
    step = tf.Variable(1, name="global_step")
    optimizer = tf.optimizers.Adam(1e-3)

    ckpt = tf.train.Checkpoint(step=step, optimizer=optimizer, model=model)
    manager = tf.train.CheckpointManager(ckpt, './tf_ckpts', max_to_keep=3)
    ckpt.restore(manager.latest_checkpoint)
    if manager.latest_checkpoint:
        print(f"Restored from {manager.latest_checkpoint}")
    else:
        print("Initializing from scratch.")

    accuracy = tf.metrics.Accuracy()
    mean_loss = tf.metrics.Mean(name='loss')
```

定义 the train_step 函数：

```python
    # Train step function
    def train_step(inputs, labels):
        with tf.GradientTape() as tape:
            logits = model(inputs)
            loss_value = loss(labels, logits)

        gradients = tape.gradient(loss_value, model.trainable_variables)
        # TODO: apply gradient clipping here
        optimizer.apply_gradients(zip(gradients,
model.trainable_variables))
        step.assign_add(1)
```

```
            accuracy.update_state(labels, tf.argmax(logits, -1))
            return loss_value, accuracy.result()

    epochs = 10
    batch_size = 32
    nr_batches_train = int(train_x.shape[0] / batch_size)
    print(f"Batch size: {batch_size}")
    print(f"Number of batches per epoch: {nr_batches_train}")
    train_summary_writer = tf.summary.create_file_writer('./log/train')
    with train_summary_writer.as_default():
        for epoch in range(epochs):
            for t in range(nr_batches_train):
                start_from = t * batch_size
                to = (t + 1) * batch_size

                features, labels = train_x[start_from:to],
train_y[start_from:to]

                loss_value, accuracy_value = train_step(features, labels)
                mean_loss.update_state(loss_value)

                if t % 10 == 0:
                    print(f"{step.numpy()}: {loss_value} - accuracy:
{accuracy_value}")
                    save_path = manager.save()
                    print(f"Checkpoint saved: {save_path}")
                    tf.summary.image(
                        'train_set', features, max_outputs=3,
step=step.numpy())
                    tf.summary.scalar(
                        'accuracy', accuracy_value, step=step.numpy())
                    tf.summary.scalar(
                        'loss', mean_loss.result(), step=step.numpy())
                    accuracy.reset_states()
                    mean_loss.reset_states()
            print(f"Epoch {epoch} terminated")
            # Measuring accuracy on the whole training set at the end of
the epoch
            for t in range(nr_batches_train):
                start_from = t * batch_size
                to = (t + 1) * batch_size
                features, labels = train_x[start_from:to],
train_y[start_from:to]
                logits = model(features)
                accuracy.update_state(labels, tf.argmax(logits, -1))
            print(f"Training accuracy: {accuracy.result()}")
            accuracy.reset_states()
```

在 TensorBoard 里，在第一轮的结尾，可以看到每 10 次训练迭代后测算的损失值。如图 4-1 所示。

我们还可以看到训练准确率，与损失函数同时测算。如图 4-2 所示。

此外，我们也可以看到从训练集中取样的图 4-3。

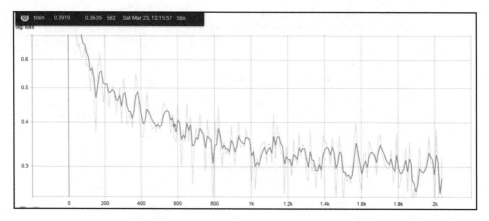

图 4-1　损失值，每 10 步测量一次，在 TensorBoard 中显示

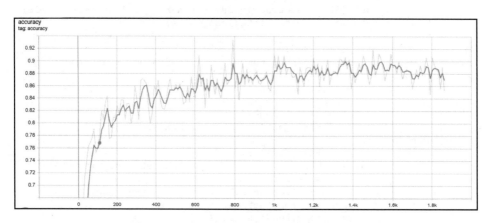

图 4-2　训练准确率，如 TensorBoard 所示

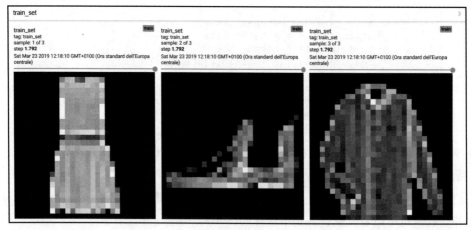

图 4-3　3 幅采样自训练集的图像——一件套裙、一只凉鞋和一件套衫，来自 fashion-MNIST 数据集

eager 执行模式可以让你快速创建和运行模型，无须显式地创建一个图。但是，在eager 执行模式下工作不意味着不能用 TensorFlow 代码构建图。事实上，正如我们在前面看到的，通过使用 `tf.GradientTape`，可以注册一次训练迭代中的行为变化，通过追踪执行的运算来构建计算图，并且使用这个图通过自动微分来计算梯度。

在函数执行中追踪发生的行为变化，使我们能够分析哪些运算在运行过程中得到了执行。了解这些运算、其输入输出关系使得构建图成为可能。

这一点非常重要，因为它可以被用来做如下工作：执行一个函数一次后，追踪它的行为，将其内容转化成图表示，然后回过头来构建更有效率的图定义和会话执行，这将会有巨大的性能提升。这些都是自动完成的：这就是 AutoGraph 的概念。

4.3.9　AutoGraph

使用 AutoGraph 可将 Python 代码自动转化成其图表示。在 TensorFlow 2.0 中，用 `@tf.function` 修饰某个函数时，AutoGraph 将自动应用于此函数。这个修饰符从 Python函数中创建可调用的图。

一个函数一旦被正确的修饰了，就会被 `tf.function` 和 `tf.autograph` 模块所处理，将其转化为图表示。图 4-4 显示了当一个修饰函数被调用后发生的操作。

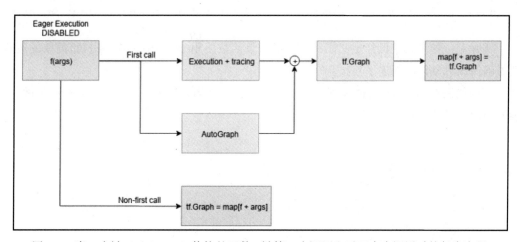

图 4-4　当一个被 @tf.function 修饰的函数 f 被第一次调用和后面多次调用时的行为流程

在被修饰的函数第一次调用时，发生了下面这些操作：

1）这个函数得到执行并被追踪。eager 执行模式在此上下文中被禁止了，因此每个 `tf.*` 方法定义了一个 `tf.Operation` 节点，每个节点生成一个 `tf.Tensor` 输出，这和其在 TensorFlow 1.x 的做法一模一样。

2）tf.autograph 模块被用来检测能被转换成相同功能的图结构的 Python 模块。这个图表示是根据函数追踪和 AutoGraph 信息构建的。这么做是为了保存 Python 中定义的执行顺序。

3）tf.Graph 现在被构建好了。

4）根据函数的名字和输入参数，一个唯一的 ID 被创建出来并且与图相关联。这个图被缓冲到一个映射中，由此它可以在第二个调用发生时（同时 ID 得到匹配时）被重用。

要将一个函数转化成图表示，我们需要考虑：在 TensorFlow 1.x 中，不是所有的工作在 eager 执行模式下函数都可以顺利转化成图版本。

例如，一个 eager 执行模式下的变量是一个 Python 对象，不论其作用域如何，都要遵循 Python 规则。在图模式下，正如我们在第 3 章所发现的，一个变量是一个持久性的对象，它会一直存在，即使与其相关联的 Python 变量已经不在作用域中并已经被回收了。

因此，需要对软件设计特别注意：如果一个函数必须用图加速，而且它创建了一个状态（用了 tf.Variable 和相近的对象），需要由开发者来负责避免这个函数在每次调用时重新创建变量。

出于这个原因，tf.function 在寻找 tf.Variable 定义时多次解析函数体。如果在第二次调用时，它发现一个变量对象被重新创建了，就会触发一个异常：

```
ValueError: tf.function-decorated function tried to create variables on
non-first call.
```

实际上，如果我们已经定义了一个函数，该函数使用 tf.Variable 执行简单的运算，则需确保该对象只被创建了一次。

下列代码在 eager 执行模式下能够正确运行，但是如果用 @tf.function 后运行失败，并触发前面所说的异常：

```
(tf2)

   def f():
       a = tf.constant([[10,10],[11.,1.]])
       x = tf.constant([[1.,0.],[0.,1.]])
       b = tf.Variable(12.)
       y = tf.matmul(a, x) + b
       return y
```

处理需要创建状态的函数需要我们重新考虑对图模式的使用。一个状态是一个持久性的对象，如变量，而变量不能被多次重新声明。由此，可以用两种方法改变函数定义：

❑ 通过输入参数传递变量。

❑ 通过打破函数范围并且从外层范围继承变量。

第一种方式需要改变函数的定义：

```
(tf2)
    @tf.function
    def f(b):
        a = tf.constant([[10,10],[11.,1.]])
        x = tf.constant([[1.,0.],[0.,1.]])
        y = tf.matmul(a, x) + b
        return y

    var = tf.Variable(12.)
    f(var)
    f(15)
    f(tf.constant(1))
```

f 现在接收一个 Python 输入变量 b。这个变量可以是一个 tf.Variable、一个 tf.Tensor，也可以是一个 NumPy 对象或者是一个 Python 类型。每次输入类型变化时，一个新的图就会被创建出来，从而使这个加速版本的函数适应任意需要的输入类型（这一点是必要的，因为 TensorFlow 图有严格的类型限制）。

另外，第二种方式需要打破函数作用域，使变量在函数作用域之外可用。这个例子中，我们有两条路径：

❏ **不推荐**：全局变量
❏ **推荐**：使用类 Keras 对象

不推荐使用第一条路径。该方法通过在函数体外面声明变量、在内部使用变量来保证其只被声明一次：

```
(tf2)
    b = None

    @tf.function
    def f():
        a = tf.constant([[10, 10], [11., 1.]])
        x = tf.constant([[1., 0.], [0., 1.]])
        global b
        if b is None:
            b = tf.Variable(12.)
        y = tf.matmul(a, x) + b
        return y

    f()
```

推荐使用第二条路径。该方案是通过一个面向对象的方法，将变量声明为类的一个私有属性。然后，你需要通过将函数体放进 __call__ 方法中，将对象实例化为可调用的。

```
(tf2)
    class F():
        def __init__(self):
```

```
        self._b = None

    @tf.function
    def __call__(self):
        a = tf.constant([[10, 10], [11., 1.]])
        x = tf.constant([[1., 0.], [0., 1.]])
        if self._b is None:
            self._b = tf.Variable(12.)
        y = tf.matmul(a, x) + self._b
        return y

f = F()
f()
```

当涉及优化训练过程时，AutoGraph 和图加速过程最有效。

实际上，训练中计算能力需求最大的部分是前向传递，然后是梯度计算和参数更新。前面的例子遵循着新的结构，不再需要 tf.Session，我们可以将训练迭代过程从训练循环中分离出来。训练迭代过程是一个无状态的函数，它使用了从外域继承的变量。因此它可以通过 @tf.function 修饰来转化成其图表示方式，进而被加速。

```
(tf2)

@tf.function
def train_step(inputs, labels):
# function body
```

请你来测量一下由 train_step 函数的图化而带来的速度提升。

🛈　不一定保证会有速度提升，因为 eager 执行模式已经很快了，而且在一些简单的场景下 eager 执行模式和图化方式一样快。但是，当模型更深、更复杂时，性能的提升会非常明显。

AutoGraph 自动将 Python 结构转化成对应的 tf.*，但是由于转化代码时保留原有句法不是一个简单的工作，在有些场景中最好帮助 AutoGraph 进行源代码转化。

事实上，有些在 eager 执行模式下的结构已经替代了 Python 的结构。特别地，tf.range 替代了 range, tf.print 替代了 print, tf.assert 替代了 assert。

例如，出于保留其句法的原因，AutoGraph 不能自动将 print 转化 tf.print。因此，如果我们想要一个图加速的函数在图模式下打印一些东西，必须在函数中用 tf.print 而不是 print。

请你来定义一个简单的函数，其中用 tf.range 代替 range，用 print 代替 tf.print，然后使用 tf.autograph 模块将源代码转化为可视化代码。

例如，看一下下面的代码：

```
(tf2)

    import tensorflow as tf

    @tf.function
    def f():
        x = 0
        for i in range(10):
            print(i)
            x += i
        return x


    f()
    print(tf.autograph.to_code(f.python_function))
```

当 f 被调用时，生成 0,1,2, ..., 10——然而这是每次调用 f 都会发生的，还是只有第一次调用会发生？

请你仔细阅读下面 AutoGraph 生成的函数（这是由机器生成的，因此比较难懂），来理解为何 f 的表现是这样的：

```
def tf__f():
  try:
    with ag__.function_scope('f'):
      do_return = False
    retval_ = None
    x = 0

    def loop_body(loop_vars, x_1):
      with ag__.function_scope('loop_body'):
        i = loop_vars
        with ag__.utils.control_dependency_on_returns(ag__.print_(i)):
          x, i_1 = ag__.utils.alias_tensors(x_1, i)
          x += i_1
          return x,
    x, = ag__.for_stmt(ag__.range_(10), None, loop_body, (x,))
    do_return = True
    retval_ = x
    return retval_
  except:
    ag__.rewrite_graph_construction_error(ag_source_map__)
```

将旧的代码库从 Tensorfow 1.x 迁移到 2.0 中是一个很耗时间的过程。这就是 TensorFlow 作者开发了一个能够让我们自动迁移代码的转化工具的原因（这个工具可以在 Python notebook 中工作！）。

4.4　代码库迁移

正如你所见，TensorFlow2.0 带来了许多巨大的改变，意味着我们要重新学习整个框架。

TensorFlow 1.x 是最为广泛使用的机器学习框架，因此很多已有的代码需要进行升级。

TensorFlow 的工程师们开发了一个转化工具能够帮助代码转化。然而，它依赖于 `tf.compat.v1` 模块，而且它不会移除掉图和会话执行。相反，它只是重写代码，用 `tf.compat.v1` 添加前缀，然后用一些代码转化来修复简单的 API 变化。

不过，迁移整个代码库是一个好的起点。事实上，建议的迁移过程如下：

1）运行迁移脚本。

2）手动移除每个 `tf.contrib` 符号，查询项目中每个用在 `contrib` 命名空间的新的地方。

3）手动地将模型切换成其 Keras 对应的版本。删除会话。

4）在 eager 执行模式下定义训练循环。

5）用 `tf.function` 加速计算密集的部分。

迁移工具 `tf_upgrade_v2` 在通过 pip 安装 TensorFlow 2.0 时自动安装。这个升级脚本可以用于单个 Python 文件、notebook 或者整个项目目录。

用下面的代码来迁移单个 Python 文件（或者 notebook）：

```
tf_upgrade_v2 --infile file.py --outfile file-migrated.py
```

要在目录树下运行它，请使用以下代码：

```
tf_upgrade_v2 --intree project --outtree project-migrated
```

两种情况下，如果脚本无法对输入的代码进行转化，就会打印错误信息。

此外，它总是会在 `report.txt` 中报告一个详细修改的列表，可以帮助我们理解这个工具为何用了这个修改。例如：

```
Added keyword 'input' to reordered function 'tf.argmax'
Renamed keyword argument from 'dimension' to 'axis'

    Old: tf.argmax([[1, 2, 2]], dimension=0))
                                 ~~~~~~~~~~
    New: tf.argmax(input=[[1, 2, 2]], axis=0))
```

即便是用了转换工具，迁移代码库也是一个很耗时的过程，因为大部分工作需要手动完成。将代码库迁移到 TensorFlow 2.0 是值得的，因为这样做有很多优点，例如：

❑ 调试简单。

❑ 通过面向对象的方法提升了代码质量。

❑ 需要维护的代码更少。

❑ 文档化更简单。

❑ 未来兼容性——TensorFlow 2.0 遵从 Keras 标准，而这个标准将会通过时间的考验。

4.5　总结

本章介绍了所有在 TensorFlow 2.0 中引入的主要变化，包括遵循 Keras API 规范的框架的标准化、利用 Keras 定义模型的方法，以及如何用定制的训练循环来训练模型。我们甚至探讨了由 AutoGraph 和 `tf.function` 引入的图加速。

特别地，AutoGraph 仍然需要我们了解 TensorFlow 图架构的工作原理，因为如果需要图加速，那么在 eager 执行模式下定义和使用的 Python 函数需要重新构建。

新的 API 更模块化、更加面向对象，而且更标准化。这些巨大的变化使得对框架的使用更加简单和自然，尽管图架构的痕迹仍然并将永远存在。

你们当中有长期使用 TensorFlow 1.0 经验的人也许发现很难快速转变到新的基于对象的思维方式上，因为不再使用基于图和会话的方法了。但是，这种努力是值得的，因为它增强了整个软件开发的质量。

在第 5 章中，我们将会学习高效的数据输入流水线和估计器 API。

4.6　练习题

请阅读下面的练习题，认真回答所有问题。这是唯一让你能够掌握框架并成为专家的方法（通过练习、试错和很多努力尝试）：

1. 分别用顺序、函数型和子类 API 定义一个用来分类 fashion-MNIST 数据集的分类器。

2. 用 Keras 模型的内置方法训练这个模型并且测算预测的准确率。

3. 写一个在其构造函数中接收 Keras 模型并对其进行训练和评估的类。

API 应当以下面的方式工作：

```
# Define your model
trainer = Trainer(model)
# Get features and labels as numpy arrays (explore the dataset
available in the keras module)
trainer.train(features, labels)
# measure the accuracy
trainer.evaluate(test_features, test_labels)
```

4. 用 @tf.function 注释加速模型训练。创建一个名为 _train_step 的私有方法来只加速训练循环中的计算密集的部分。运行训练并以毫秒为单位测量性能提升。

5. 定义一个有多个（2）输入和多个（2）输出的 Keras 模型。这个模型必须接受 $28 \times 28 \times 1$ 的灰度图像作为输入，以及第二个尺寸为 $28 \times 28 \times 1$ 的灰度图像。第一层应该是两个图片深度的连接。

这个架构应该是一个类似自动编码器的卷积结构,首先将输入降维成一个 $1 \times 1 \times 128$ 的向量,然后在其解码部分对层进行上采样(用 tf.keras.layer.UpSampling2D 层)直到返回 $28 \times 28 \times D$,其中 D 为你选择的深度。然后在最后一层的顶部添加两个一元的卷积层,它们各自生成一幅 $28 \times 28 \times 1$ 的图像。

6. 定义一个使用 fashion-MNIST 数据集生成 (image,condition) 数据对的训练循环,当图片的标签为 6 时,condition 是一幅 $28 \times 28 \times 1$ 的全白图像。不然就是一幅黑色图像。在输入到网络之前,输入图像需要被调整到 [–1, 1] 范围内。用两个损失函数的和来训练这个网络。第一个损失是第一个输入和第一个输出的 L2 正则。第二个损失是 condition 和第二个输出的正则。在第一个数据对上测算 L1 的重建误差。在值小于 0.5 时停止训练。

7. 用 TensorFlow 转换工具转换所有第 3 章练习题的脚本。

8. 分析转换后的结果:它用 Keras 了吗?如果没有,手动迁移模型,处理每一处 tf.compat.v1 相关的地方。这总是可以处理的吗?

9. 选一个之前的练习中你编写过的训练循环:其中的梯度可以在更新前进行调整。约束条件是梯度值的范数在应用更新前 [-1, 1] 的范围内。使用 TensorFlow 元运算来实现:它应当与 @tf.function 相兼容。

10. 如果这个函数被 @tf.function 修饰,会产生输出吗?描述一下内部发生的操作:

```
def output():
    for i in range(10):
        tf.print(i)
```

11. 如果这个函数被 @tf.function 修饰,会产生输出吗?描述一下内部发生的操作:

```
def output():
    for i in tf.range(10):
        print(i)
```

12. 如果这个函数被 @tf.function 修饰,会产生输出吗?描述一下内部发生的操作:

```
def output():
    for i in tf.range(10):
        tf.print(f"{i}", i)
        print(f"{i}", i)
```

13. 给定 $f(x,y) = \dfrac{x^2}{2y} + 6xy - \sqrt{xy}$，用 `tf.GradientTape` 在 x=2 和 y=1 处计算一阶和二阶偏导数。

14. 从 4.3.3 节中不能运行的例子中移除副作用，并用常量代替变量。

15. 扩展在 4.3.6 节中定义的定制的训练循环，从而在每轮的最后能够测算整个训练集、整个测试集的准确率。然后用两个 `tf.train.CheckpointManager` 对象进行模型选择。

如果 5 轮后验证准确率不再提升（最多有 +/-0.2 的变动），停止训练。

16. 在下面的训练函数中，`step` 变量被转化成一个 `tf.Variable` 对象了吗？如果没有，其缺点是什么？

```
@tf.function
def train(model, optimizer):
  train_ds = mnist_dataset()
  step = 0
  loss = 0.0
  accuracy = 0.0
  for x, y in train_ds:
    step += 1
    loss = train_one_step(model, optimizer, x, y)
    if tf.equal(step % 10, 0):
      tf.print('Step', step, ': loss', loss, '; accuracy',
compute_accuracy.result())
  return step, loss, accuracy
```

坚持完成全书的练习题。

第 5 章

高效的数据输入流水线和估计器 API

本章，我们将会探寻两个最常用的 TensorFlow API 模块：tf.data 和 tf. estimator。TensorFlow 1.x 的设计已经非常完善了，在 TensorFlow 2.0 中几乎没有什么变化。事实上，tf.data 和 tf.estimator 是在 TensorFlow 1.x 生命周期内最先引入的两个高级模块。

tf.data 模块是一个高级 API，可以让你定义高效的输入流水线，而无须为线程、队列、同步及分布式文件系统所担心。这个 API 从设计思想上尽可能简化，来克服之前的底层 API 的使用问题。

tf.estimator API 是为简化和标准化机器学习编程而设计的，可以用来训练、推理及导出参数化模型，使得使用者只需关注模型和输入定义。

tf.data 和 tf.estimator API 是完全兼容的，并且鼓励同时使用它们两个。此外，我们将会在第 6 章看到，每个 Keras 模型、整个 eager 执行模式，以及 AutoGraph 都与 tf.data.Dataset 对象完全兼容。这种兼容性意味着用少量代码就可以使用高效的数据输入流水线，从而加速了训练和评估过程。

本章将介绍以下主题：

❑ 高效数据输入流水线

❑ tf.estimator API

5.1　高效的数据输入流水线

数据是每个机器学习流水线中最重要的部分，模型从对数据的学习中得来，而数据的数量和质量是每个机器学习应用的关键因素。

到目前为止，将数据提供给 Keras 模型似乎是很自然的：将数据集作为 NumPy 的数组取出，创建 batch，然后将这些 batch 输入到模型中用 minibatch 梯度下降法来训练。

然而，这种提供数据的方式实际上效率非常低下，而且容易出错，原因如下：

❑ 完整的数据集可能有几千 GB：没有一个标准的计算机甚至深度学习工作站能有足够的内存将巨量的数据载入。

❑ 手动创建输入 batch 意味着需要手动地切分索引，可能会发生错误。

❑ 进行数据扩充、随机打乱每个输入的样本，会减慢模型训练过程，因为增强过程必须在将数据提供给模型之前完成。对这些操作执行并行化意味着你需要担心线程同步问题以及很多其他并行计算的常见问题，而且会增加模板代码的规模。

❑ 将从位于 CPU 的主 Python 进程中将数据输入到一个全部参数在 GPU/TPU 上的模型的过程包含了很多数据载入/卸载，而这是一个计算非最优化的过程：硬件的利用率低于 100%，完全是浪费。

TensorFlow 对 Keras API 规范的实现 `tf.keras`，有通过 `tf.data` API 进行模型数据输入的原生支持。因此可以并且建议，在使用 eager 执行模式、AutoGraph，以及 estimator API 时使用它。

定义输入流水线是一个常见操作，可以被构建成一个提取、转换和载入（Extract Transform and Load，ETL）过程。

5.1.1　输入流水线的结构

定义训练输入流水线是一个标准过程，遵循的步骤可以被构建成一个提取、转换和载入（ETL）过程，即将数据从数据源拷贝到将使用它的目标系统的过程。

ETL 过程由下面三步组成，通过 `tf.data.Dataset` 对象可以让我们轻松实现：

1）**提取**：从数据源中读取数据。数据源可以是本地的（持久性存储，或者已经载入内存的）或者远程的（云存储、远程文件系统）。

2）**转换**：应用变换技术来清理、扩充数据（随机切割图像、翻转、颜色扭曲、添加噪声），使其可被模型解释。通过将数据随机打乱和划分 batch 完成转换。

3）**载入**：将变换的数据载入更适合训练目的的设备（GPU 或者 TPU），然后执行训练。

这些 ETL 步骤不仅能在训练阶段执行，也可以在推理阶段执行。

如果用来训练/推理的目标设备不是 CPU 而是另外一个不同的设备，`tf.data` API 可以更有效地利用 CPU，并且保留目标设备的资源用作模型的推理 / 训练。事实上，目标设备（如 GPU 或 TPU）可以更快地训练参数化模型，而 CPU 主要用来进行输入数据的顺序处理。

然而，这个过程容易成为整个训练过程的瓶颈，因为目标设备消耗数据的速度可能会超过 CPU 产生数据的速度。

`tf.data` API 通过它的 `tf.data.Dataset` 类，使我们可以轻松定义一个能够透明地解决前述问题的输入流水线，同时添加一些高级特性使我们能够愉快使用该流水线。需要特别注意的是性能优化，开发者仍然需要正确定义 ETL 过程、手动移除所有瓶颈，才能100% 地利用目标设备。

5.1.2　tf.data.Dataset 对象

`tf.data.Dataset` 对象将一个输入流水线表示为一系列元素，以及一组作用在这些元素上的有序的变换运算。

每个元素包含了 1 个或多个 `tf.Tensor` 对象。例如，对一个图像分类问题，`tf.data.Dataset` 元素可能是包含一对分别表示图像和它的标签的张量的单独训练样本。

有多种创建数据集对象的方法，具体选择哪种取决于数据源。

根据数据的位置和格式，`tf.data.Dataset` 类提供了多种静态方法来轻松创建数据集：

- ❑ **内存中的张量**：`tf.data.Dataset.from_tensors` 或者 `tf.data.Dataset.from_tensor_slices`。这 种 情 况 下，这 些 张 量 可 以 是 NumPy 数 组 或 者 `tf.Tensor` 对象。
- ❑ 从一个 Python 生成器：`tf.data.Dataset.from_generator`。
- ❑ 从一系列模式匹配的文件中：`tf.data.Dataset.list_files`。

另外，还有两种特制的 `tf.data.Dataset` 对象用来处理两种常用的文件格式。

- ❑ `tf.data.TFRecordDataset` 处理 `TFRecord` 文件
- ❑ `tf.data.TextLineDataset` 处理文本文件，以行为单位读取

关于 `TFRecord` 文件的描述将会在 5.1.3 节中呈现。

一旦数据集对象被构建，它就可以通过一系列链接方法调用获取数据集，将其转化成一个新的 `tf.data.Dataset` 对象。`tf.data` API 广泛地应用方法链接来自然地将应用于数据的变换表示成一组有序的运算。

在 TensorFlow 1.x 中，必须要创建一个迭代器节点，因为输入流水线也是计算图的一个成员。从 2.0 版本开始，`tf.data.Dataset` 对象本身就是可迭代的，这意味着你既可

以用 `for` 循环枚举其元素，也可以用 `iter` 关键字创建一个 Python 迭代器。

ℹ️ 注意，可迭代并不意味着是一个 Python 迭代器。你可以用 `for` 循环遍历一个数据集的值，但是你不能用 `next(dataset)` 提取元素。

相反，可以在用 Python `iter` 关键字创建一个迭代器后使用 `next(iterator)`：
```
iterator = iter(dataset)
value = next(iterator).
```

数据集对象是一个非常灵活的数据结构，不仅可以从数字或者数字元组中，也可以从每种 Python 数据结构中创建数据集。如以下代码所示，可以有效地将 Python 字典和 TensorFlow 产生的值混合使用：

(tf2)
```
dataset = tf.data.Dataset.from_tensor_slices({
    "a": tf.random.uniform([4]),
    "b": tf.random.uniform([4, 100], maxval=100, dtype=tf.int32)
})
for value in dataset:
    # Do something with the dict value
    print(value["a"])
```

`tf.data.Dataset` 对象通过它的方法提供的变换运算支持各种结构的数据集。

例如，我们想定义一个能够产生无限数量的随机向量的数据集，每个向量有 100 个元素（我们将会在第 9 章做相同的工作）。通过使用 `tf.data.Dataset.from_generator`，只用下面几行代码就能实现这个功能：

(tf2)
```
def noise():
    while True:
        yield tf.random.uniform((100,))

dataset = tf.data.Dataset.from_generator(noise, (tf.float32))
```

`from_generator` 方法中唯一特殊的地方是需要将参数类型（此例中为 `tf.float32`）作为第二个参数传入。这一点是必需的，因为我们需要事先知道参数类型才能构建图。

通过对方法的链式调用，可以创建新的数据集对象、将刚创建的数据集进行变换、从而获取我们的机器学习模型期望的输入数据。例如，如果我们想要对噪声向量的每个元素都加 10，打乱数据内容，然后创建每个包含 32 个向量的 batch，可以通过链式调用 3 个方法来实现：

(tf2)

```
buffer_size = 10
batch_size = 32
dataset = dataset.map(lambda x: x +
10).shuffle(buffer_size).batch(batch_size)
```

map 方法是 tf.data.Dataset 对象中最常用的方法，因为它允许我们将一个函数应用在输入数据集的每一个元素上，生成一个新的、应用了变换的数据集。

shuffle 方法在每个训练流水线中都会使用，因为这个变换用一个固定大小缓冲器随机打乱输入数据集。该方法首先从被重洗的数据的输入中提取 buffer_size 个元素，然后打乱它们来产生输出。

Batch 方法从其输入中收集 batch_size 个元素，然后创建一个 batch 作为输出。这个变换的唯一约束是 batch 中的所有元素的形状必须相同。

为了训练一个模型，必须在多轮训练中将训练集中的全部数据"喂"给模型。tf.data.Dataset 类提供了 repeat(num_epochs) 来实现。

因此，数据输入流水线可以用图 5-1 总结。

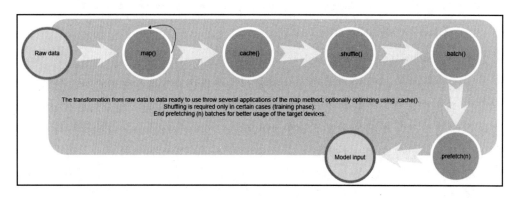

图 5-1　典型的数据输入流水线：通过链式方法调用实现的从原始数据到模型可使用数据的变换。预取和缓存是优化技巧，5.1.3 节将会介绍

注意，目前没有一个词是关于线程、同步或者远程文件系统的概念的。

这些都被 tf.data API 隐藏起来了：

❏ 输入路径（例如，当使用 tf.data.Dataset.list_files 方法时）可以是远程的。TensorFlow 内部使用了 tf.io.gfile 包，这是一个没有线程锁的文件输入/输出包装。这个模块可以用同样的方式从本地文件系统或者远程文件系统中读取。例如，它可以从 Google 云存储的 bucket 中读取文件，只需使用 gs://bucket/格式的地址，无须担心认证、远程请求及其他操作远程文件系统的模板代码。

❏ 每个应用在数据上的变换的执行都充分利用了 CPU 资源——与 CPU 核数相同数目的线程连同数据集对象一同被创建出来，并在并行变换需要的时候并行的顺序处理数据。

❑ 线程之间的同步都是由 `tf.data` API 来管理的。

所有通过链式方法调用描述的变换都是通过 CPU 上的线程执行的，这些线程是由 `tf.data.Dataset` 实例化的，可以自动执行那些可以被并行化的运算。这是一个很大的性能提升。

此外，`tf.data.Dataset` 足够高级，可以隐藏所有线程的执行和同步，不过自动化的解决方案可能不是最优的：目标设备可能无法完全使用，需要由使用者来移除瓶颈，从而实现 100% 的目标设备使用率。

5.1.3　性能优化

到目前为止，显示的 `tf.data` API 描述了一条顺序数据输入流水线，可以将原始数据转换成有用的格式。

所有这些操作都在 CPU 上执行，同时，目标设备（CPU、TPU，总而言之，数据消费者）等待数据。如果目标设备处理数据的速度比产生数据的速度快，则目标设备可能会出现利用率为 0% 的情况。

在并行计算中，这个问题可以通过预取技术来解决。

预取

当一个消费者工作时，生产者不能空闲，需要在后台工作来生产下一轮迭代中消费者需要的数据。

`tf.data` API 提供了 `prefetch(n)` 方法来应用一个允许生产者和消费者工作重叠的变换。其最佳实践是在输入流水线的最后加上 `prefetch(n)`，使得 CPU 上变换操作同目标设备的计算操作发生重叠。

n 的选择非常容易：n 是一个训练迭代中消费的元素数量，并且由于大部分模型使用数据 batch 进行训练，每个迭代用 1 个 batch，因此 n=1.

从存储介质中读取数据的过程，尤其当读取大文件、从慢速硬盘中读取或者使用远程文件系统时，是非常耗时的。缓存机制经常被用来降低这个开销。

缓存元素

缓存变换被用来将数据缓存到内存中，完全不用访问数据源了。这可以在使用远程文件系统时，或者读取过程中很慢的时候，带来巨大的好处。如果数据能被输入进内存，只能在第一个轮结束后才能缓存数据。

缓存方法在数据变换流水线的作用是一个门槛：任何在缓存方法前执行的运算仅执行一次，因此将这个变换放进流水线中可以带来巨大的好处。事实上，它可以被用在一个计算密集变换之后，或是任何速度慢的处理之后，来加速接下来的运算。

使用 TFRecords

读取数据是一个耗时的过程。通常，数据是不能直接以其在介质中存储方式读入的，这些文件需要被处理并且变换后才能正确地读入。

TFRecord 格式是一个二进制的与语言无关的格式（用 `protobuf` 定义），用来存储一系列二进制记录。TensorFlow 可以读写由一系列 `tf.Example` 消息组成的 TFRecord 文件。

一个 `tf.Example` 是一个灵活的消息类型，表示一个 `{"key": value}` 映射，其中 `key` 是特征名称，而 `value` 是其二进制表示。

例如，`tf.Example` 可以是字典（用伪代码表示）：

```
{
    "height": image.height,
    "width": image.widht,
    "depth": image.depth,
    "label": label,
    "image": image.bytes()
}
```

其中，数据集的一行（图像、标签连同额外信息）被序列化成一个示例保存在一个 TFRecord 文件里了。特别地，这个图像不是用压缩格式存储的，而是其直接的二进制表示。这样我们可以线性地读取这幅图像，就像读取一系列字节一样，无须对其应用任何图像解码算法，进一步节省了时间（但是耗费了硬盘空间）。

在引入 `tfds`（`TensorFlow Datasets`）之前，读写 TFRecord 文件是一个重复且枯燥的过程，因为我们必须处理如何能使输入特征的序列化和反序列化与 TFRecord 二进制格式相兼容。TensorFlow Datasets 是一个基于 TFRecord 文件规范的高级 API，具备将高效的数据集创建标准化，增强从任意数据集中创建 TFRecord 表示的能力。此外，tfds 已经包含了很多可以即用的数据集，这些数据集已经以正确的 TFRecord 格式存储了，并且其官方指南中完美地解释了如何通过描述其特征，来创建即用的数据集的 TFRecord 表示，进而构建一个数据集。

由于 TFRecord 的描述和使用超出了本书的范围，后续我们仅会介绍如何使用 TensorFlow 数据集。关于创建 TensorFlow 数据集构建器的详细指南见第 8 章。如果你对 TFRecord 表示感兴趣，请参考官方文档：https://www.tensorflow.org/beta/tutorials/load_data/tf_records。

5.1.4　构建自己的数据集

下面的例子展示了如何用 Fashion-MNIST 数据集构建一个 `tf.data.Dataset` 对象。

这是第一个完整地使用了前面介绍的所有最优实现方法的例子。请花些时间理解为何方法链式调用是以这种方式进行的，及性能优化是在何处应用的。

在下面的代码中，我们定义了 `train_dataset` 函数，它返回立即可用的 `tf.data.Dataset` 对象：

```
(tf2)

import tensorflow as tf
from tensorflow.keras.datasets import fashion_mnist


def train_dataset(batch_size=32, num_epochs=1):
    (train_x, train_y), (test_x, test_y) = fashion_mnist.load_data()
    input_x, input_y = train_x, train_y

    def scale_fn(image, label):
        return (tf.image.convert_image_dtype(image, tf.float32) - 0.5) *
2.0, label

    dataset = tf.data.Dataset.from_tensor_slices(
        (tf.expand_dims(input_x, -1), tf.expand_dims(input_y, -1))
    ).map(scale_fn)

    dataset = dataset.cache().repeat(num_epochs)
    dataset = dataset.shuffle(batch_size)

    return dataset.batch(batch_size).prefetch(1)
```

然而，一个训练数据集应当包含扩充过的数据以解决过拟合问题。在图像数据上应用数据扩充可以直接通过使用 TensorFlow `tf.image` 包实现。

5.1.5　数据扩充

目前为止定义的 ETL 过程仅仅对原始数据进行了变换，应用了没有改变图像内容的变换方法。而数据扩充不一样，需要在原始数据上应用有意义的变换，达成创建更大数据集的目的，从而可以训练一个更健壮的模型。

处理图像时，可以用 `tf.image` 包提供的全部 API 来增强数据集。数据扩充过程包含定义一个函数，然后通过使用 `dataset map` 方法将其应用于在训练集上。

有效的变换处理操作集合取决于数据集——例如，如果我们用 MNIST 数据集，将输入图片上下颠倒不是一个好主意（没人想把一个标签为 9 的数字 6 图片输入进去），但是因为我们用的是 fashion-MNIST 数据集，我们以喜欢的方式可以翻转和旋转输入图片（即使任意翻转和旋转，一条裤子仍然是一条裤子）。

`tf.image` 已经包含了为数据扩充而设计的有着随机特性的函数。这些函数有 50% 的概率对输入图像进行变换运算。这是一个我们想要的特性，因为我们想同时把原始的和增强的图片输入模型。因此，可以将对输入数据应用有意义的转换的函数定义如下：

(tf2)

```
def augment(image):
    image = tf.image.random_flip_left_right(image)
    image = tf.image.random_flip_up_down(image)
    image = tf.image.random_brightness(image, max_delta=0.1)
    return image
```

通过 dataset map 方法将这个增强函数应用到数据集上的任务，留给你作为练习题。

多亏有了 tf.data API，使得数据扩充变得简单，但是构建你自有的数据集，使其能够测试每一种标准任务的新型算法，仍然是一项重复性的并且容易出错的过程。TensorFlow 开发者，连同 TensorFlow 开发者社区，将 ETL 流水线的数据提取和变换过程，及 TensorFlow 数据集的开发一起标准化了。

ℹ️　TensorFlow 提供的增强函数有时候是不足以满足需求的，尤其是在处理小的数据集时需要大量的增强。有很多 Python 开放的函数库可以轻松地整合进数据扩充过程中。下面是两个最常用的：

- imgaug: https://github.com/aleju/imgaug

- albumentations: https://github.com/albu/albumentations

使用 tf.py 函数，它可以在 map 方法中调用 Python 代码，进而可以使用这些库生成更丰富的变换集（没有被 tf.image 包提供）。

5.1.6　TensroFlow 数据集——tdfs

TensorFlow 数据集是一个立即可用的数据集集合。它可以处理 ETL 过程的下载和准备阶段，及构建一个 tf.data.Dataset 对象。

这个项目给机器学习从业者带来的最显著的优点是极度简化了大多数常用的测试训练集的下载和准备工作。

TensorFlow 数据集（tfds）不仅仅是将数据集下载下来和转换成标准的格式，而且在本地将数据集转换成 TFRecord 表示，使其从存储中的读取非常地高效，同时给使用者返回一个通过读取 TFRecord 生成的立即可用的 tf.data.Dataset 对象。这个 API 带来了一个数据构建器的概念。每个数据构建器都是一个可用的数据集。

与 tf.data API 不一样，TensorFlow 数据集是一个需要单独安装的包。

安装

作为一个 Python 包，直接用 `pip` 安装：

```
pip install tensorflow-datasets
```

这就行了。这是一个轻量级的包，因为所有的数据集只在需要的时候下载。

使用

这个包有两个主要的方法：`list_builders()` 和 `load()`。

❑ `list_builders()` 返回可用数据集列表。

❑ `load(name, split)` 接收可用数据构建器的名字和希望的分割。分割值取决于数据构建器，因为每个数据构建器承载着它自己的信息。

在可用数据构建器的列表中，使用 `tfds` 加载 MNIST 的训练和测试分割集，如下所示：

(tf2)

```
import tensorflow_datasets as tfds

# See available datasets
print(tfds.list_builders())
# Construct 2 tf.data.Dataset objects
# The training dataset and the test dataset
ds_train, ds_test = tfds.load(name="mnist", split=["train", "test"])
```

只用一行代码，我们就可以下载、处理，并将数据集转换为 TFRecord，而且创建了两个 `tf.data.Dataset` 对象来读取它们。

在这一行代码里，我们没有任何关于数据集自己的信息：不知道返回对象的数据类型、图像和标签的形状等。

为了获取整个数据集全面的描述，可用使用与这个数据集相关联的构建器，打印其 `info` 属性。该属性包含了从学术引用到数据格式等全部使用该数据集所需的信息：

(tf2)

```
builder = tfds.builder("mnist")
print(builder.info)
```

执行它，得到下面的结果：

```
tfds.core.DatasetInfo(
    name='mnist',
    version=1.0.0,
    description='The MNIST database of handwritten digits.',
    urls=['http://yann.lecun.com/exdb/mnist/'],
    features=FeaturesDict({
        'image': Image(shape=(28, 28, 1), dtype=tf.uint8),
        'label': ClassLabel(shape=(), dtype=tf.int64, num_classes=10)
    },
```

```
total_num_examples=70000,
splits={
    'test': <tfds.core.SplitInfo num_examples=10000>,
    'train': <tfds.core.SplitInfo num_examples=60000>
},
supervised_keys=('image', 'label'),
citation='"""
        @article{lecun2010mnist,
            title={MNIST handwritten digit database},
            author={LeCun, Yann and Cortes, Corinna and Burges, CJ},
            journal={ATT Labs [Online]. Available: http://yann. lecun.
com/exdb/mnist},
            volume={2},
            year={2010}
        }
    """',
)
```

这就是我们需要的所有内容。

非常鼓励使用 tdfs。此外，由于返回了 tf.data.Dataset 对象，没有必要学习如何使用其他花哨的 API 了，因为 tf.data API 才是标准，我们可以在 TensorFlow 2.0 中的任意地方使用它。

5.1.7　Keras 整合

数据集对象是由符合 Keras tf.keras 规范的 TensorFlow 实现原生支持的。这意味着当训练或者评估一个模型时，不论使用 NumPy 数组还是使用一个 tf.data.Dataset 对象，其效果都是相同的。在第 4 章中用 tf.keras.Sequential API 定义的分类模型，可以在使用前面定义的 train_dataset 函数所创建的 tf.data.Dataset 对象后得到更快的训练。

在下面的代码中，我们只用了标准的 .compile 和 .fit 方法调用，来编译（定义训练循环）和拟合数据集（就是一个 tf.data.Dataset）：

```
(tf2)
    model.compile(
        optimizer=tf.keras.optimizers.Adam(1e-5),
        loss='sparse_categorical_crossentropy',
        metrics=['accuracy'])

    model.fit(train_dataset(num_epochs=10))
```

TensorFlow 2.0 默认为 eager 执行模式，原生地支持通过遍历一个 tf.data.Dataset 对象来构建定制的训练循环。

5.1.8　eager 整合

tf.data.Dataset 对象是可迭代的, 这意味着既可以通过一个 for 循环, 也可以通过用 iter 关键字创建一个 Python 迭代器, 来枚举其元素。注意, 正如我们在本章开始部分所指出的那样, 可迭代并不意味着它是一个 Python 迭代器。

遍历一个数据集对象是非常简单的: 我们可以用标准的 Python for 循环来在每个循环中提取一个 batch。

一个比我们现在用的办法更好的解决方案是应用一个数据集对象来配置一个输入流水线。

通过计算索引来手动地从一个数据集中提取元素的方法既效率低下, 又容易出错, 相反, tf.data.Dataset 对象是被高度优化过的。此外, 数据对象同 tf.function 能完全兼容, 从而使整个训练循环可以转化成图模式并得到加速。

还有, 这种方案能够极大地缩减代码行数, 从而增强其可读性。下面的代码块表示了一个图加速 (通过 @tf.function) 的定制训练循环 (出自第 4 章)。这个循环用了前面定义的 train_dataset 函数:

(tf2)

```
def train():
    # Define the model
    n_classes = 10
    model = make_model(n_classes)

    # Input data
    dataset = train_dataset(num_epochs=10)

    # Training parameters
    loss = tf.losses.SparseCategoricalCrossentropy(from_logits=True)
    step = tf.Variable(1, name="global_step")
    optimizer = tf.optimizers.Adam(1e-3)
    accuracy = tf.metrics.Accuracy()

    # Train step function
    @tf.function
    def train_step(inputs, labels):
        with tf.GradientTape() as tape:
            logits = model(inputs)
            loss_value = loss(labels, logits)
            gradients = tape.gradient(loss_value, model.trainable_variables)
            optimizer.apply_gradients(zip(gradients,
model.trainable_variables))
            step.assign_add(1)

            accuracy_value = accuracy(labels, tf.argmax(logits, -1))
            return loss_value, accuracy_value

    @tf.function
```

```
def loop():
    for features, labels in dataset:
        loss_value, accuracy_value = train_step(features, labels)
        if tf.equal(tf.math.mod(step, 10), 0):
            tf.print(step, ": ", loss_value, " - accuracy: ",
                     accuracy_value)

loop()
```

请你仔细阅读源代码并且和第 4 章中定制的训练循环做比较。

5.2　估计器 API

在前面，我们看到 tf.data API 是如何简化和标准化输入流水线定义的。此外，我们看到 tf.data API 可以被完全整合进 TensorFlow Keras 实现，以及 eager 或者 graph-accelerated 版本的定制循环实现。

仅仅是输入数据流水线，在整个机器学习编程中就有很多重复的代码。特别地，在完成了机器学习模型的第一版后，从业者会对下面的内容感兴趣：

❑ 训练
❑ 评估
❑ 预测

在对上面这几个步骤进行多次迭代后，就可以将训练的模型导出，从而实现其原始目标。

当然，每个机器学习过程的训练循环定义、评估过程和预测过程都很类似。例如，对于一个预测型的模型，我们感兴趣的是在一定数目的轮内训练完模型，在这个过程的结尾用训练集和验证集测算模型的指标，然后重复这一过程，修改超参数，直到结果令人满意。

为了简化机器学习编程，帮助开发者关注于这个过程的非重复性部分，TensorFlow 通过 tf.estimator API 引入了估计器的概念。

tf.estimator API 是一个包装了机器学习流水线中重复性和标准性过程的高级 API。关于估计器更多的信息，请参阅官方文档（https://www.tensorflow.org/guide/estimators）。下面是估计器带来的主要优点。

❑ 无须更改模型就可以在本地主机或者分布式服务器上运行基于估计器的模型。此外，你可以无须重写代码就可以在 CPU、GPU 或者 TPU 上运行基于估计器的模型。
❑ 估计器简化了模型开发者之间的共享模型实现。
❑ 你可以用更简明、更高级的代码实现最先进的模型。简而言之，用估计器创建模型比用底层 TensorFlow API 创建模型更简单。
❑ 估计器本身是用 tf.keras.layers 构建的，简化了定制过程。

- ❑ 估计器帮你构建图。
- ❑ 估计器提供了一个安全的分布式训练循环，可以对下面操作的时间和方式进行控制：
  - ○ 构建图
  - ○ 初始化变量
  - ○ 加载数据
  - ○ 处理异常
  - ○ 创建检查点并从失败中恢复
  - ○ 为 TensorBoard 保存 `summary`

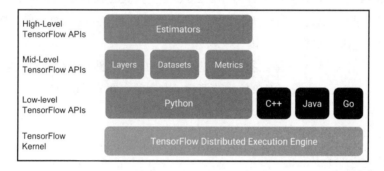

图 5-2　估计器 API 构建在 TensorFlow 的中间层。特别需要注意的是，估计器是用 Keras 层构建的，从而简化了定制。图片授权：tensorflow.org

机器学习流水线的标准化过程流经对描述它的一个类的定义：`tf.estimator.Estimator`。

为了使用这个类，你需要使用一个定义好的编程模型，这个模型由 `tf.estimator.Estimator` 的公有方法实现，如图 5-3 所示。

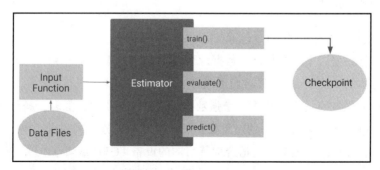

图 5-3　估计器的编程模型是由估计器对象的公有方法实现的。API 自己处理检查点保存和重载，使用者必须实现输入函数和模型。标准的训练、评估和预测过程是通过 API 编写的。图片授权：tensorflow.org

可以有两种使用估计器 API 的方式：构建定制的估计器，或者使用预先构建好的估计器。

预先构建好的和定制的估计器遵循相同的编程模型。唯一的不同是在定制估计器中使用者必须写一个 `model_fn` 函数，而在预先构建好的估计器中不需要定义模型（以灵活性降低为代价）。

你要用的估计器 API 包含了两个组件的实现：

❑ 数据输入流水线的实现，`input_fn` 函数的实现。

❑（可选项）模型的实现，处理训练、评估和预测案例，实现 `model_fn` 函数。

注意，这个官方文档是关于图模式的。实际上，为了保证高性能，估计器 API 是建立（隐藏的）图表示之上的。即使 TensorFlow 2.0 默认是 eager 执行模式范式，`model_fn` 和 `input_fn` 都不是以 eager 执行模式运行的，估计器通过调用这些函数切换到图模式，这就是代码要和图模式执行相兼容的原因。

实际上，估计器 API 是将数据同模型分离的良好实践的标准化。这一点将通过 `tf.estimator.Estimator` 对象的构造函数（本章的主题）展现出来：

```
__init__(
    model_fn,
    model_dir=None,
    config=None,
    params=None,
    warm_start_from=None
)
```

值得注意的是在构造函数中没有提到 `input_fn`，这一点是符合逻辑的，因为在估计器的生命周期内输入可以发生改变，而模型不会。

让我们看看 `input_fn` 函数是如何实现的。

5.2.1　数据输入流水线

首先，让我们看看标准的 ETL 过程。

❑ **提取**：从数据源中读取数据。数据源可以是本地的（持久性存储、已经载入内存的）或者远程的（云存储、远程文件系统）。

❑ **转换**：应用变换技术来清理、增强数据（随机切割图像、翻转、颜色扭曲、添加噪声），使其可被模型解释。通过将数据随机打乱和划分批次完成转换。

❑ **载入**：将变换的数据载入更适合训练目的的设备（GPU 或者 TPU），然后执行训练。

`tf.estimator.Estimator` API 将前两个阶段整合进 `input_fn` 函数的实现中，传递给 `train` 和 `evaluate` 方法。

`input_fn` 函数是一个返回一个 `tf.data.Dataset` 对象的 Python 函数，它可以生

成被模型消费的 `features` 和 `labels` 对象。

根据第 1 章讲述的理论可知，正确使用数据集的方法是将其分割成三个不重叠的部分：训练集、验证集和测试集。

为了能够正确的实现该函数，建议定义一个输入函数。这个输入函数能接收一个能修改返回的 `tf.data.Dataset` 对象的参数，并返回一个新的函数，将输入传递给估计器对象。这个估计器 API 带来了"模式"的概念。

模型，连同数据集，可以处于不同的模式中，取决于我们在流水线的哪个阶段。模式是通过 enum 类型 `tf.estimator.ModeKeys` 实现的，包含了 3 个标准的键：

- ❑ TRAIN：训练模式
- ❑ EVAL：评估模式
- ❑ PREDICT：推理模式

因此可以用一个 `tf.estimator.ModeKeys` 输入变量来改变返回的数据集（实际上这不是估计器 API 要求的，只是方便使用）。

假设我们对为一个 fashion-MNIST 数据集的分类模型定义正确的输入流水线感兴趣，只需要获取数据、分割数据集（由于评估集没有提供，我们将测试集分出一半），然后构建需要的数据集对象。

输入函数的输入特征完全取决于开发者。这种自由允许我们通过将每个数据集的参数作为函数输入来参数化地定义数据集对象：

```
(tf2)

    import tensorflow as tf
    from tensorflow.keras.datasets import fashion_mnist


    def get_input_fn(mode, batch_size=32, num_epochs=1):
        (train_x, train_y), (test_x, test_y) = fashion_mnist.load_data()
        half = test_x.shape[0] // 2
        if mode == tf.estimator.ModeKeys.TRAIN:
            input_x, input_y = train_x, train_y
            train = True
        elif mode == tf.estimator.ModeKeys.EVAL:
            input_x, input_y = test_x[:half], test_y[:half]
            train = False
        elif mode == tf.estimator.ModeKeys.PREDICT:
            input_x, input_y = test_x[half:-1], test_y[half:-1]
            train = False
        else:
            raise ValueError("tf.estimator.ModeKeys required!")

        def scale_fn(image, label):
            return (
                (tf.image.convert_image_dtype(image, tf.float32) - 0.5) * 2.0,
                tf.cast(label, tf.int32),
```

```
        )

    def input_fn():
        dataset = tf.data.Dataset.from_tensor_slices(
            (tf.expand_dims(input_x, -1), tf.expand_dims(input_y, -1))
        ).map(scale_fn)
        if train:
            dataset = dataset.shuffle(10).repeat(num_epochs)
        dataset = dataset.batch(batch_size).prefetch(1)
        return dataset

    return input_fn
```

定义完输入函数后，由估计器 API 引入的编程模型给了我们两个选择：通过手动定义训练的模型来创建我们自己的估计器，或者使用所谓的"罐装"或者"预制的"估计器。

5.2.2　定制估计器

预制和定制的估计器共享一个相同的架构：它们都是为了构建一个 `tf.estimator.EstimatorSpec` 对象，该对象能够定义可被 `tf.estimator.Estimator` 运行的模型。因此，每个 `model_fn` 的返回值是估计器的配置。

`model_fn` 函数的形式如下：

```
model_fn(
    features,
    labels,
    mode = None,
    params = None,
    config = None
)
```

函数参数含义如下：

❑ `features` 是 `input_fn` 的第一个返回值。

❑ `labels` 是 `input_fn` 的第二个返回值。

❑ `mode` 是 `tf.estimator.ModeKey` 对象，指定了当前模型的状态，取决于它是在训练、评估还是预测状态。

❑ `params` 是一个超参数的字典，可以被用来方便调试模型。

❑ `config` 是一个 `tf.estimator.RunConfig` 对象，让你能够配置与运行时相关的参数，例如模型的参数目录及使用的分布式节点的数量。

注意 `features`、`labels` 和 `mode` 是 `model_fn` 定义最重要的部分，`model_fn` 的形式必须用这些参数名字，否则会触发一个 ValueError 异常。

与输入形式完全匹配的要求证明，当整个机器学习流水线可以从标准化中获取巨大的速度提升时，估计器必须被用在标准的场景中。

model_fn 的目标是两方面的：它必须用 Keras 定义模型，并在多种模式下定义其行为。指定行为的方式是通过返回一个正确创建的 tf.estimator.EstimatorSpec 来实现的。

由于用 Estimator API 可以简单直白地编写模型函数，用 Estimator API 完整地实现一个分类问题的完整解决方案也是如此。模型定义是纯粹基于 Keras 的，而使用的函数是前面定义的 make_model(num_classes)。

请你观察模型的行为如何随 mode 参数的变化而变化的：

> ℹ️ 重要 Estimator API，尽管是在 TensorFlow 2.0 中出现的，仍然工作在图模式下。因此 model_fn 可用 Keras 来构建模型，但是训练和记录 summary 操作必须用 tf.compat.v1 兼容性模块。为了更好地理解图定义，请参考第 3 章。

```
(tf2)
    def model_fn(features, labels, mode):
        v1 = tf.compat.v1
        model = make_model(10)
        logits = model(features)

        if mode == tf.estimator.ModeKeys.PREDICT:
            # Extract the predictions
            predictions = v1.argmax(logits, -1)
            return tf.estimator.EstimatorSpec(mode, predictions=predictions)

        loss = v1.reduce_mean(
            v1.nn.sparse_softmax_cross_entropy_with_logits(
                logits=logits, labels=v1.squeeze(labels)
            )
        )

        global_step = v1.train.get_global_step()

        # Compute evaluation metrics.
        accuracy = v1.metrics.accuracy(
            labels=labels, predictions=v1.argmax(logits, -1), name="accuracy"
        )
        # The metrics dictionary is used by the estimator during the evaluation
        metrics = {"accuracy": accuracy}

        if mode == tf.estimator.ModeKeys.EVAL:
            return tf.estimator.EstimatorSpec(mode, loss=loss,
    eval_metric_ops=metrics)
        if mode == tf.estimator.ModeKeys.TRAIN:
            opt = v1.train.AdamOptimizer(1e-4)
            train_op = opt.minimize(
                loss, var_list=model.trainable_variables,
    global_step=global_step
            )
```

```
            return tf.estimator.EstimatorSpec(mode, loss=loss,
    train_op=train_op)

        raise NotImplementedError(f"Unknown mode {mode}")
```

model_fn 函数的工作方式和标准的 TensorFlow 1.x 图模型一模一样。整个模型在函数内的行为（3 种场景）在函数返回的 Estimator 规范中进行了编码。

需要几行代码来在每轮训练的末尾来训练和评估模型的表现：

(tf2)

```
    print("Every log is on TensorBoard, please run TensorBoard --logidr log")
    estimator = tf.estimator.Estimator(model_fn, model_dir="log")
    for epoch in range(50):
        print(f"Training for the {epoch}-th epoch")
        estimator.train(get_input_fn(tf.estimator.ModeKeys.TRAIN,
    num_epochs=1))
        print("Evaluating...")
        estimator.evaluate(get_input_fn(tf.estimator.ModeKeys.EVAL))
```

50 个轮循环显示了估计器 API 负责在每个 .train 调用的最后恢复和保存模型的参数。该操作是全自动的，无须使用者介入。

通过运行 TensorBoard --logdir log，可以看到损失函数和准确率的变化趋势。其中，橙色线代表训练阶段，而蓝色线代表验证阶段。如图 5-4 所示。

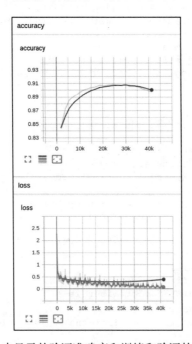

图 5-4　TensorBoard 中显示的验证准确率和训练和验证的损失函数值（附彩图）

编写定制的估计器时，需要考虑 TensorFlow 的图结构，并像在 1.x 版本中那样使用它们。

在 TensorFlow 2.0 中，同 1.x 版本一样，可以通过使用自动定义 `model_fn` 函数了的预制估计器来定义计算图，而无须以图方式思考。

5.2.3　预制估计器

TensorFlow 2.0 有两种不同的预制估计器：一种是从 Keras 模型定义中自动创建的，还有一种是构建在 TensorFlow 1.x API 上的。

使用一个 Keras 模型

在 TensorFlow 2.0 中推荐使用的构建估计器对象的方式是使用 Keras 模型自身。

`tf.keras.estimator` 包提供了将 `tf.keras.Model` 转换成其对应的估计器所需要的全部工具。实际上，当一个 Keras 模型得到编译后，全部的训练和评估循环就已经被定义好了。它遵循下面的方式：编译方法几乎已经定义好了一个类估计器的、可以被 `tf.keras.estimator` 包所使用的结构。

即使使用 Keras，你也必须总是要定义 `tf.estimator.EstimatorSpec` 对象，这个对象定义了需要在训练和评估过程中使用的 `input_fn` 函数。

没必要只定义单独一个应用于两阶段的 EstimatorSpec 对象，相反，用 `tf.estimator.TrainSpec` 和 `tf.estimator.EvalSpec` 分别定义模型的行为也是可以的，而且推荐这么做。

因此，通过常用的 `make_model(num_classes)` 函数（该函数创建了一个 Keras 模型），就可以很容易地定义 `specs` 并把模型转化成一个估计器：

```
(tf2)
    # Define train & eval specs
    train_spec =
    tf.estimator.TrainSpec(input_fn=get_input_fn(tf.estimator.ModeKeys.TRAIN,
    num_epochs=50))
    eval_spec =
    tf.estimator.EvalSpec(input_fn=get_input_fn(tf.estimator.ModeKeys.EVAL,
    num_epochs=1))

    # Get the Keras model
    model = make_model(10)
    # Compile it
    model.compile(optimizer='adam',
                  loss='sparse_categorical_crossentropy',
                  metrics=['accuracy'])

    # Convert it to estimator
    estimator = tf.keras.estimator.model_to_estimator(
```

```
    keras_model = model
)

# Train and evalution loop
tf.estimator.train_and_evaluate(estimator, train_spec, eval_spec)
```

使用一个"罐装"模型

模型的结构是非常标准的：卷积神经网络是由中间穿插着池化层的卷积层构成的；全连接神经网络是通过堆叠密集层构成的，每一层都有不同数目的隐藏单元，等等。

`tf.estimator` 提供了一个巨大的即用的预制模型列表。这个列表可以从这个文档中找到：https://www.tensorflow.org/versions/r2.0/api_docs/python/tf/estimator。

输入函数的定义过程非常类似我们到目前为止所描述过的内容。主要的区别是，"罐装"的估计器要求使用特征列作为输入描述，而不是将原来的数据输入到模型中。

特征列是 `tf.data.Dataset` 对象和估计器之间的中间人。实际上，它们可以被用来对输入数据应用标准变换，工作方式和加入输入流水线的额外的 `.map` 方法完全一致。

但是，`tf.estimator` API 被添加 TensorFlow 2.0 的原因是基于估计器的解决方案在 1.x 中非常流行，但是这个包缺乏很多以 Keras 为基础的或者是纯 eager 执行模式连同 AutoGraph 能提供的特性。当 TensorFlow 1.x 作为标准时，用大量标准的解决方案做实验，以及手动定义大量标准计算图是很困难而且非常耗时的。这就是估计器包能很快流行起来的原因。而使用 TensorFlow2.0 的 eager 执行模式，连同使用 Keras 定义模型，却可以让你非常容易地使用大量不同的解决方案构建原型并开展试验。此外，`tf.data` API 非常灵活，使得正确定义输入流水线的过程非常简单直接。

出于这个原因，"罐装"的估计器在本书中仅简单提到。这一部分知识不要求掌握，而且很有可能在将来 `tf.estimator` 包会从 TensorFlow 未来的版本中被移除，或是迁移到一个单独的项目中。

5.3　总结

本章介绍了两个广泛使用的高级 API。`tf.estimator` 和 `tf.data` API 保留着和其在 TensorFlow 1.x 几乎一致的结构，因为它们是为了简化思考而设计的。

`tf.data` API，通过 `tf.data.Dataset`，使你可以通过使用方法链式调用范式，来将变换操作链接成一个 ETL 方式，从而能够定义一个高效的数据输入流水线。`tf.data.Dataset` 对象可以被整合进 TensorFlow 的任意部分，从 eager 执行模式到 AutoGraph，流经 Keras 模型的训练方法和估计器 API。ETL 过程变得简单了，复杂的操作则被隐藏起来了。

TensorFlow Datasets 是一种很受欢迎的创建新 tf.data.Dataset 对象的方法，同时是一种开发机器学习模型，在各个公开的测试集上测量性能时使用的完美工具。

估计器 API 标准化了机器学习编程，但是它在提升生产效率的同时却降低了灵活性。实际上，它在应用在问题的解决方案能够轻松获得时，需要一次性定义输入流水线并且测试不同的标准模型的情况下，是一种完美的工具。

另外，定制化的估计器在解决问题的结构是非标准的，但是训练过程是标准的情况下是完美的工具。无须浪费时间重写训练循环、指标测量和所有标准的机器学习训练流水线，你可只关注模型定义。tf.estimator 和 tf.data API 是 TensorFlow 提供的两个功能强大的工具，同时使用它们可以加快开发速度。从开发到生产之间的路径完全由这些工具处理，使得将模型应用于生产变得毫不费力。

这是介绍 TensorFlow 框架架构的最后一章内容。后文中我们将会探寻一些机器学习任务，所有这些任务都提供了端到端的 TensorFlow 2.0 的解决方案。在解决方案的实践过程中，我们将会用到 TensorFlow 2.0 的其他特性，诸如将 TensorFlow Hub 与 Keras 框架整合起来。接下来的内容全部是关于如何使用 TensorFlow 2.0 应用神经网络解决特定机器学习任务的教程。

5.4　练习题

1. 什么是 ETL 过程？
2. 一个 ETL 过程是如何与 tf.data API 相关联的？
3. 为什么一个 tf.data.Datase 对象不能被直接操作，而每个非静态的方法都返回一个新的数据集对象，这是应用转换的结果？
4. 哪些是在 tf.data API 环境中最常用的优化？为什么预取操作如此重要？
5. 给定下个问题的两个数据集，哪个循环得更快？解释你的回答。
6. 给出下面两个数据集：

```
data = tf.data.Dataset.range(100)
data2 = tf.data.Dataset.from_generator(lambda: range(100),
(tf.int32))

def l1():
    for v in data:
        tf.print(v)
def l2():
    for v in data2:
        tf.print(v)
```

l1 和 l2 能用 @tf.function 转化成它们的图表示吗？用 tf.autograph 模型分析

结果代码来解释答案。

7. 何时应当使用 `tf.data.Dataset.cache` 方法？

8. 使用 `tf.io.gfile` 包在本地存储一个解压缩的 fashion-MNIST 数据集。

9. 创建一个 `tf.data.Dataset` 对象，读取前面题目创建的文件，使用 `tf.io.gfile` 包。

10. 将第 4 章的完整例子转化成 `tf.data`。

11. 将第 4 章的完整例子转化成 `tf.Estimator`。

12. 使用 `tdfs` 来装载 `"cat_vs_dog"` 数据集。检查它的构建器信息：它是一个单分割的数据集。将其分割为 3 个不重叠的部分：训练集、验证集和测试集，用 `tf.data.Dataset.skip` 和 `tf.data.dataset.take` 方法，将每个图像大小调整为 $32 \times 32 \times 3$，并交换标签。

13. 使用前面创建的三个数据集来定义 `input_fn`，它在模式更改时选择正确的分割。

14. 使用简单的卷积神经网络定义一个自定义 `model_fn` 函数来对猫和狗进行分类（交换标签）。将结果记录在 TensorBoard 上，并测量验证集上输出神经元的准确性、损耗值和分布情况。

15. 使用预估程序解决问题 11。是否有可能使用带有预估的自定义 `model_fn` 函数重新生成相同的解决方案？

16. 从 5.2.2 节中显示的精度和验证损失曲线可以看出，模型的行为是不正确的。这种状况叫什么名字，怎样才能减轻？

17. 尝试通过调整 `loss` 或改变模型架构来减少模型的病态（前面的问题中提到过）。你的解决方案应该至少达到 0.96 的验证精度值。

第三部分 *Part 3*

神经网络应用

本部分讲解如何在各种领域实现各类神经网络，展示神经网络的强大，尤其是使用 TensorFlow 框架时更是如此。本部分结束后，你将会掌握不同神经网络架构的理论及实践知识，而且知道如何实现它们，如何使用 SavedModel 格式将模型部署到生产环境。

本部分包括第 5 章到第 10 章。

使用 TensorFlow Hub 进行图像分类

在本书的前几章中，我们讨论了图像分类。我们已经了解了如何通过堆叠几个卷积层来定义卷积神经网络，以及如何使用 Keras 对其进行训练。我们还研究了 eager 执行模式，发现使用 AutoGraph 很简单。

到目前为止，使用的卷积架构一直是 LeNet 式架构，预期输入大小为 28×28，每次都经过端到端训练，以使网络学习如何提取正确的特征来解决 fashion-MNIST 的分类任务。

从头开始构建一个分类器，逐层定义架构，这是一项极好的教学练习，使你可以试验不同的层配置是如何更改网络性能的。然而，在现实生活的场景中，用于训练分类器的数据量通常是有限的。收集干净且正确标注的数据是一个耗时的过程，因此收集一个包含数千个样本的数据集是非常困难的。此外，即使数据集足够大（我们处于大数据环境中），在其上训练分类器也是一个缓慢的过程。训练过程可能需要几个小时的 GPU 时间，因为要获得令人满意的结果，需使用比 LeNet 式架构更复杂的架构。这些年已开发出了不同的架构，所有这些架构都引入了一些新颖的特性，使得能够对分辨率高于 28×28 的彩色图像进行正确分类。

学术界和工业界每年都会发布新的分类架构，以提高技术水平。通过观察架构在对大规模数据集（如 ImageNet）进行训练和测试时达到的最高准确率，可以衡量它们在图像分类任务中的性能。

ImageNet 是一个由超过 1500 万张高分辨率图像组成的数据集，包含 22 000 多个类别，所有类别均是手动标注。**ImageNet 大规模视觉识别挑战赛（ILSVRC）**是一项年度目标检测和分类挑战，它使用 ImageNet 的一个子集，该子集包含 1000 个类别的 1000 张图像。用于计算的数据集由大约 120 万张训练图像、5 万张验证图像和 10 万张测试图像组成。

为了在图像分类任务中取得令人印象深刻的结果，研究人员发现需要深度架构。这种方法有一个缺点——网络越深，需要训练的参数越多。但是，更多的参数意味着需要大量的计算能力（以及计算能力成本）！既然学术界和工业界已经开发和训练了模型，为什么我们不利用他们的工作来加快我们的发展，而不用每次都"重新发明轮子"？

在本章中，我们将讨论迁移学习与微调，展示它们如何加快开发速度。TensorFlow Hub 是一个快速获取所需模型和加快开发速度的工具。

在本章最后，你将知道如何使用 TensorFlow Hub 轻松地将模型中嵌入的知识转移到新任务，这要归功于 Keras 集成。

本章将介绍以下主题：
- ❑ 获取数据
- ❑ 迁移学习
- ❑ 微调

6.1　获取数据

在本章中，我们将要解决的任务是一个关于花卉的分类问题，该问题在 tensorflow 数据集（tfds）可用。该数据集的名称为 tf_flowers，它由五种不同花卉的不同分辨率的图像组成。使用 tfds 收集数据非常简单，我们可以通过查看 tfds.load 调用返回的 info 变量来获取数据集的信息，如下所示：

```
(tf2)

import tensorflow_datasets as tfds

dataset, info = tfds.load("tf_flowers", with_info=True)
print(info)
```

以上代码产生以下数据集描述：

```
tfds.core.DatasetInfo(
    name='tf_flowers',
    version=1.0.0,
    description='A large set of images of flowers',
urls=['http://download.tensorflow.org/example_images/flower_photos.tgz'],
    features=FeaturesDict({
        'image': Image(shape=(None, None, 3), dtype=tf.uint8),
        'label': ClassLabel(shape=(), dtype=tf.int64, num_classes=5)
    },
    total_num_examples=3670,
    splits={
        'train': <tfds.core.SplitInfo num_examples=3670>
    },
```

```
    supervised_keys=('image', 'label'),
    citation='"""
        @ONLINE {tfflowers,
        author = "The TensorFlow Team",
        title = "Flowers",
        month = "jan",
        year = "2019",
        url =
"http://download.tensorflow.org/example_images/flower_photos.tgz" }
        """',
    redistribution_info=,
)
```

有一个带有 3670 张被标注图像的单分割训练集。从图像 Image 形状特征的高度和宽度位置的 None 值可以看出图像的分辨率不是固定的。如预期的那样，共有五个类别。查看数据集的下载文件夹（默认为 ~/tensorflow_datasets/downloads /extracted），我们可以找到数据集结构并查看标签，如下所示：

- ❏ 雏菊（Daisy）
- ❏ 蒲公英（Dandelion）
- ❏ 玫瑰（Roses）
- ❏ 向日葵（Sunflowers）
- ❏ 郁金香（Tulips）

数据集的每幅图像都通过知识共享署名许可协议获得授权。从 LICENSE.txt 文件中可以看到，数据集是通过抓取 Flickr 收集的。图 6-1 是从数据集中采样的图像。

图 6-1　图像标记为向日葵。Filesunflowers/2694860538_b95d60122c_m.jpg - CC-BY by
Ally Aubry (https://www.flickr.com/photos/allyaubryphotography/2694860538/)

通常情况下，数据集不是仅由被标记对象出现的图片构成的，而且此类数据集非常适合开发对数据中的噪声具有强大处理能力的算法。

数据集已准备就绪，尽管未按照指导准则正确分割。实际上，只有一个分割，而建议使用三个分割（训练、验证和测试）。让我们通过创建三个独立的 tf.data.Dataset 对象来创建三个不重叠的分割。我们将使用数据集对象的 take 和 skip 方法：

```
dataset = dataset["train"]
tot = 3670

train_set_size = tot // 2
validation_set_size = tot - train_set_size - train_set_size // 2
test_set_size = tot - train_set_size - validation_set_size


print("train set size: ", train_set_size)
print("validation set size: ", validation_set_size)
print("test set size: ", test_set_size)
train, test, validation = (
    dataset.take(train_set_size),
    dataset.skip(train_set_size).take(validation_set_size),
    dataset.skip(train_set_size + validation_set_size).take(test_set_size),
)
```

好的。现在我们有了所需的三个分割，并且可以开始使用它们来训练、评估和测试分类模型，我们将通过重复使用他人在不同数据集上训练的模型来构建该分类模型。

6.2　迁移学习

只有学术界和某些行业才具备所需的预测和计算能力，可以在海量数据集上（如 ImageNet）从随机权重开始，从头训练整个 CNN。

由于这项昂贵且耗时的工作已经完成，因此明智的做法是重复使用已训练模型的部分来解决我们的分类问题。

实际上，可以将网络从一个数据集学到的知识转移到一个新的数据集，从而将知识迁移。

迁移学习是指依靠先前学习过的任务来学习新任务的过程：学习过程可以更快，更准确，并且需要的训练数据更少。

迁移学习的想法很好，可以在使用卷积神经网络时成功应用。

实际上，所有用于分类的卷积架构都具有固定的结构，我们可以重复使用其中的部分作为应用程序的构建块。通用结构由三个元素组成。

- ❏ **输入层**：该结构旨在接受具有精确分辨率的图像。输入分辨率会影响整个架构；如果输入层分辨率高，则网络会更深。
- ❏ **特征提取器**：这是卷积、池化、归一化以及在输入层和第一个密集层之间的每一层的集合。该架构学会以低维表示形式总结输入图像中包含的所有信息（在图 6-2 中，

大小为 $227 \times 227 \times 3$ 的图像被映射到一个 9216 维的向量中）。

❑ **分类层**：这些是全连接层的堆叠——一个全连接的分类器，建立在分类器提取的输入的低维表示之上。

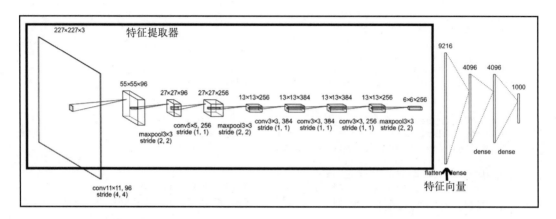

图 6-2 AlexNet 架构；第一个用于赢得 ImageNet 挑战的深度神经网络。与其他用于分类的卷积神经网络一样，其结构是固定的。输入层由一个分辨率为 $227 \times 227 \times 227$ 的期望输入图像组成。特征提取器是一系列卷积层，然后是最大池化以降低分辨率，同时进行更深入的处理；最后一个特征图 $6 \times 6 \times 256$，在 $6 \times 6 \times 256 = 9216$ 特征向量中重塑。分类层是一种传统的全连接架构，由于对网络进行了 1000 个类的训练，因此其末尾有 1000 个输出神经元

将一个训练好的模型的知识迁移到一个新模型中，需要移除网络中特定的任务部分（即分类层），并将 CNN 固定为特征提取器。

这种方法允许我们使用预先训练的模型的特征提取器作为新分类架构的构建块。在进行迁移学习时，预训练的模型保持不变，而只有附加在特征向量上的新分类层是可训练的。

通过这种方式，我们可以通过重复利用在海量数据集上学习到的知识，并将其嵌入到模型中来训练分类器。这带来了两个显著的优势：

❑ 由于可训练参数的数量很少，因此可以加快训练过程。

❑ 由于提取的特征来自不同的领域，并且训练过程无法对其进行更改，因此可能会缓解过拟合的问题。

到目前为止，一切顺利。迁移学习的想法很好，当数据集很小且资源有限时，它可以帮助解决一些现实生活中的问题。唯一缺少的部分，也恰好是最重要的部分：在哪里可以找到经过预训练的模型？

因此，TensorFlow 团队创建了 TensorFlow Hub。

6.2.1　TensorFlow Hub

TensorFlow Hub 的描述（即含义），可以在官方文档中找到：

TensorFlow Hub 是一个用于发布、发现和使用机器学习模型的可重用部分的库。模块是 TensorFlow 图像的一个独立部分，以及其权重等，可以在称为迁移学习的过程中跨不同任务重复使用。迁移学习可以：
—用较小的数据集训练模型
—泛化改进
—加速训练

因此，TensorFlow Hub 是一个库，我们可以在浏览该库的同时寻找最适合我们需求的预训练模型。TensorFlow Hub 既是一个我们可以浏览的网站（https:// tfhub.dev），也是一个 Python 包。

安装 Python 包使我们能够与 TensorFlow Hub 和 TensorFlow 2.0 上加载的模块完美集成：

```
(tf2)
  pip install tensorflow-hub>0.3
```

这就是我们要做的全部工作，以访问与 TensorFlow 兼容并集成的完整的预训练模型库。

TensorFlow 2.0 集成性非常好——我们只需要 TensorFlow Hub 上模块的 URL 即可创建 Keras 层，其中包含我们需要的模型部分！

在 https://tfhub.dev 上浏览目录很直观。图 6-3 显示了如何使用搜索引擎查找包含字符串 tf2 的任意模块（这是查找与 TensorFlow 2.0 兼容并可随时使用的上载模块的快速方法）。

两种版本（特征向量和分类）都有模型，这意味着一个特征向量加上训练有素的分类头。TensorFlow Hub 目录已经包含进行迁移学习所需的一切内容。在下一节中，我们将看到借助 Keras API 将 TensorFlow Hub 的 Inception v3 模块集成到 TensorFlow 2.0 源代码中是多么容易。

图 6-3　TensorFlow Hub 网站（https://tfhub.dev）：可以通过查询字符串（在本例中为 tf2）
　　　　搜索模块，并使用左侧的筛选列来优化结果

6.2.2　使用 Inception v3 作为特征提取器

对 Inception v3 架构的完整分析超出了本书的范围。但是，值得注意的是该架构的一些
特殊性，以便将其正确地用于不同数据集上的迁移学习。

Inception v3 是一个 42 层的深度架构，它在 2015 年赢得了 ILSVRC。其架构如图 6-4
所示。

网络期望输入图像的分辨率为 $299 \times 299 \times 3$，并生成 $8 \times 8 \times 2048$ 的特征图。该网络已
在 ImageNet 数据集的 1000 个类别上进行了训练，输入图像的缩放比例为 [0,1]。

所有这些信息都可以在模块页面上找到，可以通过在 TensorFlow Hub 网站上点击搜索
结果来访问。与之前显示的官方架构不同，在此页面上，我们可以找到关于提取的特征向
量的信息。文档说它是一个 2048 个特征向量，这意味着使用的特征向量不是扁平的特征图
（那将是一个 $8 \times 8 \times 2048$ 维的向量），而是放置在网络末端的一个全连接层。

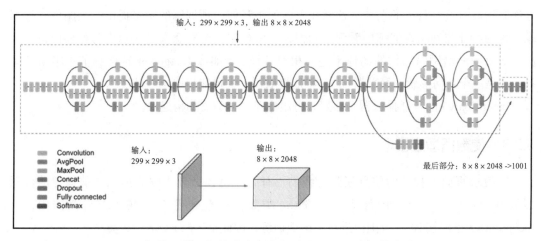

图 6-4　Inception v3 架构。模型架构非常复杂且非常深入。该网络接受 299 × 299 × 3 的图像作为输入，并生成 8 × 8 × 2048 的特征图，这是最后一部分的输入。也就是说，一个分类器接受了 ImageNet 的 1000 +1 个类别的训练。图片来源：https://cloud. google.com/tpu/docs/inception-v3-advanced

　　了解期望的输入形状和特征向量大小，对于将正确调整了尺寸的图片送入网络，添加最后的层，知道特征向量和第一个全连接层之间有多少连接，都是至关重要的。

　　更重要的是，如果原始数据集与目标（新）数据集共享某些特征，那么迁移学习就可以很好地工作，因此有必要知道网络是在哪个数据集上训练的。图 6-5 显示了从 2015 年 ILSVRC 使用的数据集中收集的一些样本。

图 6-5　从 ILSVRC 2015 竞赛中使用的数据集中收集的样本。具有复杂场景和丰富细节的高分辨率图像

　　正如看到的那样，这些图像是各种场景和主题的高分辨率图像，细节丰富。细节和主题的差异很大。因此，我们期望特征提取器学会提取一个特征向量，这个特征向量可以很

好地概括具有这些特征的图像。这意味着，如果我们向预训练的网络提供一个图像，该图像包含的特征与网络在训练中看到的相似，它将提取一个有意义的表示作为特征向量。相反，如果我们给网络提供的图像不包含相似特征 (例如像 ImageNet 这样细节不丰富的图像，或是一个几何形状的简单图像)，特征提取器不太可能提取出好的表示。

Inception v3 的特征提取器足够好，可用作花卉分类器的构建块。

6.2.3 使数据适应模型

在模块页面上找到的信息还告诉我们，有必要将预处理步骤添加到先前构建的数据集分割中：`tf_flower` 图像为 `tf.uint8` 类型，这意味着它们在 [0,255] 范围内，而 Inception v3 已经在 [0,1] 范围内进行了图像训练，因此是 `tf.float32` 类型：

(tf2)

```
def to_float_image(example):
    example["image"] = tf.image.convert_image_dtype(example["image"],
tf.float32)
    return example
```

此外，Inception 架构需要 $299 \times 299 \times 3$ 的固定输入形状。因此，我们必须确保所有的图像都正确地调整到预期的输入大小：

(tf2)

```
def resize(example):
    example["image"] = tf.image.resize(example["image"], (299, 299))
    return example
```

所有的预处理操作均已定义，因此我们准备将它们应用于训练、验证和测试分割：

(tf2)

```
train = train.map(to_float_image).map(resize)
validation = validation.map(to_float_image).map(resize)
test = test.map(to_float_image).map(resize)
```

总结一下：目标数据集已经准备好了。我们知道要使用哪个模型作为特征提取器。模块信息页告诉我们，需要一些预处理步骤才能使数据与模型兼容。

设置这一切都是为了设计使用 Inception v3 作为特征提取器的分类模型。在下一节中，Keras 集成显示了 `tensorflow-hub` 模块的易用性。

6.2.4 建立模型——hub.KerasLayer

TensorFlow Hub Python 软件包已经安装，下面就是我们需要做的：

1）下载模型参数和图形描述。

2）恢复其图形中的参数。

3）创建一个包围图形的 Keras 层，并允许我们像使用任何其他 Keras 层一样使用它。

这三点是在 KerasLayer tensorflow-hub 函数的钩子下执行的：

```
import tensorflow_hub as hub

hub.KerasLayer(
    "https://tfhub.dev/google/tf2-preview/inception_v3/feature_vector/2",
    output_shape=[2048],
    trainable=False)
```

hub.kerasLayer 函 数 创 建 hub.keras_layer.KerasLayer，它 是 一 个 tf.keras.layers.Layer 对象。因此，它的使用方式与任何其他 Keras 层完全相同——这是非常强大的！

通过这种严格的集成，我们可以只用很少的几行代码定义一个模型，该模型使用 Inception v3 作为特征提取器，有两个全连接层作为分类层：

```
(tf2)

   num_classes = 5

   model = tf.keras.Sequential(
       [
           hub.KerasLayer(
   "https://tfhub.dev/google/tf2-preview/inception_v3/feature_vector/2",
               output_shape=[2048],
               trainable=False,
           ),
           tf.keras.layers.Dense(512),
           tf.keras.layers.ReLU(),
           tf.keras.layers.Dense(num_classes), # linear
       ]
   )
```

借助 Keras 集成，模型定义非常简单。一切都是为了定义训练循环、测量性能，并查看迁移学习方法是否给我们提供了预期的分类结果。

遗憾的是，从 TensorFlow Hub 下载一个预先训练好的模型的过程仅在高速互联网连接时是快速的。默认情况下，显示下载进度的进度条是不启用的，因此，首次构建模型可能需要很多时间（取决于网速）。

要启用进度条，hub.KerasLayer 需要使用 TFHUB_DOWNLOAD_PROGRESS 环境变量。因此，可以在脚本的顶部添加以下代码段，该代码段定义了此环境变量并将值 1 放入其中。这样，在第一次下载时将显示进度条：

```
import os
os.environ["TFHUB_DOWNLOAD_PROGRESS"] = "1"
```

6.2.5 训练与评估

使用预先训练好的特征提取器，可以让我们在保持训练循环、损失函数和优化器不变，以及使用与每个标准分类器训练相同的结构的情况下，加快训练速度。

由于数据集标签是 `tf.int64` 标量，因此将使用的损失函数是标准稀疏分类交叉熵，将 `from_logits` 参数设置为 `True`。如第 5 章所示，将此参数设置为 `True` 是一个好习惯，因为以这种方式，损失函数本身会应用 softmax 激活函数，确保以一种数值稳定的方式计算它，从而防止损失变为 NaN：

```python
# Training utilities
loss = tf.losses.SparseCategoricalCrossentropy(from_logits=True)
step = tf.Variable(1, name="global_step", trainable=False)
optimizer = tf.optimizers.Adam(1e-3)

train_summary_writer =
tf.summary.create_file_writer("./log/transfer/train")
validation_summary_writer =
tf.summary.create_file_writer("./log/transfer/validation")

# Metrics
accuracy = tf.metrics.Accuracy()
mean_loss = tf.metrics.Mean(name="loss")
@tf.function
def train_step(inputs, labels):
    with tf.GradientTape() as tape:
        logits = model(inputs)
        loss_value = loss(labels, logits)

    gradients = tape.gradient(loss_value, model.trainable_variables)
    optimizer.apply_gradients(zip(gradients, model.trainable_variables))
    step.assign_add(1)

    accuracy.update_state(labels, tf.argmax(logits, -1))
    return loss_value


# Configure the training set to use batches and prefetch
train = train.batch(32).prefetch(1)
validation = validation.batch(32).prefetch(1)
test = test.batch(32).prefetch(1)

num_epochs = 10
for epoch in range(num_epochs):

    for example in train:
        image, label = example["image"], example["label"]
        loss_value = train_step(image, label)
        mean_loss.update_state(loss_value)

        if tf.equal(tf.math.mod(step, 10), 0):
            tf.print(
                step, " loss: ", mean_loss.result(), " acccuracy: ",
```

```
accuracy.result()
            )
            mean_loss.reset_states()
            accuracy.reset_states()

    # Epoch ended, measure performance on validation set
    tf.print("## VALIDATION - ", epoch)
    accuracy.reset_states()
    for example in validation:
        image, label = example["image"], example["label"]
        logits = model(image)
        accuracy.update_state(label, tf.argmax(logits, -1))
    tf.print("accuracy: ", accuracy.result())
    accuracy.reset_states()
```

训练循环产生以下输出（仅突出显示关键部分）：

```
10 loss: 1.15977693 acccuracy: 0.527777791
20 loss: 0.626715124 acccuracy: 0.75
30 loss: 0.538604617 acccuracy: 0.8125
40 loss: 0.450686693 acccuracy: 0.834375
50 loss: 0.56412369 acccuracy: 0.828125
## VALIDATION - 0
accuracy: 0.872410059

[...]

530 loss: 0.0310602095 acccuracy: 0.986607134
540 loss: 0.0334353112 acccuracy: 0.990625
550 loss: 0.029923955 acccuracy: 0.9875
560 loss: 0.0309863128 acccuracy: 1
570 loss: 0.0372043774 acccuracy: 0.984375
580 loss: 0.0412098244 acccuracy: 0.99375
## VALIDATION - 9
accuracy: 0.866957486
```

经过一轮训练后，我们得到了验证准确率为 0.87，而训练准确率更低（0.83）。但到第 10 轮训练结束时，验证准确率甚至下降了（0.86），而模型对训练数据过拟合。

在练习题部分，你将会看到几个练习题以前面的代码作为起点。应该从多个角度解决过拟合的问题，从而找到处理该问题的最佳方法。

在介绍 6.3 节内容之前，有必要添加一个简单的性能测量，该度量指标可以测量计算每轮训练所需的时间。

6.2.6　训练速度

更快的原型设计和训练是迁移学习方法的优势之一。迁移学习在工业界中经常被使用，其背后的原因之一是它能节省经济成本，减少开发和训练时间。

为了测量训练时间，可以使用 Python 中的 time 包。time.time() 返回当前时间戳，使你能够测量（以毫秒为单位）执行一轮训练所需的时间。

因此，可以通过添加时间模块导入和持续时间测量，来扩展前面的训练循环：

(tf2)

```
from time import time

# [...]
for epoch in range(num_epochs):
    start = time()
    for example in train:
        image, label = example["image"], example["label"]
        loss_value = train_step(image, label)
        mean_loss.update_state(loss_value)

        if tf.equal(tf.math.mod(step, 10), 0):
            tf.print(
                step, " loss: ", mean_loss.result(), " acccuracy: ",
accuracy.result()
            )
            mean_loss.reset_states()
            accuracy.reset_states()
    end = time()
    print("Time per epoch: ", end-start)
# remeaning code
```

平均来说，在配备 Nvidia k40 GPU 的 Colab notebook 上运行训练循环（https://colab.research.google.com），我们可以获得如下的执行速度：

```
Time per epoch: 16.206
```

如 6.3 节所示，使用一个预训练模型作为特征提取器进行迁移学习可以极大地提高速度。

有时，仅使用经过预训练模型作为特征提取器并不是将知识从一个域转移到另一个域的最佳方法，通常这是因为域之间的差异太大，并且所学习的特征对于解决新任务毫无用处。

在这些情况下，可以并且建议不使用固定特征提取器部分，而是利用优化算法对其进行更改，从而端到端地训练整个模型。

6.3　微调

微调是迁移学习的另一种方法。两者的共同目标是将从特定任务的数据集上学到的知识转移到不同的数据集和任务上。如前所示，迁移学习重用预训练模型，而不对其特征提取部分进行任何更改。事实上，它被视为网络中不可训练的一部分。

相反，微调包括通过继续反向传播对预先训练好的网络权重进行微调。

6.3.1　何时微调

微调一个网络需要正确的硬件。通过更深的网络来反向传播梯度，需要在内存中加载更多的信息。在具有数千个 GPU 的数据中心中，从头开始已对非常深的网络进行了训练。因此，根据可用的内存量，准备将批量处理大小降低到 1。

除了硬件需求之外，在考虑微调时还需考虑以下要点。

❑ **数据集大小**：对网络进行微调意味着使用具有大量可训练参数的网络，而且，正如我们从前面几章中所了解到的，具有大量参数的网络容易过拟合。如果目标数据集的大小很小，则微调网络不是一个好主意。将网络作为固定的特征提取器可能会带来更好的结果。

❑ **数据集相似性**：如果数据集的大小很大（大意味着其大小与预训练模型的大小相当），并且与原始模型相似，那么对模型进行微调可能是一个好主意。稍微调整网络参数将有助于网络专门提取特定于此数据集的特征，同时正确重用先前相似数据集的知识。

如果数据集很大，并且与原始数据集有很大不同，那么对网络进行微调可能会有所帮助。实际上，当使用一个预先训练好的模型时，即使数据集有不同的特征需要学习，优化问题的初始解决方案也可能会接近最佳最小值（这是因为 CNN 的较低层通常学习每个分类任务所共有的低层特性）。

如果新数据集满足相似性和大小约束，那么微调模型是一个好主意。要密切关注的一个重要参数是学习率。当对预训练模型进行微调时，我们假设模型参数是好的（因为它们是那些在困难挑战中取得了最好结果的模型的参数），因此，建议使用较小的学习率。

使用较高的学习率会过多地改变网络的参数，我们不希望以这种方式改变它们。相反，使用较低的学习率，我们稍微调整参数使它们适应新的数据集，而不会过度失真，从而在不破坏知识的情况下重用知识。

当然，如果选择微调方法，则必须考虑硬件要求：在使用标准 GPU 执行工作时，降低批量大小可能是微调深度模型的唯一方法。

6.3.2　TensorFlow Hub 集成

微调从 TensorFlow Hub 下载的模型可能听起来很困难。我们必须执行以下操作：

❑ 下载模型参数和图表。

❑ 恢复图形中的模型参数。

❑ 恢复仅在训练期间执行的所有操作（激活 dropout 层并启用由分批归一化层计算的移动平均值和方差）。

❑ 将新图层添加到特征向量上。

❑ 对模型进行端到端的训练。

实际上，TensorFlow Hub 和 Keras 模型的集成非常紧密，因此在使用 Hub.Keras-Layer 导入模型时，我们可以通过将布尔型标志 trainable 设置为 True 来实现所有这些目标：

(tf2)

```
hub.KerasLayer(
    "https://tfhub.dev/google/tf2-preview/inception_v3/feature_vector/2",
    output_shape=[2048],
    trainable=True) # <- That's all!
```

6.3.3 训练和评估

如果我们构建与第 5 章相同的模型，并在 tf_flower 数据集上对其进行训练，对其权重进行微调会发生什么情况？

该模型如下所示。请注意优化器的学习率是如何从 1e-3 降低到 1e-5 的：

(tf2)

```
optimizer = tf.optimizers.Adam(1e-5)
# [ ... ]
model = tf.keras.Sequential(
    [
        hub.KerasLayer(
"https://tfhub.dev/google/tf2-preview/inception_v3/feature_vector/2",
            output_shape=[2048],
            trainable=True, # <- enables fine tuning
        ),
        tf.keras.layers.Dense(512),
        tf.keras.layers.ReLU(),
        tf.keras.layers.Dense(num_classes), # linear
    ]
)

# [ ... ]
# Same training loop
```

下面将显示第一轮和最后一轮训练的输出：

```
10 loss: 1.59038031 acccuracy: 0.288194448
20 loss: 1.25725865 acccuracy: 0.55625
30 loss: 0.932323813 acccuracy: 0.721875
40 loss: 0.63251847 acccuracy: 0.81875
50 loss: 0.498087496 acccuracy: 0.84375
## VALIDATION - 0
accuracy: 0.872410059
```

```
[...]
530 loss: 0.000400377758 acccuracy: 1
540 loss: 0.000466914673 acccuracy: 1
550 loss: 0.000909397728 acccuracy: 1
560 loss: 0.000376881275 acccuracy: 1
570 loss: 0.000533850689 acccuracy: 1
580 loss: 0.000438459858 acccuracy: 1
## VALIDATION - 9
accuracy: 0.925845146
```

正如预期的那样，测试准确率达到了恒定值 1。因此，我们对训练集进行了过拟合。这是意料之中的事情，因为 tf_flower 数据集比 ImageNet 更小、更简单。然而，为了清楚地看到过拟合问题，我们不得不等待更长的时间，因为要训练的参数更多，使得整个学习过程极其缓慢，尤其是与之前的训练相比，预训练模型是不可训练的。

6.3.4　训练速度

通过像我们在 6.3.3 节中所做的那样添加时间测量，可以看到，与模型作为不可训练的特征提取器的迁移学习相比，微调过程是多么地缓慢。

事实上，如果在前面的场景中达到了每轮平均 16.2 秒的训练速度，那么现在我们必须平均等待 60.04 秒，即减速了 370%！

此外，有趣的是，在第 1 轮训练结束时，我们达到了与之前相同的验证准确率，而且，尽管对训练数据进行了过拟合，但在第 10 轮结束时得到的验证准确率比前一个更好。

这个简单的实验展示了使用预先训练好的模型作为特征提取器，怎样导致了比微调它更糟糕的性能。这意味着网络在 ImageNet 数据集上学习提取的特征与正确分类花卉数据集所需的特征差异太大。

选择使用预训练的模型作为固定的特征提取器，还是对其进行微调，是一个艰难的决定，涉及很多权衡。理解预训练的模型所提取的特征是否适合新任务是非常复杂的。仅查看数据集的大小和相似性是一个准则，但是在实践中，此决定需要进行多次测试。

当然，最好先使用经过预训练的模型作为特征提取器，如果新模型的性能已经令人满意，则无须浪费时间尝试对其进行微调。否则，值得尝试不同的预训练模型，并尝试微调作为最后的选择（因为这需要更多的计算能力，而且对计算能力的需求会不断膨胀。

6.4　总结

本章介绍了迁移学习和微调的概念。从零开始训练一个非常深的卷积神经网络，从随机权重开始，需要正确的硬件设备，而这只有在学术界和一些大公司才能找到。此外，这是一个代价昂贵的过程，因为要找到在分类任务中获得最新结果的架构，需要设计和训练多个模型，并且每个模型都要重复训练过程，以搜索获得最佳结果的超参数配置。

基于这个原因，推荐采用迁移学习。它在构建新解决方案的原型时特别有用，因为它可以缩短训练时间并降低训练成本。

TensorFlow Hub 是 TensorFlow 生态系统提供的在线库。它包含一个在线目录，任何人都可以浏览以搜索准备使用的预训练模型。从输入大小到特征向量大小，再到用于训练模型及其数据类型的数据集，模型附带了使用它们所需的所有信息。所有这些信息都可以用来设计正确的数据输入流水线，从而正确地向网络提供正确的数据（形状和数据类型）。

TensorFlow Hub 附带的 Python 包，与 TensorFlow 2.0 和 Keras 生态系统完美集成，让你只需知道其 URL 即可下载和使用预先训练的模型，该 URL 可以在 Hub 网站上找到。

hub.KerasLayer 函数不仅允许你下载和加载预训练的模型，而且还提供了通过切换 trainable 标志来进行迁移学习和微调的功能。

在 6.2 节和 6.3 节，我们开发了分类模型，并使用自定义训练循环对它们进行了训练。通过定义高效的数据输入流水线，用 Tensorflow Datasets 可以方便地下载、处理和获取 tf.data.Dataset 对象，tf.data.Dataset 对象可以全面使用处理器硬件。

本章的最后一部分专门用于练习。本章中的大多数代码都是故意留下的不完整代码，以便让你亲自动手，从而更有效地学习。

使用卷积结构构建的分类模型被广泛使用，从工业应用到智能手机应用。通过查看图像的整体内容来对其进行分类是有用的，但有时其使用会受到限制（图像通常包含不止一个对象）。基于这个原因，使用卷积神经网络作为构建模块的其他架构已经被开发出来。这些架构可以对每幅图像中的多个对象进行定位和分类，并且这些架构被用于自动驾驶和许多其他令人兴奋的应用！

在接下来的第 7 章中，我们将分析目标检测、目标定位和分类问题，并使用 TensorFlow 2.0 从头开始构建一个能够定位图像中目标的模型。

6.5 练习题

1. 描述迁移学习的概念。

2. 什么时候迁移学习过程能带来好的结果？

3. 迁移学习和微调之间有什么区别？

4. 如果一个模型已经在一个低方差的小数据集上进行了训练（类似的示例），那么它是否是一个可以用作迁移学习的固定特征提取器的很好的候选者呢？

5. 6.2 节中构建的花卉分类器没有对测试数据集进行性能评估，请添加。

6. 扩展花卉分类器源代码，使其将度量指标记录在 TensorBoard 上。使用已经定义的摘要编写器。

7. 扩展花卉分类器以使用检查点（及其检查点管理器）保存训练状态。

8. 为达到最高验证准确率的模型创建第二个检查点。

9. 由于模型存在过拟合的问题，一个好的检验方法是减少分类层的神经元数量。尝试看看这是否减少了过拟合问题。

10. 在第一个全连接层之后添加一个 dropout 层，并使用不同的 dropout 保留概率来测量几次运行的性能。选择验证准确率最高的模型。

11. 使用为花卉分类器定义的相同模型，创建一个使用 Keras 训练循环的新训练脚本：不要编写自定义训练循环，而是使用 Keras。

12. 将练习（11）中创建的 Keras 模型转换为估计器，对模型进行训练和评估。

13. 使用 TensorFlow Hub 网站找到一个轻量级的图像分类预训练模型，在高方差数据集上进行训练，使用特征提取器版本构建一个 fashion-MNIST 分类器。

14. 使用一个在复杂数据集上训练的模型作为 fashion-MNIST 分类器的特征提取器的想法是不是一个好主意？提取的特征是否有意义？

15. 对先前构建的 fashion-MNIST 分类器进行微调。

16. 将复杂数据集微调为简单数据集的过程是否有助于我们在使用迁移学习方法时获得更好的结果？如果是，为什么？如果不是，为什么？

17. 如果使用较高的学习率来微调模型，会发生什么？试试看吧！

目标检测

图像中目标检测和分类是一个具有挑战性的问题。到目前为止,我们已经在一个简单的层次上处理了图像分类的问题。在现实生活中,我们不太可能拥有仅包含一个目标的图片。在工业环境中,可以设置照相机和机械支架来捕捉单个目标的图像。然而,即使在诸如工业环境这样的受限环境中,也并非总是能够具有如此严格的设置。智能手机应用、自动导航车辆,以及更普遍的情况下,任何使用在非受控环境中捕获的图像的实际应用,都需要同时对输入图像中的多个目标进行定位和分类。目标检测是通过预测包含目标的边界框的坐标,将目标定位到图像中,同时对其进行正确分类的过程。

处理目标检测问题的最先进的方法是基于卷积神经网络,正如我们将在本章中看到的,卷积神经网络不仅可以用来提取有意义的分类特征,还可以用于回归边界框的坐标。作为一个具有挑战性的问题,最好从基础开始。同时检测和分类多个目标要求卷积结构的设计和训练比检测和分类单个目标时解决相同问题的方法更加复杂。回归单个目标的边界框坐标并对其内容进行分类的任务,称为**定位和分类**。解决此任务是开发更复杂的架构来解决目标检测任务的起点。

在本章中,我们将研究两个问题。我们从基础开始,完全开发一个回归网络,然后扩展它来执行回归和分类。本章最后只介绍了基于锚的检测器,因为目标检测网络的完整实现超出了本书的范围。

本章使用的数据集是 PASCAL Visual Object Classes Challenge 2007。

本章将介绍以下主题:

❏ 获取数据

❑ 目标定位

❑ 分类和定位

7.1　获取数据

目标检测是有监督学习问题，需要大量的数据才能达到良好的性能。通过在目标周围绘制边框并为它们分配正确的标签来仔细注释图像的过程是一个耗时的过程，需要几个小时的重复工作。

幸运的是，已经有几个现成的数据集可用于目标检测。最著名的是 ImageNet 数据集，紧随其后的是 PASCAL VOC 2007 数据集。为了能够使用 ImageNet，需要专门的硬件，因为每个图像的大小和标注目标的数量使得目标检测任务很难处理。

相反，PASCAL VOC 2007 总共只有 9963 张图像，每张图像都有不同数量的标注目标，这些目标属于 20 个选定的目标类别。20 个目标类别如下。

❑ **人**：人

❑ **动物**：鸟、猫、牛、狗、马、羊

❑ **交通工具**：飞机、自行车、轮船、公共汽车、汽车、摩托车、火车

❑ **室内**：瓶子、椅子、餐桌、盆栽、沙发、电视 / 显示器

如官方数据集页面（http://host.robots.ox.ac.uk/pascal/VOC/voc2007/ ）中所述，该数据集已经提供了三个可使用的分割（训练、验证和测试）。数据已被分为 50% 的训练 / 验证数据和 50% 的测试数据。在训练 / 验证和测试集中，按类别划分的图像和目标的分布大致相等。总共有 9963 张图像，其中包含 24 640 个带注释的目标。

TensorFlow 数据集允许我们使用单行代码（大约 869 MiB）下载整个数据集，并获取每个分割的 `tf.data.Dataset` 对象：

```
(tf2)

    import tensorflow as tf
    import tensorflow_datasets as tfds
    # Train, test, and validation are datasets for object detection: multiple
    objects per image.
    (train, test, validation), info = tfds.load(
      "voc2007", split=["train", "test", "validation"], with_info=True
    )
```

与往常一样，TensorFlow 数据集为我们提供了大量关于数据集格式的有用信息。下面的输出是 `print(info)` 的结果：

```
    tfds.core.DatasetInfo(
        name='voc2007',
```

```
    version=1.0.0,
    description='This dataset contains the data from the PASCAL Visual
Object Classes Challenge
2007, a.k.a. VOC2007, corresponding to the Classification and Detection
competitions.
A total of 9,963 images are included in this dataset, where each image
contains
a set of objects, out of 20 different classes, making a total of 24,640
annotated objects.
In the Classification competition, the goal is to predict the set of labels
contained in the image, while in the Detection competition the goal is to
predict the bounding box and label of each individual object.
',
    urls=['http://host.robots.ox.ac.uk/pascal/VOC/voc2007/'],
    features=FeaturesDict({
        'image': Image(shape=(None, None, 3), dtype=tf.uint8),
        'image/filename': Text(shape=(), dtype=tf.string, encoder=None),
        'labels': Sequence(shape=(None,), dtype=tf.int64,
feature=ClassLabel(shape=(), dtype=tf.int64, num_classes=20)),
        'labels_no_difficult': Sequence(shape=(None,), dtype=tf.int64,
feature=ClassLabel(shape=(), dtype=tf.int64, num_classes=20)),
        'objects': SequenceDict({'label': ClassLabel(shape=(),
dtype=tf.int64, num_classes=20), 'bbox': BBoxFeature(shape=(4,),
dtype=tf.float32), 'pose': ClassLabel(shape=(), dtype=tf.int64,
num_classes=5), 'is_truncated': Tensor(shape=(), dtype=tf.bool),
'is_difficult'
: Tensor(shape=(), dtype=tf.bool)})
    },
    total_num_examples=9963,
    splits={
        'test': <tfds.core.SplitInfo num_examples=4952>,
        'train': <tfds.core.SplitInfo num_examples=2501>,
        'validation': <tfds.core.SplitInfo num_examples=2510>
    },
    supervised_keys=None,
    citation='"""
        @misc{pascal-voc-2007,
        author = "Everingham, M. and Van~Gool, L. and Williams, C. K. I.
and Winn, J. and Zisserman, A.",
        title = "The {PASCAL} {V}isual {O}bject {C}lasses {C}hallenge
2007 {(VOC2007)} {R}esults",
        howpublished =
"http://www.pascal-network.org/challenges/VOC/voc2007/workshop/index.html"}
    """',
    redistribution_info=,
)
```

对于每个图像，都有一个 SequenceDict 对象，其中包含存在的每个标注目标的信息。在处理任何与数据相关的项目时，使用可视化数据是很方便的。特别是在这种情况下，由于我们正在尝试解决计算机视觉问题，因此可视化图像和边界框可以帮助我们更好地了解网络在训练过程中可能面临的困难。

为了使标注的图像可视化，我们一起使用 matplotlib.pyplot 包和 tf.image 包。前者用于显示图像，后者用于绘制边界框并将其转换为 tf.float32 类型（从而在 [0,1]

范围内缩放值）。此外，还展示了如何使用 `tfds.ClassLabel.int2str` 方法，此方法很方便，因为它允许我们从其数字表示形式中获取标签的文本表示形式：

```
(tf2)

    import matplotlib.pyplot as plt
```

在训练集中，取出五张图像，绘制边界框，然后打印类：

```
with tf.device("/CPU:0"):
    for row in train.take(5):
        obj = row["objects"]
        image = tf.image.convert_image_dtype(row["image"], tf.float32)

        for idx in tf.range(tf.shape(obj["label"])[0]):
            image = tf.squeeze(
                tf.image.draw_bounding_boxes(
                    images=tf.expand_dims(image, axis=[0]),
                    boxes=tf.reshape(obj["bbox"][idx], (1, 1, 4)),
                    colors=tf.reshape(tf.constant((1.0, 1.0, 0, 0)), (1,
4)),
                ),
                axis=[0],
            )

            print(
                "label: ",
info.features["objects"]["label"].int2str(obj["label"][idx])
            )
```

然后，使用以下代码绘制图像：

```
plt.imshow(image)
plt.show()
```

图 7-1 是由该代码段生成的五幅图像的拼贴图。

🛈　注意，由于 TensorFlow 数据集在创建 TFRecords 时会对其数据顺序进行混洗，因此在另一台计算机上执行相同的操作不太可能产生相同的图像序列。

还应注意的是，局部目标被标注为完整目标。例如，左下图像上的人手被标注为"人"，右下图像上的摩托车后轮被标注为"摩托车"。

目标检测任务的本质是具有挑战性的，但是从数据来看，我们可以看到数据本身很难使用。实际上，左下图像的标准输出标签是：

❑ 人
❑ 鸟

图　7-1

因此，数据集包含带有注释和标签（鸟）的完整目标，也包含注释和标注为整个目标的局部目标（例如，人手被标注为人）。这个小例子说明了目标检测有多么困难：网络应该能够在处理遮挡问题时，根据其属性（一只手）或完整的形状对人进行分类和定位。

通过观察数据可以使我们更好地了解问题的挑战性。但是，在面对目标检测的挑战之前，最好从基础开始，解决定位和分类问题。因此，我们必须筛选数据集对象，以便仅提取包含单个标注目标的图像。为此，可以定义和使用一个简单的函数，该函数接受 tf.data.Dataset 对象作为输入并对其应用过滤器函数。通过过滤元素创建数据集的子集：我们感兴趣的是创建一个用于目标检测和分类的数据集，即带有单个标注目标的图像的数据集：

(tf2)

```
def filter(dataset):
    return dataset.filter(lambda row:
tf.equal(tf.shape(row["objects"]["label"])[0], 1))

train, test, validation = filter(train), filter(test), filter(validation)
```

使用与之前相同的代码片段，我们可以可视化一些如图 7-2 所示的图像来检查是否一切都按预期进行。

图 7-2

我们可以看到仅包含一个目标的图像,这些图像是从训练集中采样的,在应用 `filter` 函数后使用先前的代码片段绘制而成。`fliter` 函数返回一个新数据集,该数据集仅包含带有单个边界框的输入数据集的元素,因此是训练单个网络进行分类和定位的理想选择。

7.2 目标定位

卷积神经网络(CNN)是非常灵活的对象——迄今为止,我们已经使用它来解决分类问题,使其学会提取特定任务的特征。如第 6 章中所示,旨在对图像进行分类的 CNN 的标准架构由两部分组成:特征提取器(该特征提取器产生特征向量)和一组对特征向量进行正确分类的全连接层。如图 7-3 所示。

到目前为止,CNN 仅被用于解决分类问题,这一事实不应误导我们。这些类型的网络功能非常强大,尤其是在它们的多层设置时,可以用于解决许多不同类型的问题,并从视觉输入中提取信息。

因此,解决定位和分类问题只是在网络中添加一个新的头,即定位头。

输入数据是包含单个目标以及边界框的四个坐标的图像。因此,我们的想法是通过将定位问题视为回归问题,同时使用这些信息来解决分类和定位问题。

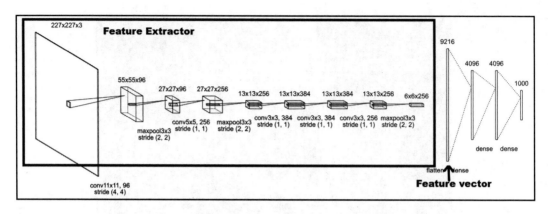

图 7-3 放置在特征向量上的分类器也可以看作是网络的头部

7.2.1 定位是一个回归问题

暂时忽略分类问题，仅关注定位部分，我们可以将定位问题视为包含输入图像目标的边界框的四个坐标的回归问题。

在实践中，训练 CNN 来解决分类任务或回归任务之间并没有太大区别：特征提取器的架构保持不变，而分类头变为回归头。最后，这仅意味着将输出神经元的数量从类的数量更改为 4，将每个边界框坐标的神经元数量更改为 1。

其思想是，当存在某些输入特征时，回归头应学会输出正确的坐标。

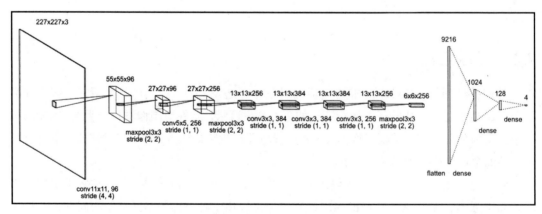

图 7-4 AlexNet 架构用作特征提取器，分类头被替换为带有 4 个输出神经元的回归头

为了使网络学会回归目标边界框的坐标，我们必须使用损失函数来表达神经元和标签之间的输入 / 输出关系（即，数据集中存在的边界框的四个坐标）。

L2 距离可用作损失函数：目标是正确回归所有四个坐标，从而最小化预测值和实际值之间的距离，使其趋于零：

$$L_2((x_1, y_1, x_2, y_2), (x_1', y_1', x_2', y_2'))$$

其中第一个元组 (x_1, y_1, x_2, y_2) 为回归头输出，第二个元组 (x_1', y_1', x_2', y_2') 表示真实边界框坐标。

在 TensorFlow 2.0 中实现回归网络非常简单。如第 6 章中所示，可以使用 TensorFlow Hub 下载一个预训练好的特征提取器并将其嵌入到模型中，从而加快训练阶段。

ℹ️ 值得指出的一个细节是 TensorFlow 用来表示边界框坐标（和普通坐标）的格式，使用的格式为 [ymin, xmin, ymax, xmax]，并且坐标被归一化到 [0, 1] 范围内，以便不依赖于原始图像分辨率。

通过使用 TensorFlow 2.0 和 TensorFlow Hub，我们可用几行代码在 PASCAL VOC 2007 数据集上定义和训练一个坐标回归网络。

使用来自 TensorFlow Hub 的 Inception v3 网络作为坐标回归网络的主干网，定义回归模型非常简单。虽然该网络具有顺序结构，但是我们使用函数式 API 对其进行定义，因为这样可以轻松方便地扩展模型而无须重写它：

```
(tf2)

import tensorflow_hub as hub

inputs = tf.keras.layers.Input(shape=(299,299,3))
net = hub.KerasLayer(
"https://tfhub.dev/google/tf2-preview/inception_v3/feature_vector/2",
        output_shape=[2048],
        trainable=False,
    )(inputs)
net = tf.keras.layers.Dense(512)(net)
net = tf.keras.layers.ReLU()(net)
coordinates = tf.keras.layers.Dense(4, use_bias=False)(net)

regressor = tf.keras.Model(inputs=inputs, outputs=coordinates)
```

此外，由于我们决定使用需要 299 × 299 输入图像分辨率且值在 [0,1] 范围内的 Inception 网络，因此我们必须在输入流水线中添加一个额外的步骤来准备数据：

```
(tf2)

def prepare(dataset):
    def _fn(row):
        row["image"] = tf.image.convert_image_dtype(row["image"],
tf.float32)
```

```
            row["image"] = tf.image.resize(row["image"], (299, 299))
            return row

        return dataset.map(_fn)

    train, test, validation = prepare(train), prepare(test),
    prepare(validation)
```

正如之前介绍的那样，要使用的损失函数是标准的 L2 损失，它已作为 Keras 损失函数在 TensorFlow 中实现，可以在 tf.losses 包中找到。然而，与其使用 tf.losses.MeanSquaredError，不如自己定义损失函数，因为有一个细节要强调。

如果我们决定使用已实现的**均方误差**（MSE）函数，则必须考虑到在底层使用 tf.subtract 运算。此运算仅计算左运算数与右运算数的减法。当然，这种特性正是我们要寻找的，但是 TensorFlow 中的减法运算遵循 NumPy 广播语义（几乎与所有数学运算相同）。这种特殊的语义将左侧张量的值广播到右侧张量，并且如果右侧张量的维数为 1，那么左边张量的值就会被复制。

由于我们选择的图像内部仅包含一个目标，因此 bbox 属性中存在一个边界框。因此，如果我们选择一个批量为 32 的张量，则包含边界框的张量的形状为（32，1，4）。第二个位置的 1 可能会在损失计算时引发问题，并阻碍模型收敛。

因此，我们有两个选择：

❏ 使用 Keras 定义损失函数，使用 tf.squeeze 删除一元维度。

❏ 手动定义损失函数。

在实践中，手动定义损失函数使我们能够将 tf.print 语句放置在主体函数中，该语句可用于原始调试过程，更重要的是，以标准方式定义训练循环，从而使得损失函数本身可以在需要时压缩一元维度：

(tf2)

```
    # First option -> this requires to call the loss l2, taking care of
    squeezing the input
    # l2 = tf.losses.MeanSquaredError()

    # Second option, it is the loss function iself that squeezes the input
    def l2(y_true, y_pred):
        return tf.reduce_mean(
            tf.square(y_pred - tf.squeeze(y_true, axis=[1]))
        )
```

训练循环非常简单，可以通过两种不同的方式实现：

❏ 编写自定义训练循环（从而使用 tf.GradientTape 对象）。

❏ 使用 Keras 模型的 compile 和 fit 方法，因为这是 Keras 可以为我们构建的标准训练循环。

但是，由于我们希望在后面扩展此解决方案，因此最好开始使用自定义训练循环，因为它为自定义提供了更大的自由度。此外，我们有兴趣通过在 TensorBoard 上记录来可视化真实边界框和预测边界框。

因此，在定义训练循环之前，要定义一个 draw 函数，该函数采用数据集、模型和当前步骤，并使用它们绘制真实边框和预测边框：

```
(tf2)

    def draw(dataset, regressor, step):
        with tf.device("/CPU:0"):
            row = next(iter(dataset.take(3).batch(3)))
            images = row["image"]
            obj = row["objects"]
            boxes = regressor(images)
            tf.print(boxes)

            images = tf.image.draw_bounding_boxes(
                images=images, boxes=tf.reshape(boxes, (-1, 1, 4))
            )
            images = tf.image.draw_bounding_boxes(
                images=images, boxes=tf.reshape(obj["bbox"], (-1, 1, 4))
            )
            tf.summary.image("images", images, step=step)
```

可以轻松定义坐标回归器的训练循环（也可认为是一个候选区域，因为它现在知道了它在图像中检测到的目标的标签），该循环会在 TensorBoard 上记录训练损失值，以及对训练集和验证集中采样的三幅图像的预测（使用 draw 函数）。

1）定义用于跟踪训练迭代的 global_step 变量，然后定义用于记录训练和验证摘要的文件编写器：

```
optimizer = tf.optimizers.Adam()
epochs = 500
batch_size = 32

global_step = tf.Variable(0, trainable=False, dtype=tf.int64)

train_writer, validation_writer = (
    tf.summary.create_file_writer("log/train"),
    tf.summary.create_file_writer("log/validation"),
)
with validation_writer.as_default():
    draw(validation, regressor, global_step)
```

2）遵循 TensorFlow 2.0 最佳实践，我们可以将训练步骤定义为一个函数，并使用 tf.function 将其转换为其图形表示形式：

```
@tf.function
def train_step(image, coordinates):
```

```
with tf.GradientTape() as tape:
    loss = l2(coordinates, regressor(image))
gradients = tape.gradient(loss, regressor.trainable_variables)
optimizer.apply_gradients(zip(gradients,
regressor.trainable_variables))
    return loss
```

3）在 Batches 上定义训练循环，并在每次迭代时调用 `train_step` 函数：

```
train_batches = train.cache().batch(batch_size).prefetch(1)
with train_writer.as_default():
    for _ in tf.range(epochs):
        for batch in train_batches:
            obj = batch["objects"]
            coordinates = obj["bbox"]
            loss = train_step(batch["image"], coordinates)
            tf.summary.scalar("loss", loss, step=global_step)
            global_step.assign_add(1)
            if tf.equal(tf.mod(global_step, 10), 0):
                tf.print("step ", global_step, " loss: ", loss)
                with validation_writer.as_default():
                    draw(validation, regressor, global_step)
                with train_writer.as_default():
                    draw(train, regressor, global_step)
```

尽管 Inception 网络被用作固定特征提取器，但训练过程在 CPU 上可能仍要花费数小时，在 GPU 上则要花费大约半小时。

图 7-5 显示了训练过程中损失函数的可见趋势。

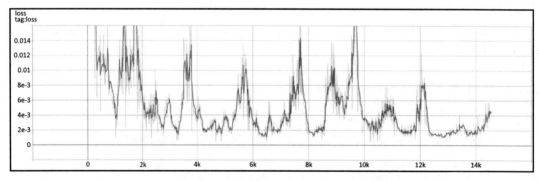

图　7-5

可以看到从早期训练步骤开始，虽然整个训练过程中都出现了振荡，但损失值接近于零。

在训练过程中，我们可以在 TensorBoard 的图像选项卡中以绘制的回归边界框和真实边界框来可视化图像。由于我们创建了两个不同的摘要编写器（一个用于训练日志，另一个用于验证日志），因此 TensorFlow 为我们可视化记录了两种不同分割的图像。如图 7-6 所示。

图　7-6

图 7-6 是来自训练集（第一行）和验证集（第二行）的样本，带有真实边界框和回归边界框。训练集中的回归边界框与真实边界框接近，而验证集图像上的回归边界框则不同。

先前定义的训练循环存在许多问题：

❑ 唯一测量的度量是 L2 损失。

❑ 验证集永远不会用于测量任何数字得分。

❑ 没有检查是否过拟合。

❑ 缺乏能够在训练集和验证集上测量边界框回归优良程度的度量指标。

因此，可以通过测量目标检测的度量指标来改进训练循环。测量度量指标也可减少训练时间，因为我们可以更早地停止训练。此外，从结果的可视化来看，很明显，该模型对训练集过拟合，可以添加一个正则化层 (如 dropout) 来解决此问题。回归边界框的问题可以看作是一个二分类问题。实际上，只有两种可能的结果：匹配或不匹配真实边界框。

当然，要达到完美的匹配并不是一件容易的事。出于这个原因，需要一个函数以数字分数来度量检测到的边界框的质量（相对于真实边界框）。使用最广泛的度量定位质量的函数是**交并比**（Intersection over Union，IoU），我们将在 7.2.2 节中进行探讨。

7.2.2　IoU

IoU 定义为两个区域的重叠区域（交）与合并区域（并）之比。图 7-1 是 IoU 的图形表示。

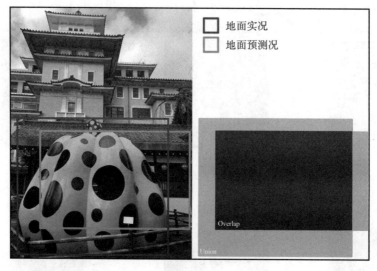

图　7-7

资料来源：Jonathan Hui（https://medium.com/@jonathan_hui/map-mean-average-precision-for object -detection-45c121a31173）

在实践中，IoU 度量预测边界框与真实边界框的重叠程度。由于 IoU 是一种使用目标面积的度量指标，因此可以像处理集合一样将真实面积和检测到的面积轻松地表达出来。设 A 为建议的目标像素集，B 为真实的目标像素集，则 IoU 定义为：

$$IoU = \frac{A \cap B}{A \cup B}$$

IoU 值在 [0,1] 范围内，其中 0 表示不匹配（无重叠），而 1 表示完美匹配。IoU 值用作重叠标准。通常，大于 0.5 的 IoU 值被认为是真阳性（匹配），而其他任何值都被认为是假阳性，没有真阴性。

在 TensorFlow 中实现 IoU 公式非常简单。唯一需要考虑的是，由于必须以像素为单位来计算面积，因此需要对坐标进行归一化。在 _swap 闭包中实现像素坐标的转换和更友好的坐标交换：

```
(tf2)
    def iou(pred_box, gt_box, h, w):
        """
        Compute IoU between detect box and gt boxes
        Args:
            pred_box: shape (4,): y_min, x_min, y_max, x_max - predicted box
            gt_boxes: shape (4,): y_min, x_min, y_max, x_max - ground truth
            h: image height
            w: image width
        """
```

将坐标从绝对坐标 y_min、x_min、y_max 和 x_max 转换为像素坐标 x_min、y_min、x_max 和 y_max：

```
def _swap(box):
    return tf.stack([box[1] * w, box[0] * h, box[3] * w, box[2] * h])

pred_box = _swap(pred_box)
gt_box = _swap(gt_box)

box_area = (pred_box[2] - pred_box[0]) * (pred_box[3] - pred_box[1])
area = (gt_box[2] - gt_box[0]) * (gt_box[3] - gt_box[1])
xx1 = tf.maximum(pred_box[0], gt_box[0])
yy1 = tf.maximum(pred_box[1], gt_box[1])
xx2 = tf.minimum(pred_box[2], gt_box[2])
yy2 = tf.minimum(pred_box[3], gt_box[3])
```

计算边界框的宽度和高度：

```
w = tf.maximum(0, xx2 - xx1)
h = tf.maximum(0, yy2 - yy1)

inter = w * h
return inter / (box_area + area - inter)
```

7.2.3　平均精度

如果 IoU 的值大于指定的阈值（通常为 0.5），则可以将回归的边界框视为匹配项。

在单类预测的情况下，通过在数据集上测量**真阳性**（TP）和**假阳性**（FP）的数量，我们可以计算平均精度，如下式：

$$AP = \frac{|TP|}{|TP| + |FP|}$$

在目标检测挑战中，通常针对不同的 IoU 值测量**平均精度**（AP）。最低要求是测得 IoU 值的 AP 为 0.5，但在大多数实际场景中，以一半重叠来获得良好结果是不够的。通常，实际上需要边界框预测至少匹配 0.75 或 0.85 的 IoU 值才有用。

到目前为止，我们已经处理了单类情况下的 AP，但是处理更一般的多类目标检测场景是值得的。

7.2.4　平均精度均值

在多类检测的情况下，每个回归的边界框都可能包含一个可用类别，用于评估目标检测器性能的标准度量指标是**平均精度均值**（mAP）。

mAP 计算起来非常简单——它是对数据集中每个类别的平均精度：

$$mAP = \frac{1}{|\text{类别}|} \sum_{c \in \text{类别}} \frac{|TP_c|}{|FP_c| + |FP_c|}$$

了解了用于目标检测的度量指标后，我们可以通过在每轮训练末尾的验证集上添加此度量，并每十步对一批训练数据进行度量，来改进训练脚本。由于到目前为止定义的模型只是一个没有类别的坐标回归器，因此测得的度量指标是 AP。

在 TensorFlow 中实现 mAP 很简单，因为在 `tf.metrics` 包中有一个可供使用的实现。`update_state` 方法的第一个参数是 `true` 标签；第二个参数是预测标签。例如，对于一个二分类问题，可能的场景如下：

```
(tf2)
   m = tf.metrics.Precision()

   m.update_state([0, 1, 1, 1], [1, 0, 1, 1])
   print('Final result: ', m.result().numpy()) # Final result: 0.66
```

> ℹ️ 还应注意，平均精度和 IoU 并不是特定于目标检测的度量，但只要执行定位任务和测量检测精度，就可以使用 IoU（用于前者）和 mAP（用于后者）。

在第 8 章中，致力于语义分割任务，使用相同的度量指标来衡量分割模型的性能。唯一的区别是 IoU 是在像素级别而不是使用边界框测量的。训练循环可以改善。下面将介绍改进的训练脚本草稿，但实际操作将留作练习。

7.2.5 改进训练脚本

测量平均精度均值（在单个类上）要求你固定 IoU 测量的阈值，并定义 `tf.metrics.Precision` 对象，以计算 Batch 的平均精度均值。

为了不更改整个代码结构，使用 `draw` 函数不仅可以绘制真实边框和回归边框，而且还可以测量 IoU 并记录平均精度均值：

```
(tf2)
   # IoU threshold
   threshold = 0.75
   # Metric object
precision_metric = tf.metrics.Precision()

def draw(dataset, regressor, step):
    with tf.device("/CPU:0"):
        row = next(iter(dataset.take(3).batch(3)))
        images = row["image"]
```

```
obj = row["objects"]
boxes = regressor(images)

images = tf.image.draw_bounding_boxes(
    images=images, boxes=tf.reshape(boxes, (-1, 1, 4))
)
images = tf.image.draw_bounding_boxes(
    images=images, boxes=tf.reshape(obj["bbox"], (-1, 1, 4))
)
tf.summary.image("images", images, step=step)

true_labels, predicted_labels = [], []
for idx, predicted_box in enumerate(boxes):
    iou_value = iou(predicted_box, tf.squeeze(obj["bbox"][idx]),
299, 299)
    true_labels.append(1)
    predicted_labels.append(1 if iou_value >= threshold else 0)

precision_metric.update_state(true_labels, predicted_labels)
tf.summary.scalar("precision", precision_metric.result(),
step=step)
```

作为练习（请参阅 7.5 节），你可以将此代码用作基准并对其进行重构，以改进代码的组织结构。在改进代码之后，还请你重新训练模型并分析精度图。

单靠目标定位，而没有关于目标类别的信息被定位，实用性是有限的，但实际上，它是任何目标检测算法的基础。

7.3 分类和定位

类似目前为止定义的这种结构，如果没有关于它正在定位的目标的类别的信息，被称为候选区域网络。

可以使用单个神经网络执行目标检测和定位。事实上，没有什么可以阻止我们在特征提取器的顶部添加第二个头并训练其对图像进行分类，同时训练回归头以使边界框坐标回归。

同时解决多个任务是多任务学习的目标。

7.3.1 多任务学习

Rich Caruna 在其论文 "Multi-task learning"（1997）中定义了多任务学习：

"多任务学习是归纳传递的一种方法，它通过将相关任务的训练信号中包含的域信息作为归纳偏差来提高泛化能力。它通过使用共享表示形式并行学习任务来实现这一点。每个任务学到的知识可以帮助更好地学习其他任务。"

实际上，多任务学习是机器学习的一个子领域，其明确的目标是利用任务之间的共性和差异来解决多个不同的任务。经验表明，使用相同的网络解决多个任务，比训练相同的网络分别单独解决相同的任务，更能提高学习效率和预测准确率。

多任务学习还有助于解决过拟合问题，因为神经网络不太可能调整其参数来解决特定任务，因此它必须学习如何提取有意义的特征，这些特征对解决不同任务很有用。

7.3.2　双头网络

在过去的几年中，使用两步法已开发了几种用于目标检测和分类的架构。第一步是使用候选区域来获取输入图像中可能包含目标的区域。第二步是在上一步建议的区域上使用简单的分类器对内容进行分类。

使用双头神经网络可使我们获得更快的推理时间，因为只需要单个模型的单个前向遍历就可以获得更好的整体性能。

从架构方面考虑，为简单起见，假设我们的特征提取器是 AlexNet（而实际上是更复杂的网络 Inception V3），向网络添加一个新头将更改模型架构，如图 7-8 所示。

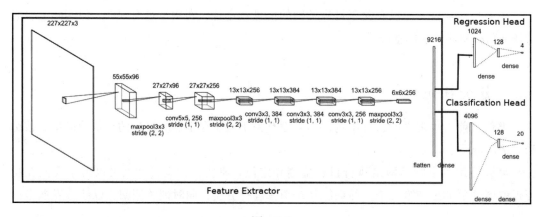

图　7-8

图 7-8 代表了分类和定位网络。特征提取部分应该能够提取通用的特征，以使两个头使用相同的共享特征来解决两个不同的任务。

从代码方面，当我们使用 Keras 函数式模型定义时，向模型添加额外的输出很简单。实际上，仅需添加构成新头的所需层数，并将最终层添加到 Keras 模型定义的输出列表中即可。在本书中，这一点可能是显而易见的，即第二个头的末尾神经元的数量要与训练模型分类的类的数量相等。在我们的案例中，PASCAL VOC 2007 数据集包含 20 个不同的类。因此，我们只需要按以下方式定义模型：

(tf2)

1）首先，从输入层定义开始：

```
inputs = tf.keras.layers.Input(shape=(299, 299, 3))
```

2）然后，使用 TensorFlow Hub 定义固定的（不可训练的）特征提取器：

```
net = hub.KerasLayer(
"https://tfhub.dev/google/tf2-preview/inception_v3/feature_vector/2
",
    output_shape=[2048],
    trainable=False,
)(inputs)
```

3）然后，我们定义回归头，它只是全连接层的堆叠，以 4 个线性神经元（每个边界框坐标对应 1 个神经元）结束：

```
regression_head = tf.keras.layers.Dense(512)(net)
regression_head = tf.keras.layers.ReLU()(regression_head)
coordinates = tf.keras.layers.Dense(4,
use_bias=False)(regression_head)
```

4）接下来，我们定义分类头，它只是全连接层的堆叠，经过训练可以对由固定（不可训练）特征提取器提取的特征进行分类：

```
classification_head = tf.keras.layers.Dense(1024)(net)
classification_head = tf.keras.layers.ReLU()(classificatio_head)
classification_head = tf.keras.layers.Dense(128)(net)
classification_head = tf.keras.layers.ReLU()(classificatio_head)
num_classes = 20
classification_head = tf.keras.layers.Dense(num_classes,
use_bias=False)(
    classification_head
)
```

5）最后，我们可以定义 Keras 模型来执行分类和定位。请注意模型只有一个输入和两个输出：

```
model = tf.keras.Model(inputs=inputs, outputs=[coordinates,
classification_head])
```

使用 TensorFlow 数据集，我们可以轻松获得执行分类和定位所需的所有信息，因为每一行都是一个字典，其中包含图像中每个边界框的标签。此外，由于我们对数据集进行了有序过滤，得到只包含单一目标的图像，因此我们可以将分类头的训练视为与分类模型的训练完全一样，如第 6 章所示。

训练脚本的实现留给你作为练习题（请参阅 7.5 节）。训练过程的唯一特殊之处是要使用的损失函数。为了有效地训练网络同时执行不同的任务，损失函数应针对每个不同的任务包含不同的项。

通常，将不同项的加权和用作损失函数。在我们的案例中，一项是分类损失，很容易成为稀疏分类交叉熵损失，另一项是回归损失（即先前定义的 L2 损失）：

$$\lambda_1 classification\_loss + \lambda_2\ regression\_loss$$

乘法因子（λ_1，λ_2）是用于赋予不同任务以不同程度权重（梯度更新的强度）的超参数。

仅在有限的现实场景中可以对具有单个目标的图像进行分类并回归当前仅有的边界框的坐标。更常见的情况是在给定输入图像的情况下，通常需要同时对多个目标进行定位和分类（真实的目标检测问题）。

多年来，已经提出了几种用于目标检测的模型。近来，基于锚的概念的模型优于其他所有模型。我们将在 7.3.3 节中探讨基于锚的检测器。

7.3.3　基于锚的检测器

基于锚的检测器依赖于锚框的概念，使用单一架构，在一个通道中检测图像中的目标。

基于锚的检测器的直观思想是将输入图像分为几个感兴趣的区域（锚点框），并对每个区域应用定位和回归网络。这样做的目的是使网络不仅学会回归边界框的坐标并对其内容进行分类，而且使同一个网络可以在一次前向传递中查看图像的不同区域。

为了训练这些模型，不仅需要标注了真实边框的数据集，而且还需要在每个输入图像中添加一些与真实边框重叠（具有满足需要的 IoU 值）的新边框。

7.3.4　锚框

锚框是输入图像在不同区域的离散化，也称为**锚点**或**先验边界框**。锚框概念背后的想法是，输入可以在不同区域离散化，每个区域具有不同的外观。输入图像可能包含大小不同的目标，因此应以不同的比例进行离散化处理，以便在不同的分辨率下检测相同的目标。

在锚框中离散化输入时，重要参数如下：

❏ **网格大小**：如何将输入平均分配。

❏ **框的缩放级别**：给定父框，如何调整当前框的大小。

❏ **纵横比级别**：对于每个框，宽度和高度之间的比率。

输入图像可以划分为单元尺寸相等的网格，例如 4 × 4 网格。然后可以使用不同的缩放比例（0.5，1，2，…）调整此网格的每个单元格的大小，并使用不同比例的纵横比（0.5，1，2，…）调整每个单元格的大小。例如，图 7-9 显示了如何通过锚框"覆盖"图像。

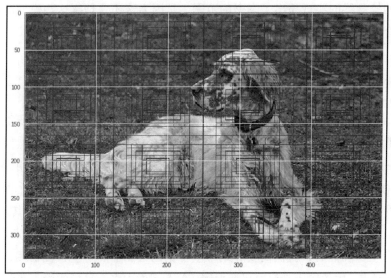

图 7-9 （附彩图）

　　锚框的生成会影响网络性能——较小的锚框尺寸表示网络能够检测到的较小目标的尺
寸。同样的推理也适用于较大的锚框。

　　在过去的几年中，基于锚的检测器已经证明它们能够达到惊人的检测性能，不仅准确，
而且速度更快。

　　最著名的基于锚的检测器是 You Only Look Once（YOLO），其次是**单发多盒探测器**
（Single Shot MultiBox Detector，SSD）。图 7-10 中，在一次前向检测中，YOLO 以不同缩
放比例在图像中检测到了不同尺度大小的多个目标。

图　7-10

基于锚的检测器的实现超出了本书的范围，是因为这还要理解这些模型的概念和复杂性所需的理论。因此，仅提出了一个使用这些模型时会发生什么的直观想法。

7.4 总结

本章介绍了目标检测，并提出了一些基本的解决方案。我们首先关注所需的数据，在 TensorFlow 数据集中通过几行代码就可获得 PASCAL VOC 2007 数据集。然后研究了使用神经网络回归边界框坐标的问题，展示了如何从图像表示开始，轻松地使用卷积神经网络生成边界框的四个坐标。通过这种方式，我们建立了一个候选区域，即一个网络，该网络能够在输入图像中检测到单个目标的位置，而无须产生有关检测到的目标的其他信息。

在此基础上，介绍了多任务学习的概念，并说明了如何使用 Keras 函数式 API 在回归头旁边添加分类头。然后，我们简要介绍了基于锚的检测器。这些检测器用于通过离散化数千个区域（锚点）中的输入来解决目标检测（单个图像中多个目标的检测和分类）问题。

将 TensorFlow 2.0 和 TensorFlow Hub 一起使用，可以通过将 Inception v3 模型用作固定特征提取器来加快训练过程。此外，由于执行速度快，纯 Python 和 TensorFlow 代码的混合简化了定义整个训练过程的方式。

在第 8 章中，我们将学习语义分割和数据集构建器。

7.5 练习题

你可以回答所有理论问题，而且更重要的是，要努力解决每个练习题中包含的所有代码挑战：

1. 在 7.1 节中，对 PASCAL VOC 2007 数据集应用了一个过滤器函数，以仅选择包含单个目标的图像。但是，筛选过滤过程没有考虑类的平衡。创建一个函数，在给定三个已过滤数据集的情况下，首先将它们合并，然后创建三个平衡的分割（如果不能使它们完美平衡，则使用可容忍的类偏斜）。

2. 使用上一题中创建的分割来重新训练网络，以进行本章中定义的定位和分类。演示如何以及为何改变？

3. 什么是 IoU？

4. IoU 值 0.4 代表什么？匹配的好坏？

5. 平均精度均值是什么？解释概念并写出公式。

6. 什么是多任务学习？

7. 多任务学习会提高还是降低模型在单个任务的性能？

8. 在目标检测领域，锚是什么？

9. 描述一个基于锚的检测器如何在训练和推理过程中查看输入图像。

10. 目标检测度量指标只有 mAP 和 IoU？

11. 为了改进目标检测和定位网络的代码，在每轮训练末尾将模型保存到检查点，并恢复模型（和全局 step 变量）状态以继续训练过程。

12. 定位和回归网络的代码明确使用了 draw 函数，该函数不仅可以绘制边界框，而且可以测量 mAP。通过为每个不同特征创建不同的函数来提高代码质量。

13. 衡量网络性能的代码仅使用三个示例。这是错误的，能解释原因吗？更改代码，以便在训练期间使用单个训练 batch，并在每轮训练结束时使用整个验证集。

14. 为多头网络和多任务学习中定义的模型定义一个训练脚本：同时训练回归头和分类头，并在每轮训练结束时测量训练准确率和验证准确率。

15. 过滤 PASCAL VOC 训练、验证和测试数据集，以产生至少有一个人在内部的图像（图片中可能存在其他带标签的目标）。

16. 用两个新头替换受过训练的定位和分类网络的回归头和分类头。分类头现在应该具有单个神经元，该神经元代表图像包含一个人的概率。回归头应使标注为"person"的目标的坐标回归。

17. 应用迁移学习来训练先前定义的网络。当"person"类的 mAP 停止增加 50 步（公差为 +/–0.2）时，请停止训练过程。

18. 创建一个 Python 脚本，使该脚本以不同的分辨率和缩放比例生成锚框。

Chapter 8 第 8 章

语义分割和自定义数据集生成器

在本章中，我们将分析语义分割及其带来的挑战。语义分割需要用正确的语义标签对图像的每个像素进行分类，这是一个有挑战性的难题。8.1 节介绍了该问题，为什么它是重要的，以及可能的应用领域。在 8.1 节结尾，我们将讨论众所周知的语义分割架构 U-Net，并将其按照 Keras 模型，以纯 TensorFlow 2.0 方式实现。在介绍模型实现之前，介绍成功实现语义分割网络所需的反卷积操作。

8.2 节从创建数据集开始——因为在撰写此部分内容时，尚无用于语义分割的 tfds 构建器，因此我们将利用这一点来介绍 TensorFlow 数据集体系结构，并展示如何实现自定义数据集生成器。获取数据后，我们将逐步执行 U-Net 的训练过程，展示使用 Keras 和 Keras 回调来训练该模型有多么简单直接。本章仍以练习题结尾，这可能是整章中最关键的部分。理解概念的唯一方法就是亲自动手。

本章将介绍以下主题：

❑ 语义分割
❑ 创建一个 TensorFlow 数据集生成器
❑ 模型训练和评估

8.1 语义分割

不同于目标检测（目的是检测矩形区域中的目标）和图像分类（目的是用单个标签对整个图像进行分类），语义分割是一项具有挑战性的计算机视觉任务，其目标是给输入图像的每个像素分配正确标签。如图 8-1 所示。

图 8-1　来自 CityScapes 数据集的语义注释图像的示例。输入图像的每个像素都有一个相应的像素标签（来源：https://www.cityscapes-dataset.com/examples/）

语义分割的应用数不胜数，而最重要的应用可能是在自动驾驶和医学成像领域。

自动引导车辆和自动驾驶汽车可以利用语义分割结果，完整地认识由车辆上安装的摄像头捕获的全部场景。例如，拥有道路的像素级信息可以帮助驾驶软件更好地控制汽车的位置。使用边界框对道路进行定位远不如使用像素级分类（从透视图单独地对道路像素进行定位）精确。

在医学成像领域，由目标检测器预测的边界框有时有用，有时没用。实际上，如果任务是检测特定类型的单元格，则边界框可以为用户提供足够的信息。但是，如果任务是定位血管，那么使用边界框是不够的。不难想象，细粒度的分类并不是一件简单的任务，从理论和实践的角度来看，面临着不少挑战。

8.1.1　挑战

艰巨的挑战之一是获取正确的数据。根据图像的主要内容对图像进行分类的过程相对较快，因此已经有了几个包含大量的带标记图像的数据集。因为该任务仅包括查看图片和选择标签，一组专业的标注人员每天可以轻松标记成千上万张图像。

还有许多目标检测数据集，其中对多个目标进行了定位和分类。仅就分类而言，该过程需要更多的标注时间，但是由于它不需要非常精确，因此是一个相对较快的过程。

相反，语义分割数据集需要专用的软件和非常耐心且仔细的标注人员。实际上，在所有注释类型中，像素级精度的标注过程可能是最耗时的过程。因此，语义分割数据集的数量很少，并且图像的数量也有限。正如我们将在 8.2 节中看到的，专门用于创建数据集的 PASCAL VOC 2007 包含 24 640 个带注释的对象，这些对象用于图像分类和定位任务，但其中仅包含约 600 个带标记的图像。

语义分割带来的另一个挑战是技术上的。对图像中的每个像素进行分类，需要以一种不同于目前所见的方式来设计卷积架构。到目前为止描述的所有架构都遵循相同的结构：

- 一个输入层，它定义了网络所期望的输入分辨率。
- 特征提取器部分，是多个卷积操作的堆叠，这些卷积操作具有不同的步长或中间有池化操作，这些操作逐层减小特征图的空间范围，直到将其简化为向量为止。
- 分类部分，给定由特征提取器生成的特征向量，对分类部分进行训练，以将该低维表示分类为一些固定数量的类。
- （可选）回归头，它使用相同的特征来生成一组四个坐标。

但是，语义分割的任务不能遵循这种结构，如果特征提取器仅逐层降低输入分辨率，网络如何对输入图像中的每个像素进行分类呢？

提出的解决方案之一是反卷积运算。

8.1.2 反卷积——转置卷积

本节让我们从"反卷积"这个术语的误导性开始。实际上，在数学和工程学中就有反卷积运算，但是与深度学习从业者使用该术语所表达的意思几乎没有共同之处。

在深度学习领域中，反卷积操作是转置的卷积操作，或者甚至是图像的大小调整，然后是标准卷积操作。是的，两种不同的实现以相同的方式命名。

深度学习中的反卷积操作仅保证，如果特征图是输入图与具有一定大小和步长的内核之间的卷积结果，那么应用相同的内核大小和步长，反卷积操作将生成与输入具有相同空间范围的特征图。

为此，在执行标准卷积时，需要使用经过预处理的输入，该输入不仅在边界处而且在特征图的每个单元内都添加了零填充。图 8-2 应有助于阐明该过程。

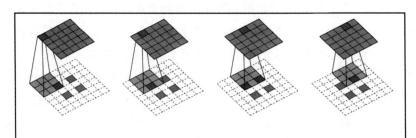

图 4.5：使用 3×3 内核以 2×2 步长在 5×5 输入上卷积的转置（例如，$i=5$, $k=3$, $s=2$, $p=0$）。这等价于使用 2×2 零边界填充 2×2 输入（在输入之间插入 1 个零），将其与 3×3 内核以单位步长进行卷积（例如，$i'=2$, $\tilde{i}'=3$, $k'=k$, $s'=1$, $p'=2$）。

图 8-2　图片和标题来源：*A guide to convolution arithmetic for deep learning*，作者 Vincent Dumoulin 和 Francesco Visin

TensorFlow 通 过 `tf.keras.layers` 包 提 供 了 一 个 现 成 可 用 的 反 卷 积 运 算 ：
`tf.keras.layers.Conv2DTranspose`。

另一种执行反卷积的可能的方法是将输入的大小调整到所需的分辨率，并通过在调整大小后的图像上添加具有相同填充的标准 2D 卷积来使该运算变得可学习。

简而言之，在深度学习环境中真正重要的是创建可学习的层，该层可以重构原始空间分辨率并执行卷积。这不是卷积运算的数学逆运算，但实践表明它足以实现良好的结果。

在医学图像分割任务中，U-Net 架构是广泛采用反卷积操作，并取得显著效果的语义分割神经网络架构之一。

8.1.3 U-Net 架构

U-Net 是 Olaf Ronnerberg 等人在论文 "Convolutional Networks for Biomedical Image Segmentation" 中提出的用于语义分割的卷积结构，其明确目标即对生物医学图像进行分割。

该架构本身具有足够的通用性，可以应用于每个语义分割任务，因为它在设计时没有任何数据类型的约束。

U-Net 结构遵循具有残差连接的典型编码器 - 解码器架构模式。当目标是生成与输入具有相同空间分辨率的输出时，这种设计架构的方式被证明是非常有效的，因为它允许梯度以更好的方式在输出层和输入层之间传播。如图 8-3 所示。

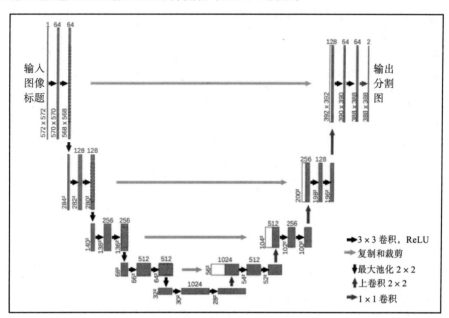

图 8-3　U-Net 架构。蓝色方块是由块生成的特征图，以其形状表示。白色方块被复制并裁剪特征图。不同的箭头表示不同的操作。资料来源：论文 "Convolutional Networks for Biomedical Image Segmentation"，作者 Olaf Ronnerberg 等（附彩图）

U-Net 架构的左侧是一个编码器，它逐层将输入大小从 572×572 减小到最低的分辨率 32×32。右侧包含神经网络架构的编码器部分，该部分将从编码部分提取的信息与通过上卷积（反卷积）操作学到的信息进行混合。

原始的 U-Net 架构不会产生与输入分辨率相同的输出，而是被设计为产生分辨率稍低的输出。最后一层使用 1×1 卷积，以将每个特征向量（深度为 64）映射到所需的类数。为了完整评估原始神经网络架构，请仔细阅读 Olaf Ronnerberg 等人的原始 U-Net 的论文 "Convolutional Networks for Biomedical Image Segmentation"。

我们将不展示如何实现原始的 U-Net 架构，而是展示如何实现经过稍微修改的 U-Net，以产生与输入分辨率相同且遵循相同原始块组织的输出。

从该神经网络架构的屏幕截图可以看出，有两个主要块：

❑ **编码块**：先进行三个卷积，再进行下采样运算。

❑ **解码块**：这是一个反卷积运算，其后是其输出与相应输入特征的串联，然后再进行两次卷积运算。

使用 Keras 函数式 API 定义此模型并连接这些逻辑块是可能的，并且非常容易。我们将要实现的神经网络架构与原始结构有所不同，因为这是自定义的 U-Net 变体，它显示了 Keras 如何允许将模型用作层（或构建基块）。

`upsample` 函数和 `downsample` 函数以 `Sequential` 模型实现，它只是一个卷积或反卷积运算，步长为 2，其后是激活函数：

```
(tf2)

    import tensorflow as tf
    import math


    def downsample(depth):
        return tf.keras.Sequential(
            [
                tf.keras.layers.Conv2D(
                    depth, 3, strides=2, padding="same",
    kernel_initializer="he_normal"
                ),
                tf.keras.layers.LeakyReLU(),
            ]
        )


    def upsample(depth):
        return tf.keras.Sequential(
            [
                tf.keras.layers.Conv2DTranspose(
                    depth, 3, strides=2, padding="same",
    kernel_initializer="he_normal"
```

```
            ),
            tf.keras.layers.ReLU(),
        ]
    )
```

模型定义函数假定最小输入分辨率为 256×256，它实现了神经网络架构的编码、解码和连接（残差连接）块：

(tf2)

```
    def get_unet(input_size=(256, 256, 3), num_classes=21):
        # Downsample from 256x256 to 4x4, while adding depth
        # using powers of 2, startin from 2**5. Cap to 512.
        encoders = []
        for i in range(2, int(math.log2(256))):
            depth = 2 ** (i + 5)
            if depth > 512:
                depth = 512
            encoders.append(downsample(depth=depth))

        # Upsample from 4x4 to 256x256, reducing the depth
        decoders = []
        for i in reversed(range(2, int(math.log2(256)))):
            depth = 2 ** (i + 5)
            if depth < 32:
                depth = 32
            if depth > 512:
                depth = 512
            decoders.append(upsample(depth=depth))

        # Build the model by invoking the encoder layers with the correct input
        inputs = tf.keras.layers.Input(input_size)
        concat = tf.keras.layers.Concatenate()

        x = inputs
        # Encoder: downsample loop
        skips = []
        for conv in encoders:
            x = conv(x)
            skips.append(x)

        skips = reversed(skips[:-1])

        # Decoder: input + skip connection
        for deconv, skip in zip(decoders, skips):
            x = deconv(x)
            x = tf.keras.layers.Concatenate()([x, skip])

        # Add the last layer on top and define the model
        last = tf.keras.layers.Conv2DTranspose(
            num_classes, 3, strides=2, padding="same",
    kernel_initializer="he_normal")

        outputs = last(x)
        return tf.keras.Model(inputs=inputs, outputs=outputs)
```

使用 Keras，不仅可以可视化模型的表格型摘要（通过使用 Keras 模型的 summary() 方法实现），而且还可以得到所创建模型的图形化表示，这在设计复杂的模型时通常是一件好事：

(tf2)

```
from tensorflow.keras.utils import plot_model
model = get_unet()
plot_model(model, to_file="unet.png")
```

这三行代码生成了如图 8-4 所示的出色的图形表示。

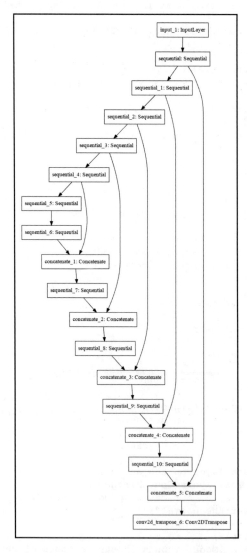

图 8-4   自定义的类 U-Net 架构的图形表示。Keras 允许这种可视化来帮助架构设计过程

生成的图像看起来就像 U-Net 架构的水平翻转版本，这是我们将在本章中用来解决语义分割问题的神经网络架构。

现在我们已经理解了问题并定义了一个深度架构，我们可以继续前进并收集所需的数据。

8.2　创建一个 TensorFlow 数据集生成器

与其他任何机器学习问题一样，第一步是获取数据。由于语义分割是有监督学习任务，因此我们需要一个包含图像及其对应标签的分类数据集。特殊之处在于标签本身就是图像。

在本书写作时，还没有准备 TensorFlow 数据集中使用的语义数据集。因此，我们利用本节不仅创建带有我们所需数据的 `tf.data.Dataset`，而且还会了解开发 `tfds` 数据集生成器所需的过程。

因为在之前专门介绍目标检测时，我们使用了 PASCAL VOC 2007 数据集，所以我们将重复使用已下载的文件来创建 PASCAL VOC 2007 数据集的语义分割版本。图 8-5 显示了如何提供数据集。每张图片都有一个对应的标签，其中像素颜色标识了不同的类。

图 8-5　从数据集中采样的一对（图像，标签）。图像上边是原始图像，图像下边包含已知目标的语义分割类。每个未知类都标记为背景（黑色），而目标使用白色定界

先前下载的数据集不仅有带注释的边界框，还带有许多图像的语义分割注释。TensorFlow 数据集将原始数据下载到默认目录（`~/tensorflow_datasets/ downloads/`）中，并将提取的存档文件放置在 `extracted` 子文件夹。因此，我们可以重复使用下载的数据来创建用于语义分割的新数据集。

这样做之前，值得研究一下 TensorFlow 数据集的组织，以了解实现目标所需要做的事情。

8.2.1 层次化结构

整个 TensorFlow 数据集 API 在设计时尽可能地考虑了可扩展性。为了实现这一点，将 TensorFlow 数据集的体系结构分为几个抽象层，这些抽象层将原始数据集数据转换为 `tf.data.Dataset` 对象。图 8-6 是来自 TensorFlow Dataset GitHub 的页面（https://github.com/tensorflow/datasets/），显示了项目的逻辑组织。

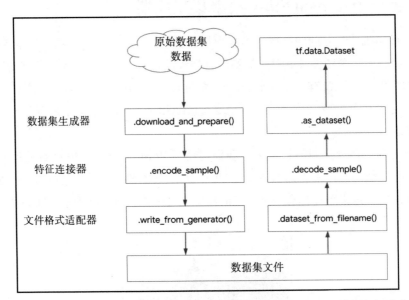

图 8-6 TensorFlow 数据集项目的逻辑组织。原始数据来自几个应用了转换和标准化的抽象层，以定义 TFRecord 结构并在最后获得一个 `tf.data.Dataset` 对象

通常，`FeatureConnector` 类和 `FileFormatAdapter` 类可以随时使用，而 `DatasetBuilder` 类必须正确实现，因为它是流水线中数据特有的部分。

每个为实现数据集而创建的流水线都从 `DatasetBuilder` 对象的子类开始，该对象必须实现以下方法：

❑ `_info` 用于构建描述数据集的 `DatasetInfo` 对象（并产生易于理解的表示形式，这对于完全理解数据非常有用）。

❑ `_download_and_prepare` 用于从远程位置（如果有）下载数据并进行一些基本的预处理（例如提取压缩文件）。此外，它创建序列化的（TFRecord）表示形式。

❑ `_as_dataset`：这是最后一步，要从序列化数据生成 `tf.data.Dataset` 对象。

直接子类化，通常不需要 `DatasetBuilder` 类，因为 `GeneratorBasedBuilder` 是 `DatasetBuilder` 的现成的子类，可简化数据集的定义。通过将其子类化实现的方法如下。

❑ _info 与 DatasetBuilder 的方法相同（参见前一个项目列表的 _info 方法
说明）。

❑ _split_generators 用于下载原始数据并执行一些基本预处理操作，而无须担
心 TFRecord 的创建。

❑ _generate_examples 用于创建 Python 迭代器。这种方法从原始数据生成数据
集中的示例，其中每个示例都将自动序列化为 TFRecord 中的一行。

因此，通过将 GeneratorBasedBuilder 子类化，只需实现三个简单的方法，接下
来开始实现它们。

8.2.2 数据集类和 DatasetInfo

子类化模型并实现所需的方法非常简单。第一步是定义类的框架，然后从按照复杂
性的顺序实现算法开始。此外，由于我们的目标是创建一个语义分割的数据集，它使用
PASCAL VOC 2007 数据集的相同下载文件，因此我们可以覆盖 tfds.image.Voc2007
数据集生成器的方法，以重用父类中已经存在的所有信息。

```
(tf2)
    import tensorflow as tf
    import tensorflow_datasets as tfds
    import os

    class Voc2007Semantic(tfds.image.Voc2007):
        """Pasval VOC 2007 - semantic segmentation."""

        VERSION = tfds.core.Version("0.1.0")

        def _info(self):
            # Specifies the tfds.core.DatasetInfo object
            pass  # TODO

        def _split_generators(self, dl_manager):
            # Downloads the data and defines the splits
            # dl_manager is a tfds.download.DownloadManager that can be used to
            # download and extract URLs
            pass  # TODO

        def _generate_examples(self):
            # Yields examples from the dataset
            pass  # TODO
```

要实现的最直接但可能也是最重要的方法是 _info，它包含所有数据集信息和单个示
例的结构定义。

由于我们正在扩展 tfds.image.Voc2007 数据集，因此可以重用某些公共信息。唯
一需要注意的是语义分割需要一个标签，它是一个单通道图像（而不是我们惯常看到的彩色

图像)。

因此实现 _info 方法很简单：

```
(tf2)
    def _info(self):
        parent_info = tfds.image.Voc2007().info
        return tfds.core.DatasetInfo(
            builder=self,
            description=parent_info.description,
            features=tfds.features.FeaturesDict(
                {
                    "image": tfds.features.Image(shape=(None, None, 3)),
                    "image/filename": tfds.features.Text(),
                    "label": tfds.features.Image(shape=(None, None, 1)),
                }
            ),
            urls=parent_info.urls,
            citation=parent_info.citation,
        )
```

值得注意的是，TensorFlow 数据集已经附带了一组预定义的功能连接器，这些功能连接器用于定义 FeatureDict。例如，定义具有固定深度（4 或 1）与未知高度和宽度的图像特征的正确方法是使用 tfds.features.Image(shape = (None,None,depth))。

description、urls 和 citation 字段来源于父类，尽管这并不完全正确，因为父类的描述、引用字段是有关目标检测和分类的挑战的内容。

第二种要实现的方法是 _split_generators。

8.2.3　创建数据集分割

_split_generators 方法用于下载原始数据并进行一些基本的预处理，而不必担心 TFRecord 的创建。

由于我们继承自 tfds.image.Voc2007，因此无须重新实现它，而是需要查看父类源代码：

```
(tf2)
    def _split_generators(self, dl_manager):
      trainval_path = dl_manager.download_and_extract(
          os.path.join(_VOC2007_DATA_URL, "VOCtrainval_06-Nov-2007.tar"))
      test_path = dl_manager.download_and_extract(
          os.path.join(_VOC2007_DATA_URL, "VOCtest_06-Nov-2007.tar"))
      return [
        tfds.core.SplitGenerator(
            name=tfds.Split.TEST,
            num_shards=1,
```

```
        gen_kwargs=dict(data_path=test_path, set_name="test")),
    tfds.core.SplitGenerator(
        name=tfds.Split.TRAIN,
        num_shards=1,
        gen_kwargs=dict(data_path=trainval_path, set_name="train")),
    tfds.core.SplitGenerator(
        name=tfds.Split.VALIDATION,
        num_shards=1,
        gen_kwargs=dict(data_path=trainval_path, set_name="val")),
]
```

> ℹ️ 源代码来自 https://github.com/tensorflow/datasets/blob/master/tensorflow_datasets/image/
> voc.py，在 Apache License 2.0 下发布。

可以很容易地看出，该方法使用 dl_manager 对象来下载（和缓存），并从某个远程位置提取存档文件。在返回行中执行"train""test"和"val"中的数据集分割定义。

每个 tfds.core.SplitGeneratro 调用中最重要的部分是 gen_kwargs 参数。实际上，在这一行中，我们将说明如何调用 _generate_examples 函数。

简而言之，此函数通过以下操作创建三个分割：调用 _generate_examples 函数，将 data_path 参数集传递到当前数据集路径（test_path 或 trainval_path），然后为 set_name 设置正确的数据集名称。

set_name 参数值来自 PASCAL VOC 2007 目录和文件组织。正如我们将在后面看到的实现 _generate_example 方法那样，需要知道数据集的结构和内容才能正确创建拆分。

8.2.4　生成示例

可以使用任何签名来定义 _generate_example 方法。此方法仅被 _split_generators 方法调用，因此，取决于该方法是否使用正确的参数正确地调用 _generate_example 方法。

由于尚未覆盖父类的 _split_generators 方法，因此必须使用父级所需的相同签名。除了 PASCAL VOC 2007 文档中提供的所有其他信息外，我们还有 data_path 和 set_name 参数可供使用。

_generate_examples 的目标是每次调用它时都产生一个示例（就像标准的 Python 迭代器一样）。

从数据集结构中，我们知道，在 VOCdevkit/VOC2007/ImageSets/Segmentation/ 中，有三个文本文件——每个对应一个分割："train""test"和"val"。每个文件都包含每个分割的带标签图像的名称。

因此，可以直接使用这些文件中包含的信息来创建三个分割。我们只需打开文件并逐行读取，即可知道要读取哪些图像。

TensorFlow 数据集限制我们使用 Python 文件操作，但是它明确要求使用 `tf.io.gfile` 包。此约束是必要的，因为有些数据集太大而无法在一台机器上处理，并且 TensorFlow 数据集可以轻松地使用 `tf.io.gfile` 读取和处理远程及分布式数据集。

从 PASCAL VOC 2007 文档中，我们还可以设法得到一个**查找表**（Look-Up Table，LUT），来创建 RGB 值和标量标签之间的映射：

(tf2)

```
LUT = {
    (0, 0, 0): 0, # background
    (128, 0, 0): 1, # aeroplane
    (0, 128, 0): 2, # bicycle
    (128, 128, 0): 3, # bird
    (0, 0, 128): 4, # boat
    (128, 0, 128): 5, # bottle
    (0, 128, 128): 6, # bus
    (128, 128, 128): 7, # car
    (64, 0, 0): 8, # cat
    (192, 0, 0): 9, # chair
    (64, 128, 0): 10, # cow
    (192, 128, 0): 11, # diningtable
    (64, 0, 128): 12, # dog
    (192, 0, 128): 13, # horse
    (64, 128, 128): 14, # motorbike
    (192, 128, 128): 15, # person
    (0, 64, 0): 16, # pottedplant
    (128, 64, 0): 17, # sheep
    (0, 192, 0): 18, # sofa
    (128, 192, 0): 19, # train
    (0, 64, 128): 20, # tvmonitor
    (255, 255, 255): 21, # undefined / don't care
}
```

创建此查找表后，我们只能使用 TensorFlow 操作来读取图像，检查图像是否存在（因为无法保证原始数据是完美的，并且我们必须防止在数据集创建期间出现失败），并创建数值与 RGB 颜色相关联的单通道图像。

请仔细阅读源代码，因为初次阅读可能难以理解。尤其是乍看之下，我们在查找表中查找 RGB 颜色与可用颜色之间的对应关系的循环可能不容易理解。以下代码不仅使用 `tf.Variable` 创建数值与 RGB 颜色关联的单通道图像，而且还检查 RGB 值是否正确：

(tf2)

```
def _generate_examples(self, data_path, set_name):
    set_filepath = os.path.join(
        data_path,
"VOCdevkit/VOC2007/ImageSets/Segmentation/{}.txt".format(set_name),
    )
```

```
            with tf.io.gfile.GFile(set_filepath, "r") as f:
                for line in f:
                    image_id = line.strip()

                    image_filepath = os.path.join(
                        data_path, "VOCdevkit", "VOC2007", "JPEGImages",
f"{image_id}.jpg"
                    )
                    label_filepath = os.path.join(
                        data_path,
                        "VOCdevkit",
                        "VOC2007",
                        "SegmentationClass",
                        f"{image_id}.png",
                    )

                    if not tf.io.gfile.exists(label_filepath):
                        continue

                    label_rgb = tf.image.decode_image(
                        tf.io.read_file(label_filepath), channels=3
                    )

                    label = tf.Variable(
                        tf.expand_dims(
                            tf.zeros(shape=tf.shape(label_rgb)[:-1],
dtype=tf.uint8), -1
                        )
                    )

                    for color, label_id in LUT.items():
                        match = tf.reduce_all(tf.equal(label_rgb, color),
axis=[2])
                        labeled = tf.expand_dims(tf.cast(match, tf.uint8),
axis=-1)
                        label.assign_add(labeled * label_id)

                    colored = tf.not_equal(tf.reduce_sum(label), tf.constant(0,
tf.uint8))
                    # Certain labels have wrong RGB values
                    if not colored.numpy():
                        tf.print("error parsing: ", label_filepath)
                        continue
                    yield image_id, {
                        # Declaring in _info "image" as a tfds.feature.Image
                        # we can use both an image or a string. If a string is
detected
                        # it is supposed to be the image path and tfds take
care of the
                        # reading process.
                        "image": image_filepath,
                        "image/filename": f"{image_id}.jpg",
                        "label": label.numpy(),
                    }
```

_generate_examples 方法不仅生成单个示例, 而且必须生成一对 (id, example),

其中 id (在本例中为 image_id) 应唯一地标识记录。此字段用于全局混洗 (shuffle) 数据集，并避免在生成的数据集中出现重复的元素。

实现了最后一种方法后，一切都已正确设置，我们可以使用全新的 Voc2007Semantic 加载程序。

8.2.5 使用生成器

TensorFlow 数据集可以自动检测在当前范围内可见的类是否是 DatasetBuilder 对象。因此，通过子类化现有 DatasetBuilder 实现了该类，"voc2007_semantic"生成器已经可以使用：

```
dataset, info = tfds.load("voc2007_semantic", with_info=True)
```

在第一次执行时，将创建分割，并对 _generate_examples 方法进行三次分类，以创建示例的 TFRecord 表示。

通过检查 info 变量，我们可以看到一些数据集统计信息：

```
[...]
    features=FeaturesDict({
        'image': Image(shape=(None, None, 3), dtype=tf.uint8),
        'image/filename': Text(shape=(), dtype=tf.string, encoder=None),
        'label': Image(shape=(None, None, 1), dtype=tf.uint8)
    },
    total_num_examples=625,
    splits={
        'test': <tfds.core.SplitInfo num_examples=207>,
        'train': <tfds.core.SplitInfo num_examples=207>,
        'validation': <tfds.core.SplitInfo num_examples=211>
    }
```

通过实现 _info 方法来描述这些特征，并且数据集的大小相对较小，仅包含用于训练和测试分割的 207 张图像，以及用于验证分割的 211 张图像。

实现 DatasetBuilder 是一个相对简单的操作，每次开始使用新数据集时都会要求这么做——通过这种方式，在训练和评估过程中可以使用高效的流水线。

8.3 模型训练与评估

尽管网络架构不是图像分类器，标签也不是标量，但是语义分割可以看作是传统的分类问题，因此训练和评估过程可以相同。

出于这个原因，我们无须编写自定义训练循环，而是可以使用 compile 和 fit Keras 模型来构建训练循环并分别执行。

8.3.1　数据准备

为了使用 Keras fit 模型，tf.data.Dataset 对象应生成（feature, label）格式的元组，其中 feature 是输入图像，label 是图像标签。

因此，需要定义一些可使用 tf.data.Dataset 生成元素的函数，该函数可以将数据从字典转换为元组，同时我们可以对训练过程使用一些有用的预处理：

```
(tf2)

    def resize_and_scale(row):
        # Resize and convert to float, [0,1] range
        row["image"] = tf.image.convert_image_dtype(
            tf.image.resize(
                row["image"],
                (256,256),
                method=tf.image.ResizeMethod.NEAREST_NEIGHBOR),
            tf.float32)
        # Resize, cast to int64 since it is a supported label type
        row["label"] = tf.cast(
            tf.image.resize(
                row["label"],
                (256,256),
                method=tf.image.ResizeMethod.NEAREST_NEIGHBOR),
            tf.int64)
        return row
    def to_pair(row):
        return row["image"], row["label"]
```

现在，从调用 tfds.load 获得的 dataset 对象中，很容易获取验证和训练集，并进行所需的转换：

```
(tf2)

    batch_size= 32

    train_set = dataset["train"].map(resize_and_scale).map(to_pair)
    train_set = train_set.batch(batch_size).prefetch(1)

    validation_set = dataset["validation"].map(resize_and_scale)
    validation_set = validation_set.map(to_pair).batch(batch_size)
```

数据集已准备好用于 fit 方法，并且由于我们正在开发一个纯 Keras 解决方案，因此可以使用 Keras 回调函数配置隐藏的训练循环。

8.3.2　训练循环和 Keras 回调函数

使用 compile 方法配置训练循环。我们可以指定优化器、损失、要度量的指标以及一些有用的回调函数。

回调函数是在每轮训练结束时执行的函数。Keras 附带了一长串可供使用的预定义回调函数。在下一个代码片段中，将使用两种最常见的代码：ModelCheckpoint 回调函数和 TensorBoard 回调函数。可以很容易地猜到，前者是在每轮训练结束时保存一个检查点，而后者则使用 tf.summary 记录度量指标。

由于语义分割可以被视为分类问题，因此所使用的损失函数为 SparseCategorical-Crossentropy，为当计算损失值（在深度维度上）时将在网络的输出层使用 Sigmoid，如 from_logits=True。由于我们尚未在自定义 U-Net 的最后一层添加激活功能，因此需要此配置：

```
(tf2)

    # Define the model
    model = get_unet()

    # Choose the optimizer
    optimizer = tf.optimizers.Adam()

    # Configure and create the checkpoint callback
    checkpoint_path = "ckpt/pb.ckpt"
    cp_callback = tf.keras.callbacks.ModelCheckpoint(checkpoint_path,
                                              save_weights_only=True,
                                              verbose=1)
    # Enable TensorBoard loggging
    TensorBoard = tf.keras.callbacks.TensorBoard(write_images=True)

    # Cofigure the training loop and log the accuracy
    model.compile(optimizer=optimizer,
    loss=tf.losses.SparseCategoricalCrossentropy(from_logits=True),
                  metrics=['accuracy'])
```

数据集和回调函数传递给 fit 方法，该方法将根据需要的轮数，有效地执行训练循环：

```
(tf2)

    num_epochs = 50
    model.fit(train_set, validation_data=validation_set, epochs=num_epochs,
            callbacks=[cp_callback, TensorBoard])
```

训练循环将对模型执行 50 轮训练，在训练过程中测量损失值和准确率，并在每轮训练结束时测量验证集上的准确率和损失值。此外，在传递了两个回调函数之后，我们在 ckpt 目录中记录了带有模型参数的检查点，同时在标准输出（即 Keras 默认值）和 TensorBoard 上均记录了度量指标。

8.3.3　评估与推论

在训练期间，我们可以打开 TensorBoard，并查看损失图和度量指标。在第 50 轮训练结束时，我们得到了图 8-7。

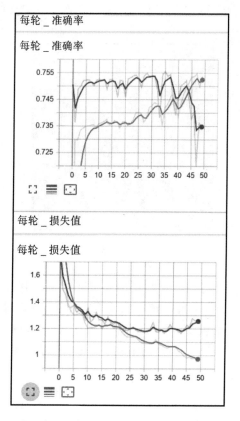

图 8-7　训练集（橙色）和验证集（蓝色）上的准确率和损失值。Keras 对用户隐藏了摘要用法和配置（附彩图）

此外，由于模型变量中有模型的所有参数，因此我们可以尝试向其提供从互联网下载的图像，并查看分割是否按预期的那样工作。

假设我们从互联网上下载了图 8-8，并将其保存为"author.jpg"。

我们期望该模型生成一个分割——包含在该图像中的唯一已知类（即"person"），同时在其他地方生成"background"标签。

下载图像后，我们将其转换为与模型期望相同的格式（值为 [0,1] 之间的浮点数），并将图像尺寸调整为 512。由于该模型按批处理图像，因此 sample 变量必须再添加一维。现在，执行推理就像 model(sample) 一样容易。然后，我们在最后一个通道上使用 tf.argmax 函数来提取每个像素位置的预测标签：

(tf2)

```
sample = tf.image.decode_jpeg(tf.io.read_file("author.jpg"))
sample = tf.expand_dims(tf.image.convert_image_dtype(sample, tf.float
axis=[0])
sample = tf.image.resize(sample, (512,512))
pred_image = tf.squeeze(tf.argmax(model(sample), axis=-1), axis=[0])
```

图　8-8

在 pred_image 张量中，我们得到的密集预测对于可视化几乎没有用。实际上，该张量的值在 [0,21] 范围内，一旦可视化，这些值就无法区分（它们看起来都是黑色的）。

因此，我们可以使用为数据集创建的 LUT 来应用从标签到颜色的逆映射。最后，我们可以使用 TensorFlow 的 io 包进行图像和 JPEG 格式的转换，并将其存储在磁盘上，以便于可视化：

(tf2)

```
REV_LUT = {value: key for key, value in LUT.items()}

color_image = tf.Variable(tf.zeros((512,512,3), dtype=tf.uint8))
pixels_per_label = []
for label, color in REV_LUT.items():
    match = tf.equal(pred_image, label)
    labeled = tf.expand_dims(tf.cast(match, tf.uint8), axis=-1)
    pixels_per_label.append((label, tf.math.count_nonzero(labeled)))
    labeled = tf.tile(labeled, [1,1,3])
    color_image.assign_add(labeled * color)

# Save
tf.io.write_file("seg.jpg", tf.io.encode_jpeg(color_image))
```

图 8-9 是在小数据集上，对简单模型仅训练 50 轮后的分割结果。

图 8-9　将预测标签映射到相应颜色后的分割结果

　　尽管粗略，但由于尚未优化架构，以及未进行模型选择且数据集很小，因此分割结果看起来很有希望！

　　可以通过计算每个标签的匹配数来检查预测的标签。在 `pixel_per_label` 列表中，我们保存了（`label,match_count`）对，并通过将其输出来验证预测的类是否如预期的"`person`"（**id 15**）一样：

```
(tf2)
    for label, count in pixels_per_label:
     print(label, ": ", count.numpy())
```

产生如下结果：

```
0: 218871
1: 0
3: 383
[...]
15: 42285
[...]
```

结果如预期那样。当然，仍有改进的空间，这留给读者作为练习。

8.4　总结

　　在本章中，我们介绍了语义分割问题，并实现了 U-Net 架构：一种用于解决此问题的深度编码器－解码器架构。简要介绍了可能的应用场景和此问题带来的挑战，然后直观地介绍了反卷积（转置卷积）运算，该运算是构建神经网络架构中解码器的一部分。由于在编写本书时，在 TensorFlow 数据集中没有现成可用的语义分割数据集，因此我们利用这一点，展示了 TensorFlow 数据集的体系结构，并展示了如何实现自定义 `DatasetBuilder`。它实现起来很简单，推荐给每个 TensorFlow 用户，因为它是创建高效数据输入流水线（`tf.data.Dataset`）的便捷方法。此外，通过实现 `_generate_examples` 方法，用户被迫"查看"数据，这是在开展机器学习和数据科学时强烈建议使用的方法。

　　然后，通过将该问题视为分类问题，我们学习了用于语义分割网络的训练循环的实现。本章介绍了如何使用 Keras 的 `compile` 和 `fit` 方法，并介绍了如何使用 Keras 回调函数自定义训练循环。本章以一个简单的示例结尾，演示如何使用训练好的模型进行推理以及如何仅使用 TensorFlow 方法保存生成的图像。

　　在第 9 章中，将介绍**生成式对抗网络**（Generative Adversarial Network，GAN）和对抗训练过程，并且我们将清楚地解释如何使用 TensorFlow 2.0 实现它们。

8.5　练习题

　　以下练习至关重要，请你回答每个理论问题，并解决问题中所提出的所有代码挑战：

1. 什么是语义分割？

2. 为什么语义分割是一个难题？

3. 什么是反卷积？深度学习中的反卷积运算是真正的反卷积运算吗？

4. 是否可以将 Keras 模型用作层？

5. 是否可以使用单个 Keras Sequential 模型来实现带有残差连接的模型结构？

6. 描述原始的 U-Net 架构：本章介绍的自定义实现与原始的实现之间有什么区别？

7. 使用 Keras 实现原始的 U-Net 架构。

8. 什么是数据集生成器？

9. 描述 TensorFlow 数据集的层次化结构。

10. `_info` 方法包含对数据集的每个示例的描述。此描述与 `FeatureConnector` 对象有何关系？

11. 描述 `_generate_splits` 方法和 `_generate_examples` 方法。解释这些方法的连接方式以及 `tfds.core.SplitGenerator` 的 `gen_kwargs` 参数的作用。

12. 什么是 LUT？在创建用于语义分割的数据集时，为什么它是有用的数据结构？

13. 为什么在开发自定义数据集生成器时需要使用 `tf.io.gfile`？

14.（奖励）：向 TensorFlow 数据集项目中添加用于语义分割的缺失的数据集！向 https://github.com/tensorflow/datasets 提交请求，在消息中分享本练习部分和这本书。

15. 如本章所示，训练修改后的 U-Net 架构。

16. 更改损失函数，并添加一个重建损失项，其中最小化过程的目标是最小化交叉熵并使预测标签类似于真实 ground truth 标签。

17. 使用 Keras 回调函数度量平均交并比（Intersection over Union，IoU）。平均 IoU 已在 `tf.metrics` 包中实现。

18. 尝试通过在编码器上添加 dropout 层，来提高模型在验证集上的性能。

19. 在训练过程中，首先以 0.5 的概率删除神经元，然后每轮将该值增加 0.1。当验证平均 IoU 停止增加时，停止训练。

20. 使用训练好的模型对从互联网下载的随机图像进行推断。对分割结果进行后处理，以检测不同类的不同元素周围的边界框。使用 TensorFlow 在输入图像上绘制边界框。

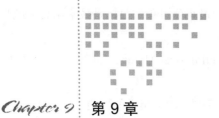

第 9 章 Chapter 9

生成式对抗网络

本章将介绍**生成式对抗网络**（GAN）和对抗训练过程。8.1 节将对 GAN 框架进行理论概述，同时强调对抗训练过程的优势以及使用神经网络作为创建 GAN 的选择模型带来的灵活性。理论部分将为你介绍直观的思想，以了解在对抗训练过程中 GAN 价值函数的哪个部分将被优化，并向你展示为什么应该使用非饱和值函数代替原始函数。

然后，我们将一步一步地实现 GAN 模型及对其的训练，并对在此过程中发生的事情进行可视化解释。通过观察模型学习过程中发生的情况，你将熟悉目标和学习到的分布的概念。

9.2 节和 9.3 节介绍了 GAN 框架向条件版本的自然扩展，并说明了如何创建条件图像生成器。本章仍将以练习部分结尾，读者不要跳过该部分。

本章将介绍以下主题：

❑ 了解 GAN 及其应用
❑ 无条件的 GAN
❑ 有条件的 GAN

9.1 了解 GAN 及其应用

2014 年，Ian Goodfellow 等人在论文"Generative Adversarial Networks"中介绍了 GAN，它彻底改变了生成模型领域，开辟了令人不可思议的应用之路。

GAN 是一种框架，它将对抗性的过程用于生成模型的估计，在该过程中同时训练两个模型：生成器和鉴别器。

生成模型（生成器）的目标是捕获训练集中包含的数据分布，而鉴别模型（鉴别器）充当二分类器。其目的是估计样本来自训练数据（而不是来自生成器）的概率。图 9-1 显示了对抗训练的一般架构。

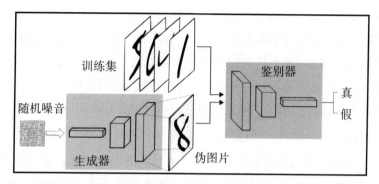

图 9-1　对抗训练过程的图形表示。生成器的目标是通过学习生成越来越类似于训练集的样本来欺骗鉴别器（图片来源：https://www.freecodecamp.org/news/an-intuitive-introduction-to-generative-adversarial-networks-gans-7a2264a81394/，来自 Thalles Silva）

其思想是在不明确定义损失函数的情况下训练生成模型，相反，我们使用来自另一个网络的信号作为反馈。生成器的目的是欺骗鉴别器，而鉴别器的目的是正确区分输入样本的真伪。对抗训练的力量来自一个事实，即生成器和鉴别器都可以是非线性参数模型，例如神经网络。因此可以使用梯度下降法来训练它们。

为了学习生成器在数据上的分布，生成器构建了一个从先验噪声分布 $p_z(z)$ 到数据空间 $G(z)$ 的映射。

鉴别器 $D(x)$ 是一个函数（神经网络），它输出一个单标量，表示 x 来自实际数据分布而不是来自 $G(z)$ 的概率。

最初的 GAN 框架采用博弈论方法解决该问题，并将其作为一个最小 – 最大博弈，其中生成器和鉴别器作为两个博弈方相互竞争。

9.1.1　价值函数

价值函数是一种以预期收益表示博弈方目标的数学方法。GAN 博弈用以下价值函数表示：

$$\min_G \max_D V_{GAN}(D, G) = \mathbb{E}_{x \sim p_{data}(x)}[\log D(x)] + \mathbb{E}_{z \sim p_z(z)}[\log(1 - D(G(z)))]$$

此价值函数代表两个博弈方正在进行的博弈以及它们各自的长期目标。

鉴别器的目标是正确区分真实样本和伪造样本，该目标表示为 $\mathbb{E}_{x \sim p_{data}(x)}[\log D(x)]$ 和

$\mathbb{E}_{z\sim p_z(z)}[\log(1-D(G(z)))]$ 两项的最大化。前者表示对来自真实数据分布的样本的正确分类（因此，目标是获得 $D(x) = 1$），而后者表示伪造样本的正确分类（在这种情况下，目标是获得 $D(G(z)) = 0$）。

另外，生成器被训练以欺骗鉴别器，其目标是最小化 $\mathbb{E}_{z\sim p_z(z)}[\log(1-D(G(z)))]$。最小化这一项的方式是通过产生与真实样本越来越相似的样本，从而试图欺骗鉴别器。

值得一提的是，最小 - 最大博弈仅在价值函数的第二项中进行，因为在第一项中只有鉴别器起作用。这一点是通过学习对来自真实分布的数据进行正确分类做到的。

尽管这种数学模型清晰明了，而且很容易理解，但它存在实际缺点。在早期的训练步骤中，鉴别器可以轻松地学习如何通过最大化 $\mathbb{E}_{z\sim p_z(z)}[\log(1-D(G(z)))]$ 来对伪造数据进行正确分类，因为生成的样本与真实样本有很大的不同。由于从较差质量的生成样本中学习，鉴别器能以高置信度拒绝样本，因为它们与训练数据明显不同。这种拒绝包括将生成样本的正确分类归类为假（$D(G(z)) = 0$），使 $\mathbb{E}_{z\sim p_z(z)}[\log(1-D(G(z)))]$ 项饱和。因此，前面的等式可能无法为 G 提供足够的梯度来学习。解决此实际问题的方法是定义一个新的不饱和的价值函数。

9.1.2　非饱和价值函数

提出的解决方案是训练 G 以使 $\log(1 - D(G(z)))$ 最大化而不是最小化。直观地，我们可以将所提议的解决方案视为一种以不同方式进行相同最小 – 最大博弈的方法。

鉴别器的目标是在不改变之前数学模型的前提下，最大限度地提高正确分类真假样本的概率。另外，生成器的目标是使得鉴别器将生成样本正确分类为假的概率最小化，但通过使鉴别器将伪造样本分类为真实样本来显式地欺骗鉴别器。

博弈双方以不同方式进行同一博弈的价值函数可以表示为：

$$V_{GAN}(D,G) = \begin{cases} D : \max_D \mathbb{E}_{x\sim p_{data}(x)}[\log D(x)] + \mathbb{E}_{z\sim p_z(z)}[\log(1-D(G(z)))] \\ G : \max_G \mathbb{E}_{z\sim p_z(z)}[\log(D(G(z)))] \end{cases}$$

如前所述，对抗训练框架的强大之处在于 G 和 D 都可以是神经网络，并且它们都可以通过梯度下降法进行训练。

9.1.3　模型定义和训练阶段

将生成器和鉴别器定义为神经网络，使我们能够使用多年来已开发的所有神经网络架构来解决这个问题，每个神经网络架构都专门用于处理某种特定的数据类型。

模型的定义没有任何限制。实际上，可以以完全任意的方式定义其结构。唯一的限制是由我们正在处理的数据的结构给出的。结构取决于数据类型，所有对应关系如下：

- ❑ **图片**：卷积神经网络
- ❑ **序列、文本**：递归神经网络
- ❑ **数值、类别值**：全连接网络

一旦我们将模型的结构定义为数据类型的函数，就可以使用它们进行最小 – 最大博弈。

对抗训练包括交替执行训练步骤。每个训练步骤都是一方博弈动作，生成器和鉴别器依次竞争。博弈遵循以下规则。

鉴别器：鉴别器先执行，可以从 1 到 k 重复以下三个步骤，其中 k 是超参数（通常 $k=1$）：

1）从 $p_z(z)$ 之前的噪声中采样 m 个噪声样本：$z^{(1)}, \cdots, z^{(m)}$。

2）从实际数据分布 $p_{data}(x)$ 中采样 m 个样本：$x^{(1)}, \cdots, x^{(m)}$。

3）通过随机梯度上升法训练鉴别器：

$$J = \frac{1}{m} \sum_{i=1}^{m} \log D(x^{(i)}) + \log(1 - D(G(z^{(i)})))$$

$$\theta_D = \theta_D + \lambda \nabla_{\theta_D} J$$

这里，θ_D 是鉴别器的参数。

生成器：生成器始终在鉴别器一轮训练后训练，并且仅训练一次。

1）从 $p_z(z)$ 之前的噪声中采样 m 个噪声样本：$z^{(1)}, \cdots, z^{(m)}$。

2）通过随机梯度上升法训练生成器（这是一个最大化问题，因为博弈的目标是非饱和价值函数）：

$$J = \frac{1}{m} \sum_{i=1}^{m} \log(D(G(z^{(i)})))$$

$$\theta_g = \theta_g + \lambda \nabla_{\theta_g} J$$

这里，θ_G 是生成器的参数。

就像任何其他通过梯度下降法训练的神经网络一样，更新可以使用任何标准的优化算法（ADAM、SGD、带有动量的 SGD 等）。博弈应该继续进行，直到鉴别器未被生成器完全欺骗为止，也就是说，当鉴别器始终预测每个输入样本的概率为 0.5 时。0.5 这个值听起来可能很奇怪，但是从直觉上讲，这意味着生成器现在能够生成与真实样本相似的样本，鉴别器现在只能进行随机猜测。

9.1.4　GAN 的应用

乍一看，生成模型的用途有限。一个模型生成的内容与我们已有的内容（真实样本数据集）相似，拥有这样模型的目的是什么呢？

在实践中，在异常检测领域和"只有人类擅长的"领域（例如艺术、绘画和音乐创作）里，从数据分布中学习非常有用。此外，在条件公式下 GAN 的应用让人十分令人惊讶，创造了具有巨大市场价值的应用（更多信息参见 9.3 节）。

借助 GAN，可以使机器从随机噪声开始生成极其逼真的人脸。图 9-2 显示了将 GAN 用于人脸生成问题。这些结果来自一篇题为"Progressive Growing of GAN for Improved Quality, Stability, and Variation"（T.Karras 等人，2017，NVIDIA）的论文。

图 9-2　这些人并不存在。每个图像尽管超级逼真，但都是由 GAN 生成的。你可以到 https:// thispersondoesnotexist.com/ 来自己尝试（图片来源，题为"Progressive Growing of GANs for Improved Quality, Stability, and Variation"的论文）（附彩图）

引入 GAN 之前，另一个几乎不可能实现的惊人应用是域转换，在这里你可以使用 GAN 从一个域转到另一个域，例如，从草图到真实图像或从鸟瞰图到地图。

图 9-3 是从论文"Image-to-Image Translation with Conditional Adversarial Networks"（Isola 等人，2017）中检索（retrieved）到的，它展示了（条件）GAN 如何解决几年前被认为是不可能的任务。

图 9-3　GAN 使你能够解决域转换问题。现在可以为黑白图像着色或仅从草图生成照片。图像来源：论文"Image-to-Image Translation with Conditional Adversarial Networks"（Isola 等人，2017 年）

GAN 的应用令人惊讶，其实际应用总是被不断发现。下面我们将学习如何在纯 TensorFlow 2.0 中实现其中的一些应用。

9.2　无条件的 GAN

提到 GAN 时，将其看作无条件的并不常见，因为这是默认的、原始的配置。但是，在本书中，我们决定强调原始 GAN 模型的这一特性，以使你了解 GAN 的两个主要分类：

❏ 无条件的 GAN

❏ 有条件的 GAN

我们在 9.1 节中描述的生成模型属于无条件的 GAN 的范畴。训练生成模型以捕获训练数据分布，并从捕获的分布中生成随机采样样本。条件配置是对该框架稍加修改的版本，将在后文中介绍。

得益于 TensorFlow 2.0 的默认 eager 模式，实现对抗训练非常简单。在实践中，为了按照 Goodfellow 等人的论文 "Generative Adversarial Networks" 中所描述的方法实现对抗训练循环，需要按照定义逐行实现。当然，对于自定义训练循环，它需要两个不同模型的交替训练步骤，创建它的最佳方法不是使用 Keras，而是手动实现。

就像其他任何机器学习问题一样，我们必须从数据开始。在本节中，我们将定义一个生成模型，其目标是学习以 10 为中心且标准偏差较小的随机正态数据分布。

9.2.1　准备数据

由于本节的目的是学习数据分布，因此我们将从基础开始，以对对抗训练过程有一个直观的认识。对数据分布进行可视化的最简单、最容易的方法是观察随机正态分布。因此，我们可以选择以 10 为中心且标准偏差为 0.1 的高斯（或正态分布）作为目标数据分布：

$$\mathcal{N}(\mu = 10, \sigma = 0.1)$$

得益于快速的执行过程，我们可以使用 TensorFlow 2.0 本身从目标分布中采样一个值。我们通过使用 $tf.random.normal$ 函数来做到这一点。以下代码段展示了一个函数，该函数从目标分布中采样（2000 个）数据点：

```
(tf2)

import tensorflow as tf

def sample_dataset():
    dataset_shape = (2000, 1)
    return tf.random.normal(mean=10., shape=dataset_shape, stddev=0.1,
dtype=tf.float32)
```

为了更好地理解 GAN 可以学习什么，以及在对抗训练过程中会发生什么，我们使用 matplotlib 将数据可视化到直方图上：

```
(tf2)
    import matplotlib.pyplot as plt

    counts, bin, ignored = plt.hist(sample_dataset().numpy(), 100)
    axes = plt.gca()
    axes.set_xlim([-1,11])
    axes.set_ylim([0, 60])
    plt.show()
```

这显示了图 9-4 所示的目标分布。不出所料，如果标准偏差较小，则直方图将在平均值处达到峰值。

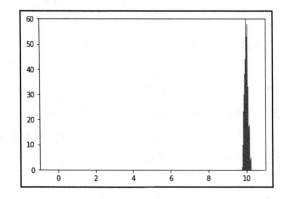

图 9-4 目标分布的直方图——从高斯分布中采样的 5000 个数据点，平均值为 10，标准差为 0.1

既然已经定义了目标数据分布，并且有了一个从中采样的函数（sample_dataset），我们就可以定义生成器和鉴别器网络了。

正如在本章开头所述，对抗训练过程的强大之处在于，生成器和鉴别器都可以是神经网络，并且可以使用梯度下降法来训练模型。

9.2.2 定义生成器

生成器的目标是像目标分布那样运行。因此，我们必须将其定义为具有单个神经元的网络。我们可以从目标分布中一次采样一个数字，从生成器中应该也可以这样做。

对于模型架构定义，没有指导准则或约束。唯一的限制是由问题的性质决定的，这就是输入和输出的尺寸。正如我们前面解释的，输出维度取决于目标分布，而输入维度是先验噪声的任意维度，通常设置为 100。

为了解决这个问题，我们将定义一个简单的三层神经网络，其中两个隐藏层各有 64 个

神经元:

```
(tf2)
    def generator(input_shape):
        """Defines the generator keras.Model.
        Args:
            input_shape: the desired input shape (e.g.: (latent_space_size))
        Returns:
            G: The generator model
        """
        inputs = tf.keras.layers.Input(input_shape)
        net = tf.keras.layers.Dense(units=64, activation=tf.nn.elu,
name="fc1")(inputs)
        net = tf.keras.layers.Dense(units=64, activation=tf.nn.elu,
name="fc2")(net)
        net = tf.keras.layers.Dense(units=1, name="G")(net)
        G = tf.keras.Model(inputs=inputs, outputs=net)
        return G
```

generator 函数返回一个 Keras 模型。尽管一个 Keras 顺序模型就足够了, 还是使用 Keras 函数式 API 定义模型。

9.2.3　定义鉴别器

就像生成器一样, 鉴别器结构取决于目标分布。目标是将样本分为两类。因此, 输入层取决于从目标分布中采样样本的大小。在我们的例子中, 样本大小是 1。输出层是一个单个线性神经元, 用于将样本分为两类。

激活函数是线性的, 因为 Keras 损失函数应用了 sigmoid:

```
(tf2)
    def disciminator(input_shape):
        """Defines the Disciminator keras.Model.
        Args:
            input_shape: the desired input shape (e.g.: (the generator outpu
shape))
        Returns:
            D: the Disciminator model
        """
        inputs = tf.keras.layers.Input(input_shape)
        net = tf.keras.layers.Dense(units=32, activation=tf.nn.elu,
name="fc1")(inputs)
        net = tf.keras.layers.Dense(units=1, name="D")(net)
        D = tf.keras.Model(inputs=inputs, outputs=net)
        return D
```

定义了生成器和鉴别器架构之后, 我们只需通过指定正确的输入形状来实例化 Keras 模型:

```
(tf2)

    # Define the real input shape
    input_shape = (1,)

    # Define the Discriminator model
    D = disciminator(input_shape)

    # Arbitrary set the shape of the noise prior
    latent_space_shape = (100,)
    # Define the input noise shape and define the generator
    G = generator(latent_space_shape)
```

已经定义了模型和目标数据分布。唯一缺少的是表达它们之间的关系，这是通过定义损失函数来完成的。

9.2.4　定义损失函数

如前所述，鉴别器的输出是线性的，因为我们将要使用的 loss 函数应用了非线性。为了通过遵循原始模型来实现对抗训练过程，要使用的 loss 函数是二进制交叉熵：

```
(tf2)

    bce = tf.keras.losses.BinaryCrossentropy(from_logits=True)
```

bce 对象用于计算两个分布之间的二进制交叉熵：

❑ 学到的分布，使用鉴别器的输出来表示，其值被压缩到 [0,1] 范围内（通过对其应用 sigmoid 函数 σ（sigmoid σ function），因为 from_logits 参数设置为 True）。如果鉴别器将输入分类为来自真实数据分布，则生成的值将接近于 1。

❑ 类别标签上的条件经验分布，即离散概率分布，其中它是真实样本的概率标记为 1，否则为 0。

数学上，类别标签（y）上的条件经验分布与压缩在 [0,1] 范围内的生成器输出 $\hat{y} = \sigma(D(x))$ 之间的二进制交叉熵表示如下：

$$\mathcal{L}_{BCE} = y \log(\hat{y}) - (1-y) \log(1-\hat{y})$$

我们要训练鉴别器正确分类真实数据和伪造数据：正确分类真实数据可以看作是 $\mathbb{E}_{x \sim p_{data}(x)}[\log D(x)]$ 的最大化，而正确分类伪造数据可以看作是 $\mathbb{E}_{x \sim p_z(x)}[\log(1 - D((G'(z))))]$ 的最大化。

将一批 m 个样本的期望值使用经验平均值替换，可以将正确分类样本的对数概率的最大值表示为两个 BCE 的总和：

$$\frac{1}{m}\sum_{i=1}^{m} -\log \sigma(D(x^{(i)})) + \frac{1}{m}\sum_{i=1}^{m} -\log(1-\sigma(D(G(z^{(i)}))))$$

第一项是给定真实样本作为输入时，标签 $y=1$ 与鉴别器输出之间的 BCE，而第二项是给定伪造样本作为输入时，标签 $y=0$ 与鉴别器输出之间的 BCE。

在 TensorFlow 中实现此损失函数非常简单：

```
(tf2)

    def d_loss(d_real, d_fake):
        """The discriminator loss function."""
        return bce(tf.ones_like(d_real), d_real) + bce(tf.zeros_like(d_fake),
    d_fake)
```

我们先前创建的同一个 bce 对象用在了 d_loss 函数内部，因为它是一个无状态对象，仅计算其输入之间的二进制交叉熵。

ⓘ　注意，无须在 bce 调用之前添加负号以使它们最大化。BCE 的数学公式已经包含负号。

生成器损失函数基于该理论。实现非饱和价值函数仅由以下公式的 TensorFlow 实现组成：

$$-\frac{1}{m}\sum_{i=1}^{m}\sigma(\log(D(G'(z))))$$

此公式是生成图像的对数概率和真实图像（标记为 1）的分布之间的二进制交叉熵。实践中，我们要最大化所生成样本的对数概率，更新生成器参数以使鉴别器将其分类为真实（标记 1）。

TensorFlow 实现很简单：

```
(tf2)

    def g_loss(generated_output):
        """The Generator loss function."""
        return bce(tf.ones_like(generated_output), generated_output)
```

一切都准备就绪，可以执行对抗训练过程。

9.2.5　无条件的 GAN 中的对抗训练过程

如本章开头所述，对抗训练过程是我们交替执行鉴别器和生成器训练步骤的过程。生成器需要由鉴别器计算出的值来执行其参数更新，而鉴别器需要生成样本（也称为伪输入）和真实样本。

TensorFlow 允许我们轻松定义一个自定义的训练循环。即使在有两个模型相互作用的情况下，尤其是 tf.GradientTape 对象，对于计算特定模型的梯度非常有用。实际上，由于每个 Keras 模型的 `trainable_variables` 属性，可以计算某个函数的梯度，但仅能针对这些变量。

由于 eager 执行模式，训练过程与 GAN 论文"Generative Adversarial Networks"（Ian Goodfellow 等人）中描述的训练过程完全相同。此外，由于此训练过程可能需要大量计算（特别是在我们要获取的数据分布复杂的大数据集上），因此值得用 `@tf.function` 修饰训练步骤函数，以便通过把它转换成一个图来加快计算：

```
(tf2)

    def train():
        # Define the optimizers and the train operations
        optimizer = tf.keras.optimizers.Adam(1e-5)
        @tf.function
        def train_step():
            with tf.GradientTape(persistent=True) as tape:
                real_data = sample_dataset()
                noise_vector = tf.random.normal(
                    mean=0, stddev=1,
                    shape=(real_data.shape[0], latent_space_shape[0]))
                # Sample from the Generator
                fake_data = G(noise_vector)
                # Compute the D loss
                d_fake_data = D(fake_data)
                d_real_data = D(real_data)
                d_loss_value = d_loss(d_real_data, d_fake_data)
                # Compute the G loss
                g_loss_value = g_loss(d_fake_data)
            # Now that we comptuted the losses we can compute the gradient
            # and optimize the networks
            d_gradients = tape.gradient(d_loss_value, D.trainable_variables)
            g_gradients = tape.gradient(g_loss_value, G.trainable_variables)
            # Deletng the tape, since we defined it as persistent
            # (because we used it twice)
            del tape
            optimizer.apply_gradients(zip(d_gradients, D.trainable_variables))
            optimizer.apply_gradients(zip(g_gradients, G.trainable_variables))
            return real_data, fake_data, g_loss_value, d_loss_value
```

为了可视化生成器在训练过程中所学的内容，我们绘制了从目标分布中采样的值（橙色）以及从生成器中采样的同样的值（蓝色）：

```
(tf2)

        fig, ax = plt.subplots()
        for step in range(40000):
            real_data, fake_data,g_loss_value, d_loss_value = train_step()
            if step % 200 == 0:
                print("G loss: ", g_loss_value.numpy(), " D loss: ",
    d_loss_value.numpy(), " step: ", step)

                # Sample 5000 values from the Generator and draw the histogram
                ax.hist(fake_data.numpy(), 100)
```

```
ax.hist(real_data.numpy(), 100)
# these are matplotlib.patch.Patch properties
props = dict(boxstyle='round', facecolor='wheat', alpha=0.5)

# place a text box in upper left in axes coords
textstr = f"step={step}"
ax.text(0.05, 0.95, textstr, transform=ax.transAxes,
fontsize=14,
               verticalalignment='top', bbox=props)

axes = plt.gca()
axes.set_xlim([-1,11])
axes.set_ylim([0, 60])
display.display(pl.gcf())
display.clear_output(wait=True)
plt.gca().clear()
```

现在我们已经将整个训练循环定义为一个函数，可以通过调用 train() 来执行它。

train_step 函数是整个代码段中最重要的功能，因为它包含对抗训练的实现。值得一提的是，通过使用 trainable_variables，可以在考虑其他所有常数的同时，计算损失函数对于我们感兴趣的模型参数的梯度。

第二个特性是使用持久的梯度磁带对象。当在内存（磁带）中分配单个对象并使用两次时，使用持久性 tape 可以使我们跟踪执行情况。如果 tape 不是持久性创建的，我们将无法重用它，因为在第一次 .gradient 调用后它将自动销毁。

我们未使用 TensorBoard 可视化数据（留给读者作为练习），而是遵循了迄今为止一直使用的 matplotlib 方法，并且每 200 个训练步骤从目标和学习分布中采样 5000 个数据点，然后通过绘制相应的直方图来进行可视化。

在初始训练步骤中，学习到的分布与目标分布不同，如图 9-5 所示。

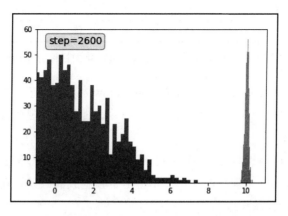

图 9-5　在第 2600 个训练步骤中进行数据可视化。目标分布是随机正态分布，平均值为 10，标准差为 0.1。从学到的分布中采样的值正在缓慢地向目标分布转移

在训练阶段，可以了解生成器如何学习近似目标分布。如图 9-6 所示。

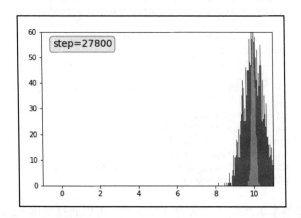

图 9-6 在第 27 800 个训练步骤中进行数据可视化。学习到的分布接近平均值 10，并且其方差正在减小

在后期训练阶段，这两个分布几乎完全重叠，则训练过程可以停止。如图 9-7 所示。

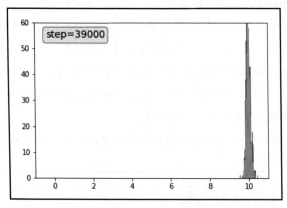

图 9-7 在第 39 000 个训练步骤中进行数据可视化。目标分布和学习分布重叠

得益于 Keras 模型的强大表达能力和 TensorFlow eager 执行模式的易用性（加上通过 `tf.function` 进行的图形转换），定义两个模型并通过手动实现对抗训练过程对其进行训练已经变得非常简单。

尽管很简单，但这与我们处理不同数据类型时使用的训练循环是完全相同的。实际上，可以使用相同的训练循环来训练图像、文本甚至音频生成器，只是在这些情况下，我们使用不同的生成器和鉴别器结构。

稍微修改的 GAN 框架的允许你有条件地收集样本。例如，在给定条件时，训练生成器以生成特定的样本。

9.3 有条件的 GAN

Mirza 等人在他们的论文 " Conditional Generative Adversarial Nets " 中，介绍了 GAN 框架的有条件版本。这个修改非常容易理解，并且是当今世界上广泛使用的令人惊叹的 GAN 应用程序的基础。

一些最令人称赞的 GAN 应用程序（例如街道场景的生成，从语义标签到给定灰度输入的图像着色），使用图像超分辨率作为条件 GAN 思想的特殊版本。

条件 GAN 是基于这样一种思想：如果 G 和 D 都以某些附加信息 y 为条件，则 GAN 可以扩展为条件模型。此附加信息可以是任何类型的附加信息，从类标签到语义映射，或其他形式的数据。通过将附加信息作为附加输入层输入到生成器和鉴别器中，可以执行这种条件化调节。图 9-8 取自论文 " Conditional Generative Adversarial Nets "，它清楚地说明了如何扩展生成器和鉴别器模型以支持条件化调节。

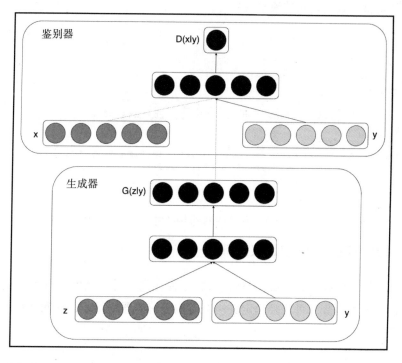

图 9-8　有条件的 GAN。生成器和鉴别器有一个额外的输入 y，它表示条件化模型的辅助信息（图片来源：*Conditional Generative Adversarial Nets*，Mirza 等，2014）

在此基础上进一步扩展了生成器的结构，以将条件之前噪声的联合隐藏表示结合起来。对于如何将条件反馈给生成器网络没有任何限制。你可以简单地将条件连接到噪声向量。或者，如果条件复杂，则可以使用神经网络对其进行编码，并将其输出连接到生成器的一层。同样的推理也适用于鉴别器。

对模型进行条件调整会更改数值的函数，因为我们从中采样的数据分布被进行了条件调整：

$$\min_{G} \max_{D} V_{GAN}(D, G) = \mathbb{E}_{x \sim p_{\text{data}}(x|y)}[\log D(x, y)] + \mathbb{E}_{z \sim p_z(z)}[\log(1 - D(G(z|y), y))]$$

对抗训练过程没有其他变化，关于非饱和价值函数的相同考虑仍然适用。

在本节中，我们将实现一个有条件的 fashion-MNIST 生成器。

9.3.1 为有条件的 GAN 获取数据

通过使用 TensorFlow 数据集，获取数据非常简单。由于目标是创建 fashion-MNIST 生成器，因此我们将使用类标签作为条件。从 `tfds.load` 调用返回的数据是字典格式的。因此，我们需要定义一个将字典映射到仅包含图像和相应标签的元组的函数。在这一阶段，我们还可以准备整个数据输入的流水线：

(tf2)

```
import tensorflow as tf
import tensorflow_datasets as tfds
import matplotlib.pyplot as plt

dataset = tfds.load("fashion_mnist", split="train")

def convert(row):
  image = tf.image.convert_image_dtype(row["image"], tf.float32)
  label = tf.cast(row["label"], tf.float32)
  return image, label

batch_size = 32
dataset = dataset.map(convert).batch(batch_size).prefetch(1)
```

9.3.2 在有条件的 GAN 中定义生成器

由于我们正在处理图像，因此自然的选择是使用卷积神经网络。特别是使用我们在第 8 章中介绍的反卷积运算，可以轻松定义一个类似于解码器的网络，该网络从潜在表示和条件开始生成图像：

(tf2)

```
def get_generator(latent_dimension):
  # Condition subnetwork: encode the condition in a hidden representation
  condition = tf.keras.layers.Input((1,))
  net = tf.keras.layers.Dense(32, activation=tf.nn.elu)(condition)
  net = tf.keras.layers.Dense(64, activation=tf.nn.elu)(net)
  # Concatenate the hidden condition representation to noise and upsample
  noise = tf.keras.layers.Input(latent_dimension)
```

```
inputs = tf.keras.layers.Concatenate()([noise, net])
# Convert inputs from (batch_size, latent_dimension + 1)
# To a 4-D tensor, that can be used with convolutions
inputs = tf.keras.layers.Reshape((1,1, inputs.shape[-1]))(inputs)
depth = 128
kernel_size= 5
net = tf.keras.layers.Conv2DTranspose(
    depth, kernel_size,
    padding="valid",
    strides=1,
    activation=tf.nn.relu)(inputs) # 5x5
net = tf.keras.layers.Conv2DTranspose(
    depth//2, kernel_size,
    padding="valid",
    strides=2,
    activation=tf.nn.relu)(net) #13x13
net = tf.keras.layers.Conv2DTranspose(
    depth//4, kernel_size,
    padding="valid",
    strides=2,
    activation=tf.nn.relu,
    use_bias=False)(net) # 29x29
# Standard convolution with a 2x2 kernel to obtain a 28x28x1 out
# The output is a sigmoid, since the images are in the [0,1] range
net = tf.keras.layers.Conv2D(
    1, 2,
    padding="valid",
    strides=1,
    activation=tf.nn.sigmoid,
    use_bias=False)(net)
model = tf.keras.Model(inputs=[noise, condition], outputs=net)
return model
```

9.3.3 在有条件的 GAN 中定义鉴别器

鉴别器架构很简单。条件化调节鉴别器的一种标准方法是将图像的编码表示与条件的编码共同存储在一个唯一的向量中。为此,需要定义两个子网络——第一个子网将图像编码到特征向量中,而第二个子网将条件编码到另一个向量中。以下代码阐明了此概念:

```
(tf2)
    def get_Discriminator():
      # Encoder subnetwork: feature extactor to get a feature vector
      image = tf.keras.layers.Input((28,28,1))
      depth = 32
      kernel_size=3
    net = tf.keras.layers.Conv2D(
        depth, kernel_size,
        padding="same",
        strides=2,
        activation=tf.nn.relu)(image) #14x14x32
      net = tf.keras.layers.Conv2D(
```

```
        depth*2, kernel_size,
        padding="same",
        strides=2,
        activation=tf.nn.relu)(net) #7x7x64
net = tf.keras.layers.Conv2D(
        depth*3, kernel_size,
        padding="same",
        strides=2,
        activation=tf.nn.relu)(net) #4x4x96
feature_vector = tf.keras.layers.Flatten()(net) # 4*4*96
```

在定义了将图像编码为特征向量的编码器子网之后，我们准备创建条件的隐藏表示，并将其与特征向量连接起来。完成之后，我们可以创建 Keras 模型并返回它：

(tf2)

```
    # Create a hidden representation of the condition
    condition = tf.keras.layers.Input((1,))
    hidden = tf.keras.layers.Dense(32, activation=tf.nn.elu)(condition)
    hidden = tf.keras.layers.Dense(64, activation=tf.nn.elu)(hidden)
    # Concatenate the feature vector and the hidden label representation
    out = tf.keras.layers.Concatenate()([feature_vector, hidden])
    # Add the final classification layers with a single linear neuron
    out = tf.keras.layers.Dense(128, activation=tf.nn.relu)(out)
    out = tf.keras.layers.Dense(1)(out)
    model = tf.keras.Model(inputs=[image, condition], outputs=out)
    return model
```

9.3.4 对抗训练过程

对抗训练的过程与我们针对无条件的 GAN 提出的过程相同。损失函数完全相同：

(tf2)

```
    bce = tf.keras.losses.BinaryCrossentropy(from_logits=True)

    def d_loss(d_real, d_fake):
        """The disciminator loss function."""
        return bce(tf.ones_like(d_real), d_real) + bce(tf.zeros_like(d_fake),
    d_fake)
    def g_loss(generated_output):
        """The Generator loss function."""
        return bce(tf.ones_like(generated_output), generated_output)
```

唯一的区别是模型现在接受两个输入参数。

在确定了噪声的先验维度并实例化 G 和 D 模型之后，定义训练函数时需要对先前的训练循环进行轻微修改。对于无条件的 GAN 训练循环定义，matplotlib 用于记录图像。如何改进此脚本就留作练习去执行：

(tf2)

```
latent_dimension = 100
G = get_generator(latent_dimension)
D = get_Discriminator()


def train():
    # Define the optimizers and the train operations
    optimizer = tf.keras.optimizers.Adam(1e-5)
    @tf.function
    def train_step(image, label):
        with tf.GradientTape(persistent=True) as tape:
            noise_vector = tf.random.normal(
            mean=0, stddev=1,
            shape=(image.shape[0], latent_dimension))
            # Sample from the Generator
            fake_data = G([noise_vector, label])
            # Compute the D loss
            d_fake_data = D([fake_data, label])
            d_real_data = D([image, label])
            d_loss_value = d_loss(d_real_data, d_fake_data)
            # Compute the G loss
            g_loss_value = g_loss(d_fake_data)
        # Now that we computted the losses we can compute the gradient
        # and optimize the networks
        d_gradients = tape.gradient(d_loss_value, D.trainable_variables)
        g_gradients = tape.gradient(g_loss_value, G.trainable_variables)
        # Deletng the tape, since we defined it as persistent
        del tape
        optimizer.apply_gradients(zip(d_gradients, D.trainable_variables))
        optimizer.apply_gradients(zip(g_gradients, G.trainable_variables))
        return g_loss_value, d_loss_value, fake_data[0], label[0]
    epochs = 10
    epochs = 10
    for epoch in range(epochs):
        for image, label in dataset:
            g_loss_value, d_loss_value, generated, condition =
train_step(image, label)

        print("epoch ", epoch, "complete")
        print("loss:", g_loss_value, "d_loss: ", d_loss_value)
        print("condition ", info.features['label'].int2str(
                tf.squeeze(tf.cast(condition, tf.int32)).numpy()))
        plt.imshow(tf.squeeze(generated).numpy(), cmap='gray')
        plt.show()
```

在训练集上进行 10 轮训练轮，并显示生成的 fashion-MNIST 元素的图像及其标签。经过几轮后，生成的图像变得越来越逼真，并且开始与标签匹配，如图 9-9 所示。

9.4　总结

在本章中，我们学习了 GAN 和对抗训练过程。在 9.1 节中，给出了对抗训练过程的理论解释，重点是价值函数，该函数用于将问题表达为最小 – 最大博弈。在实践中，我们还展示了非饱和值函数是如何使生成器学会解决饱和问题的解决方案的。

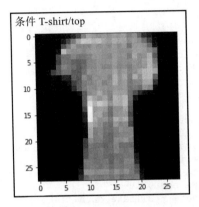

图 9-9 由生成器随机噪声和条件 T-shirt/top 生成的示例

然后，我们研究了如何实现生成器和鉴别器模型，这些模型用于在纯 TensorFlow 2.0 中创建无条件的 GAN。在本节中，介绍了 TensorFlow 2.0 的表达能力和自定义训练循环的定义。实际上，已经证明，仅需遵循 GAN 论文" Generative Adversarial Networks"（Ian Goodfellow 等人）中描述的步骤，创建 Keras 模型并编写实现对抗训练过程的自定义训练循环是多么简单。

Keras 函数式 API 也已被广泛使用，其中已经实现了类似 fashion-MNIST 图像的条件生成器。该实现向我们展示了如何通过使用 Keras 函数式 API 来将第二个输入（条件）馈送到生成器和鉴别器，并轻松定义灵活的神经网络架构。

在令人惊讶的应用程序的复杂架构和巧妙构想方面，GAN 领域的内容非常丰富。本章旨在解释 GAN 框架，而不是全面完整的介绍。在此之外，GAN 的资料非常丰富，作者可以写出好几本书。

本章以练习结尾，其中包含一个挑战（问题 16 和 17）：你可以创建一个从语义标签开始生成真实图像的条件 GAN 吗？

到目前为止，我们专注的是如何训练各种模型，从简单的分类器到生成模型，而无须担心部署阶段。

在第 10 章中，将介绍现实生活中每个机器学习应用程序的最后一步——学习模型的部署。

9.5 练习题

尝试回答并进行以下练习，以扩展你从本章中学到的知识：

1. 什么是对抗训练过程？

2. 编写鉴别器和生成器将要进行的最小 – 最大博弈的值函数。

3. 解释为什么最小值 – 最大值函数公式在训练的早期训练步骤中会饱和。

4. 编写并解释非饱和值函数。

5. 编写对抗训练过程的规则。

6. 关于如何将条件送入 GAN，是否有任何建议？

7. 创建条件 GAN 意味着什么？

8. 只能使用全连接的神经网络来创建 GAN 吗？

9. 哪种神经网络架构更适合图像生成问题？

10. 更新无条件 GAN 的代码：在 TensorBoard 上记录生成器和鉴别器损失值，并记录 `matplotlib` 图。

11. 无条件的 GAN：在每个时期将模型参数保存在检查点中。添加对模型还原的支持，从最新检查点重新启动。

12. 扩展无条件的 GAN 的代码，通过使其成为有条件的 GAN。给定条件为 0，生成器的行为必须类似于正态分布，平均值为 10，标准偏差为 0.1。给定条件 1，生成器必须生成一个从高斯分布中采样的值，平均值为 100，标准差为 1。

13. 记录在 TensorBoard 中为更新鉴别器和生成器而计算出的梯度的大小。如果幅度的绝对值大于 1，则应用梯度修剪。

14. 对有条件的 GAN 重复练习 1 和 2。

15. 有条件的 GAN：不要使用 `matplotlib` 绘制图像；使用 `tf.summary.image` 和 TensorBoard。

16. 使用我们在第 8 章中创建的数据集，创建一个有条件的 GAN，该有条件的 GAN 执行从语义标签到图像的域转换。

17. 使用 TensorFlow Hub 下载经过预训练的特征提取器，并将其用作构建块，以创建有条件 GAN 的判别器，该有条件的 GAN 从语义标签生成真实场景。

Chapter 10 ┊ 第 10 章

在生产环境中部署模型

在本章中，任何实际的机器学习应用程序的最终目标都将是部署一个经过训练的模型并进行推理。正如我们在前几章中看到的，TensorFlow 允许我们训练模型并将模型的参数保存在检查点文件中，这样就可以恢复模型的状态并继续训练过程，同时还可以通过 Python 执行推理。

然而，当目标是使用具有低延迟和低内存占用的训练好的机器学习模型时，检查点文件就不是正确的文件格式了。事实上，检查点文件只包含模型的参数值，没有任何关于计算的描述。这迫使程序首先定义模型结构，然后还原模型参数。此外，检查点文件仅包含训练过程中有用的变量值。然而，它们在推理过程中完全浪费了资源（例如，优化器创建的所有变量）。要使用的正确表示是 SavedModel 序列化格式，后面将对此进行说明。在分析了 SavedModel 序列化格式，了解了 `tf.function` 修饰的函数如何进行图转换和序列化之后，我们将深入到 TensorFlow 部署生态系统中，了解 TensorFlow 2.0 如何在大量平台上加快图的部署，以及如何设计它以用于大规模服务。

本章将介绍以下主题：

❏ SavedModel 序列化格式

❏ Python 部署

❏ 支持部署的平台

10.1 SavedModel 序列化格式

正如我们在第 3 章中所讲到的，TensorFlow 图架构使用数据流图表示计算，因为图是一种与语言无关的计算表方法，使其在模型可移植性方面具有一些优势。

SavedModel 是 TensorFlow 模型的一种通用序列化格式，它通过创建可恢复的、封闭的、与语言无关的计算表示来扩展 TensorFlow 的标准图。这种表示不仅带有图形描述和值（与标准图一样），而且还提供了一些附加特性，这些特性旨在简化异构生产环境中训练模型的使用。

TensorFlow 2.0 的设计非常简单。在图 10-1 中可以看到这种设计选择，可以看出 SavedModel 格式是研究和开发阶段（左侧）与部署阶段（右侧）之间的唯一桥梁。

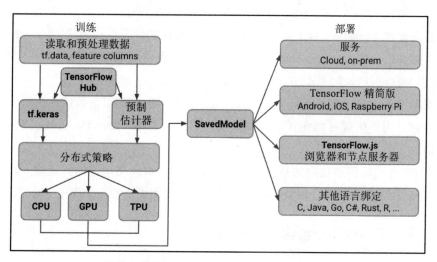

图 10-1 TensorFlow 2.0 训练与部署生态。图像来源：https://medium.com/tensorflow/whats-coming-in-tensorflow-2-0-d3663832e9b8—the TensorFlow Team

作为模型训练和部署的桥梁，SavedModel 格式必须提供一系列功能，以满足各类部署平台的需要，从而为不同的软件和硬件平台提供出色的支持。

10.1.1 特征

一个 SavedModel 包含一个完整的计算图，包括模型参数和在其创建阶段指定的任何东西。使用 TensorFlow 1.x API 创建的 SavedModel 对象只包含一个计算的平面图表示。在 TensorFlow 2.0 中，SavedModel 包含 `tf.function` 对象的序列化表示。

当你使用 TensorFlow Python API（见后文）时，创建一个 SavedModel 非常简单，但是其配置需要你理解如下 SavedModel 的主要特征。

❑ **图标注**（graph tagging）：在生产环境中，你经常需要将模型部署到生产之中，与此同时在获得新数据后持续部署相同的模型。另外一种场景是使用不同的技术或不同的数据并行训练两个或更多相同的模型，希望将它们都放在生产之中来测试那个模型的性能更好。SavedModel 格式允许你拥有多个图，这些图在同一个文件中共享相同的变量和资源。每个图与一个或多个标签（用户定义的字符串）相关联，以便我们在载入操作中找到它。

❑ **签名定义**（signatureDefs）：在定义计算图时，我们知道模型的输入和输出，这被称之为**模型签名**（Model Signature）。SavedModel 序列化格式使用 SignatureDefs 为可能需要在 graph.SignatureDefs 中保存的签名提供一般性的支持。graph.SignatureDefs 只是一组命名的模型签名，它定义了在给定特定的输入时，可以从哪些节点调用模型以及哪些节点是输出节点。

❑ **资源文件**（asset）：为了允许运行模型依靠外部文件进行初始化，SavedModel 支持资源文件的概念。这些资源文件在模型创建过程中复制到 SavedModel 所在的位置，它们可以被初始化主程序安全地读取。

❑ **设备清理**（device cleanup）：我们在第 3 章看到的计算图包含计算执行所在设备的名称。为了生成可以在任何硬件上执行的通用的图，SavedModel 支持在其生成前清除设备。

这些特性允许你创建独立的且自包含的对象，这些对象在给定的特定输入时，指定如何调用模型，指定输出节点，以及在可用模型中指定使用哪个特定的模型（通过标记）。

10.1.2　通过 Keras 模型创建 SavedModel

在 TensorFlow 1.x 中，创建 SavedModel 需要我们知道哪些是输入节点，哪些是输出节点，以及我们已经成功载入希望存储在 tf.Session 函数中的模型的图表示。

TensorFlow 2.0 大大简化了创建 SavedModel 的方式。由于 Keras 是定义模型的唯一方法，不再需要会话，创建 SavedModel 的过程只由一行代码组成。

(tf2)

代码如下：

```
# model is a tf.keras.Model model
path = "/tmp/model/1"
tf.saved_model.save(model, path)
```

path 变量后面是一个最佳的实践方式，在模型的导出路径中直接加入模型的版本号（/1）。与此模型关联的唯一标签是默认的 tag:"serve"。

tf.saved_model.save 函数调用在 path 变量指定的路径中创建下面的目录结构。

```
assets/
variables/
    variables.data-?????-of-?????
```

```
        variables.index
   saved_model.pb
```

目录包含的内容如下：

❑ assets 包含辅助文件。前面章节中描述过这些文件。

❑ variables 包含模型变量。这些变量由 TensorFlow Saver 对象以与创建检查点文件同样的方式创建。

❑ saved_model.pb 是编译后的 Protobuf。这是 Keras 模型所描述的计算的一个二进制表示。

Keras 模型已经指定了哪些是模型的输入和输出，因此，无须担心如何区分。由 Keras 模型导出的 SignatureDef（值得从前面章节回顾的是，它们只是描述如何调用模型的命名函数）是调用 Keras 模型的 call 方法（该模型的正向传播），在 serving_default 签名密钥下导出的。

从 Keras 模型创建 SavedModel 十分直接，因为正向传播的包含在它自身的 call 方法中。该函数接着由 TensorFlow 通过 AutoGraph 自动转换成图等价的东西。call 方法的输入参数成了图的输入签名和 Keras 模型的输出。

但是，如果我们只想部署和提供一个通用的计算图呢？我们的兴趣可能不在于导出一个 Keras 模型。

10.1.3　使用通用函数进行 SavedModel 转换

在 TensorFlow 1.x 中，导出一个通用的图和导出一个模型之间没有区别，就是：选择输入和输出节点，创建会话，定义签名并保存它。

在 TensorFlow 2.0 中，因为图是隐藏的，将一个通用的 TensorFlow 计算变换成一个 SavedModel (graph) 需要注意一些东西。

函数 tf.saved_model.save(obj、export_dir、signatures=None) 第一个参数的描述清楚地说明了 obj 必须是一个可跟踪的对象。

可跟踪的对象是一个从 TrackableBase 类继承的对象（私有，这意味着在 tensorflow 包中不可见）——几乎 TensorFlow 2.0 中的每个对象都继承自该类。这些对象是可以存储在检查点文件中的对象，在这些对象中，我们定义了 Keras 模型、优化器等对象。

由于这些原因，不可能导出一个像下面函数一样的函数，这个函数没有定义从 TrackableBase 类继承的对象。

```
(tf2)
   def pow(x, y):
       return tf.math.pow(x, y)
```

tf.Module 类是 TensorFlow API 中最通用的类，一旦实例化，就会创建一个可跟踪的对象。模块是一个用于 tf.Variable 对象、其他模块和用于用户输入的函数的命名容器。子类化 tf.Module 是创建可跟踪对象并满足 tf.saved_model.save 函数要求的简单方法：

```
(tf2)
    class Wrapper(tf.Module):

        def pow(self, x, y):
            return tf.math.pow(x, y)
```

由于不是 Keras 模型，tf.saved_model.save 不知道哪个 Wrapper 类方法适用于图转换。有两种不同的方法指示 save 函数仅转换我们感兴趣的方法。具体如下。

❏ **指定签名**：save 函数的第三个参数可以选择接收一个目录。这个目录必须包含导出方法的名字和输入的描述。这可以通过使用 tf.TensorSpec 对象来实现。

❏ **使用** uf.Function：当 signature 参数被忽略时，save 模型在 obj 对象中搜索 @tf.function 修饰的方法。此外，在这种情况下，我们不得不使用 tf.TensorSpec 对象描述输入的类型和形状，手动传递该对象到 tf.function input_signature 参数。

第二种方法是最简单的，它还带来了定义和转换当前 Python 程序为图的优点。使用时可以加快计算速度。

```
(tf2)
    class Wrapper(tf.Module):

        @tf.function(
            input_signature=[
                tf.TensorSpec(shape=None, dtype=tf.float32),
                tf.TensorSpec(shape=None, dtype=tf.float32),
            ]
        )
        def pow(self, x, y):
            return tf.math.pow(x, y)


    obj = Wrapper()
    tf.saved_model.save(obj, "/tmp/pow/1")
```

因此，将通用（泛型）函数导出到其 SavedModel 表示的方法是将函数包装成可跟踪对象，然后用 tf.function 修饰方法，并指定在转换期间使用的输入签名。

这就是我们导出一个通用函数所要做的，也就是从一个通用计算图，或者一个 Keras

模型到它的自包含并和语言不无关的表示，这样就可以在任何编程语言中使用它了。

使用 SavedModel 对象最简单的方式就是使用 TensorFlow Python API，因为对于 Tensor-Flow 来说它是更加完整的高级 API，它提供了方便的方法来载入和使用 SavedModel。

10.2　Python 部署

使用 Python 可以直接加载存储在 SavedModel 中的计算图，并将其作为本地 Python 函数使用。这都要感谢 TensorFlow Python API。`tf.saved_model.load(path)` 方法对存储在 `path` 路径下的 SavedModel 进行反序列化，并返回一个带有 `signatures` 属性的可跟踪的对象，该属性包含从 `signatures` 值到可以使用的 Python 函数之间的映射。

载入的方法可以反序列化如下对象。

❑ 通用计算图，如我们前面所创建的图

❑ Keras 模型

❑ 使用 TensorFlow 1.x 或 Estimator API 创建的 SavedModel

10.2.1　通用计算图

假设我们有兴趣加载在前面创建的 `pow` 函数的计算图，并在 Python 程序中使用它。在 TensorFlow 2.0 中，这样做很简单。请执行以下步骤：

1）导入模型：

```
(tf2)

    path = "/tmp/pow/1"
    imported = tf.saved_model.load(path)
```

2）对象有一个 `signatures` 属性，我们可以检查该属性以查看可用的函数。在这种情况下，由于在导出模型时没有指定签名，因此我们只希望找到默认签名 `"serving_default"`：

```
(tf2)

    assert "serving_default" == list(imported.signatures)[0]
    assert len(imported.signatures) == 1
```

幂函数的计算图可以通过访问 `imported.signatures["serving_default"]` 获得。然后，它就可以使用了。

> ⓘ 就像第 3 章中介绍的一样，使用导入的计算图需要你对 TensorFlow 图结构有很好的理解。事实上，`imported.signatures["serving_default"]` 函数是一个静态图，因此，需要额外注意才能使用。

3）因为静态图是严格的静态类型，如果调用这个图时使用了一个错误的输入类型，将会导致抛出一个异常。此外，`tf.saved_model.load` 函数返回的对象只强制使用命名参数，而不强制使用位置参数（这与 pow 函数的原始定义不同，后者只使用位置参数）。因此，一旦定义了具有正确形状和输入类型的输入，就可以方便地调用函数：

(tf2)

```
pow = imported.signatures["serving_default"]
result = pow(x=tf.constant(2.0), y=tf.constant(5.0))
```

结果变量可能与你期望的相反，它不包含值为 32.0 的 `tf.Tensor` 对象，它是一个字典。使用字典返回计算结果是一个很好的设计选择。实际上，这迫使调用者（使用导入的计算图的 Python 程序）显式地访问一个指示期望返回值的键。

4）在 pow 函数的情况下，如果返回值是 `tf.Tensor` 而不是 Python 字典，则返回的字典包含遵循命名约定的键。键名称始终是 `"output_"` 字符串，后跟返回参数的位置（从零开始）。以下代码片段阐明了这一概念：

(tf2)

```
assert result["output_0"].numpy() == 32
```

如果 pow 函数更新如下，字典键将是 `"output_0"` `"output_1"`：

(tf2)

```
def pow(self, x, y):
    return tf.math.pow(x, y), tf.math.pow(y, x)
```

当然，放弃默认的命名约定不是一个好的或可维护的解决方案（output_o 代表什么？）。因此，在设计由 SavedModel 导出的函数时，最好使函数返回一个字典，以便导出的 SavedModel 在调用时使用与返回值相同的字典。因此，下面是 pow 函数的一个更好的设计：

(tf2)

```
class Wrapper(tf.Module):

class Wrapper(tf.Module):
    @tf.function(
```

```
        input_signature=[
            tf.TensorSpec(shape=None, dtype=tf.float32),
            tf.TensorSpec(shape=None, dtype=tf.float32),
        ]
    )
    def pow(self, x, y):
        return {"pow_x_y":tf.math.pow(x, y), "pow_y_x":
tf.math.pow(y, x)}


obj = Wrapper()
tf.saved_model.save(obj, "/tmp/pow/1")
```

导入并执行后，以下代码将生成一个具有有意义的名称的字典：

```
(tf2)

path = "/tmp/pow/1"

imported = tf.saved_model.load(path)
print(imported.signatures["serving_default"](
        x=tf.constant(2.0),y=tf.constant(5.0)))
```

结果输出如下字典：

```
{
   'pow_x_y': <tf.Tensor: id=468, shape=(), dtype=float32,
numpy=32.0>,
   'pow_y_x': <tf.Tensor: id=469, shape=(), dtype=float32,
numpy=25.0>
}
```

TensorFlow Python API 不仅简化了通用计算图的加载，还简化了经过训练的 Keras 模型的使用。

10.2.2　Keras 模型

作为 TensorFlow2.0 官方定义机器学习模型的方法，Keras 模型在序列化时包含的不仅仅是序列化的调用方法。load 函数返回的对象与还原通用计算图时返回的对象类似，但具有更多属性和特性。

❑ .variables 属性：已序列化并存储在 SavedModel 中的变量，该变量是附加到原始 Keras 模型的不可训练变量。

❑ .trainable_variables 属性：与 .variables 属性同样的方式，序列化并存储在 SavedModel 中的模型训练变量。

❑ __call__ 方法：返回的对象提供一个 __call__ 方法，该方法的输入与原始 Keras 模型一样，而不是提供一个带有 "serving_default" 键的 signatures 属性。

　　所有这些功能不仅允许使用 SavedModel 作为一个独立的计算图形，而且还允许你完全恢复 Keras 模型并继续训练它。如下面的代码所示：

(tf2)

```
imported = tf.saved_model.load(path)
# inputs is a input compatible with the serialized model
outputs = imported(inputs)
```

　　如前所述，所有这些附加功能（可训练和不可训练的变量，加上计算的序列化表示）允许从 SavedModel 完全还原 Keras 模型对象，从而可以将它们用作检查点文件。Python API 提供了 tf.keras.models.load_model 函数来实现这一点，与往常一样，在 TensorFlow 2.0 中，它非常方便：

(tf2)

```
model = tf.keras.models.load_model(path)
# models is now a tf.keras.Model object!
```

　　这里，path 是 SavedModel 或者 h5py 文件的路径。本书不介绍 h5py 序列化格式，因为它是 Keras 的一种表示，与 SavedModel 序列化格式相比，没有其他优势。

　　Python API 还与 TensorFlow 1.x SavedModel 格式向后兼容，因此你可以恢复平面图而不是恢复 tf.function 对象。

10.2.3　平面图

　　使用 tf.estimator API 或使用 SavedModel 1.x API 创建的 SavedModel 对象包含计算的更自然的表示。这种表示称之为平面图。

　　在这种表示中，平面图不继承 tf.function 对象的签名，以简化恢复过程。它只接受计算图及其节点名和变量（详细信息请参阅第 3 章）。

　　这些 savedModel 具有与 .signatures 属性中的签名（在序列化过程之前手动定义）相对应的函数，但更重要的是，使用新的 TensorFlow2.0API 还原的 SavedModel 中有一个 .prune 方法，该方法允许你仅通过已知的输入和输出节点名就从任意子图中提取函数。

　　使用 .prune 方法相当于恢复默认图中的 SavedModel 并将其放入 TensorFlow 1.x 会话中。然后，可以使用 tf.graph.get_tensor_by_name 方法访问输入和输出节点。

　　TensorFlow 2.0 通过 .prune 方法简化了此过程，使其同样简单，如以下代码片段所示：

(tf2)

```
imported = tf.saved_model.load(v1savedmodel_path)
```

```
pruned = imported.prune("input_:0", "cnn/out/identity:0")
# inputs is an input compatible with the flat graph
out = pruned(inputs)
```

这里，`input_` 是任何可能的输入节点的占位符，`"cnn/out/identity:0"` 是输出节点。

将 SavedModel 加载到 Python 程序中之后，可以使用经过训练的模型（或通用计算图）作为任何标准 Python 应用程序的构建模块。例如，一旦你训练了一个人脸检测模型之后，就可以直接使用 Open CV（著名的开源计算机视觉库）打开网络摄像头流并将其输入到人脸检测模型中。使用已训练好的模型的应用程序数不胜数，你可以开发自己的 Python 应用程序，它使用经过训练的机器学习模型作为构建模块。

尽管 Python 是一种数据科学语言，但它并不是在各种平台上部署机器学习模型的最佳候选语言。有些编程语言是某些任务或环境的事实标准。例如，用于客户端 Web 开发的 JavaScript，用于数据中心和云服务的 C++ 和 Go 等。

作为一种与语言无关的表示，在理论上，可以使用任意一种编程语言加载和执行（部署）SavedModel。这是一个巨大的优势，因为在某些情况下，Python 不可用，或者它不是最佳选择。

TensorFlow 支持许多不同的部署平台：它在多种不同的语言中提供工具和框架，以满足各种各样的应用。

10.3　支持部署的平台

如本章开头的图表所示，SavedModel 是庞大的部署平台生态系统的输入，创建每个平台都是为了满足不同范围应用：

❑ **TensorFlow Serving**：这是谷歌为机器学习模型提供服务的官方解决方案。它支持模型版本控制，多个模型可以并行部署，并且由于完全支持硬件加速器（GPU 和 TPU），它确保并发模型实现高吞吐量和低延迟。TensorFlow Serving 不仅仅是一个部署平台，而是围绕 TensorFlow 构建的一个完整的生态系统，并用高效的 C++ 代码编写。目前，这是谷歌自己用来在谷歌云的 ML 平台上每秒运行数千万个推理的解决方案。

❑ **TensorFlow Lite**：这是在移动和嵌入式设备上运行机器学习模型的首选部署平台。TensorFlow Lite 是一个全新的生态系统，有自己的训练和部署工具。为快速推理和降低功耗，它的目的是优化训练模型的大小，从而创建一个比原始模型小的二进制表示。此外，TensorFlow Lite 框架还提供了一种工具，直接从嵌入式设备或智能手机上构建新的模型并对现有的模型进行重新训练（从而允许你进行迁移学习 / 微调）。TensorFlow Lite 附带了一个 Python 工具链，用于将 SavedModel 转换为其优化的表示形式，.tflite 文件。

❑ **TensorFlow.js**：这是一个类似于 TensorFlow Lite 的框架，但是设计用于在浏览器和 Node.js 中训练和部署 TensorFlow 模型。与 TensorFlow Lite 一样，该框架附带了一个 Python 工具链，该工具链可用于通过 TensorFlow Javascript 库将 SavedModel 转换为 JSON 可读格式。TensorFlow.js 可以使用传感器数据来微调或从头开始训练模型，这数据来自浏览器或是任何其他客户端的数据。

❑ **其他语言绑定**：TensorFlow 的核心用 C++ 编写的，并且有许多不同的编程语言的绑定，其中大部分都是自动生成的。绑定的结构通常是非常低级别的，类似于 TensorFlow 1.x Python API 和 TensorFlow C++ API 中使用的 TensorFlow Graph 结构。

TensorFlow 支持许多不同的部署平台，可以部署在各种平台和设备上。下面你将学习如何使用 TensorFlow.js 在浏览器上部署已训练好的模型，以及如何使用 Go 编程语言执行推理。

10.3.1　TensorFlow.js

TensorFlow.js (https://www.tensorflow.org/js/) 是一个在 JavaScript 上开发和训练机器学习模型，并在浏览器或 Node.js 中部署他们的库。

为了在 TensorFlow.js 中使用训练后的模型，必须将模型转换成 TensorFlow.js 可以载入的格式。目标格式是一个包含 model.json 文件的目录和一组包含模型参数的二进制文件。json 文件包含图描述和有关二进制文件的信息，以便能够成功地恢复训练过的模型。

ℹ️ 尽管它与 TensorFlow 2.0 完全兼容，但最好为 TensorFlow.js 创建一个隔离的环境，如 3.1 节所述。从现在起，在代码片段之前使用（tfjs）表示 TensorFlow.js 专用环境。

开发 TensorFlow.js 应用程序的第一步是在隔离的环境中安装 TensorFlow.js。你需要这样做，以便可以通过 Python 使用所有的命令行工具和该库本身：

(tfjs)

```
pip install tensorflowjs
```

TensorFlow.js 与 TensorFlow 2.0 高度集成。事实上，使用 Python 可以直接将 Keras 模

型转换成为 TensorFlow.js 表示。此外，它还提供了一个命令行接口，用于将包含任何计算图的通用 SavedModel 转换为其支持的表示形式。

将 SavedModel 转换成 model.json 格式

由于无法直接从 TensorFlow.js 使用 SavedModel，我们需要将其转换为兼容版本，然后在 TensorFlow.js 运行时加载它。`tensorflowjs_converter` 命令行应用程序使转换过程简单明了。此工具不仅执行 SavedModel 和 TensorFlow.js 表示之间的转换，而且还对模型进行自动量化，从而在必要时减小其维度。

假设有兴趣通过序列化的 pow 函数将前面中导出的计算图的 SavedModel 转换为 TensorFlow 格式。使用 `tensorflowjs_converter`，只需要指定输入与输出文件格式（在本例中，输入是 SavedModel，输出是 TensorFlow.js 图模型）和位置，然后就可以开始了：

```
(tfjs)

    tensorflowjs_converter \
        --input_format "tf_saved_model" \
        --output_format "tfjs_graph_model" \
        /tmp/pow/1 \
        exported_js
```

前面的命令读取在 /tmp/pow/1 中存储的 SaveDebug 模型，并将转换的结果存放在当前目录 exported_js 中（如果不存在则创建它）。由于 SavedModel 没有参数，在 exported_js 文件夹中，我们只找到包含计算描述的 model.json 文件。

现在我们已经准备好了——可以定义一个简单的 Web 页面或一个简单的 Node.js 应用程序，该应用程序导入 TensorFlow.js 运行库，然后成功导入并使用转换后的 SavedModel。下面的代码创建了一个包含一个表单的单页应用程序，通过使用 pow 按钮的 click 事件，加载导出的图，并执行计算：

```
    <html>
        <head>
            <title>Power</title>
            <!-- Include the latest TensorFlow.js runtime -->
            <script
src="https://cdn.jsdelivr.net/npm/@tensorflow/tfjs@latest"></script>
        </head>
        <body>
            x: <input type="number" step="0.01" id="x"><br>
            y: <input type="number" step="0.01" id="y"><br>
            <button id="pow" name="pow">pow</button><br>
            <div>
                x<sup>y</sup>: <span id="x_to_y"></span>
            </div>
            <div>
                y<sup>x</sup>: <span id="y_to_x"></span>
```

```
        </div>

        <script>
            document.getElementById("pow").addEventListener("click", async
function() {
                // Load the model
                const model = await
tf.loadGraphModel("exported_js/model.json")
                // Input Tensors
                let x = tf.tensor1d([document.getElementById("x").value],
dtype='float32')
                let y = tf.tensor1d([document.getElementById("y").value],
dtype='float32')

                let results = model.execute({"x": x, "y": y})
                let x_to_y = results[0].dataSync()
                let y_to_x = results[1].dataSync()

                document.getElementById("x_to_y").innerHTML = x_to_y
                document.getElementById("y_to_x").innerHTML = y_to_x
            });
        </script>
    </body>
</html>
```

对于如何使用加载的 SavedModel，TensorFlow.js 遵循不同的约定。正如我们在前面的代码片段中看到的，SavedModel 中定义的签名已经被保留，并且通过传递命名参数 "x" 和 "y" 来调用函数。取而代之的是，返回值格式已经改变：pow_x_y 和 pow_y_x 键已经被丢弃，返回值现在是按位置的。在第一个位置（results[0]），我们找到了 pow_x_y 键的值，在第二个位置，我们找到了 pow_x 键的值。

此外，由于 Java 脚本是一种支持异步操作的语言，TensorFlow.js API 经常使用它，因此模型加载是异步的，并在 async 函数中定义。默认情况下，甚至从模型获取结果也是异步的。但在本例中，我们使用 dataSync 方法强制调用是同步的。

使用 Python，我们现在可以启动一个简单的 HTTP 服务器，并在浏览器中查看应用程序：

```
(tfjs)
    python -m http.server
```

通过使用 Web 浏览器访问 http://localhost:8000/ 地址，并打开包含先前编写的代码的 HTML 页面，我们可以在浏览器中直接查看和使用部署的图。如图 10-1 所示。

尽管 TensorFlow.js API 与 Python API 相似，但它们并不相同，而且遵循不同的规则。对 TensorFlow.js 的完整分析超出了本书的范围，因此你可以查看官方文档，以更好地了解 TensorFlow.js API。

与前面使用 tensorflowjs_ converter 的过程相比，Keras 模型的部署得到

了简化，并且可以直接将 Keras 模型到 model.json 文件的转换集成到用于训练模型的
TensorFlow 2.0 Python 脚本之中。

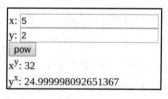

图　　10-2

将 Keras Model 转换成 model.json 格式

如本章开始时所示，Keras 模型可以导出为 SavedModel，因此，仍然可以使用前
面讲述的将 SavedModel 转换为 model.json 文件的过程。但是，由于 Keras 模型是
TensorFlow 2.0 框架中的特定对象，因此可以在训练流水线结束时，直接将部署模型嵌入到
的 TensorFlow.js 中：

```
(tfjs)

    import tensorflowjs as tfjs
    from tensorflow import keras

    model = keras.models.Sequential() # for example
    # create the model by adding layers

    # Standard Keras way of defining and executing the training loop
    # (this can be replaced by a custom training loop)
    model.compile(...)
    model.fit(...)

    # Convert the model to the model.json in the exported_js dir
    tfjs_target_dir = "exported_js"
    tfjs.converters.save_keras_model(model, tfjs_target_dir)
```

转换很简单，因为它只包含一行代码 tfjs.converters.save_keras_model
(model,tfjs_target_dir)。因此，实际应用程序作为练习留给你（更多信息请参见
10.5 节）。

在现有的部署平台中，有一个长长的编程语言列表，它们对 TensorFlow 的支持是由绑
定提供的，而绑定通常是自动生成的。

支持不同的编程语言是一个很大的优势，因为它允许开发人员将使用 Python 开发和训
练的机器学习模型嵌入到他们的应用程序中。例如，如果我们是 Go 语言的开发人员，我们
希望在应用程序中嵌入一个机器学习模型，那么我们可以使用 TensorFlow Go 绑定或基于它
们构建的简化接口 **tfgo**。

10.3.2 Go 绑定和 tfgo

GO 编程语言的 TensorFlow 绑定几乎完全由 C++ API 自动生成，因此，它们只实现原始操作。没有 Keras 模型，没有 Eager 执行模式，也没有任何其他 TensorFlow 2.0 的新特性。事实上，几乎没有对 Python API 进行任何更改。此外，TensorFlow API 稳定性保证中不包括 Go API，这意味着在小版本之间一切都可以更改。但是，这个 API 对于加载使用 Python 创建的模型并在 Go 应用程序中运行它们特别有用。

安装

与 Python 相比，设置环境更为复杂，因为需要下载并安装 TensorFlow C 函数库，并复制整个 TensorFlow 代码库，以便以正确的版本创建 Go TensorFlow 包。

下面的 bash 脚本显示如何下载、配置和安装非 GPU 的 1.13 版本的 TensorFlow Go API：

```bash
#!/usr/bin/env bash

# variables
TF_VERSION_MAJOR=1
TF_VERSION_MINOR=13
TF_VERSION_PATCH=1

curl -L
"https://storage.googleapis.com/tensorflow/libtensorflow/libtensorflow-cpu-
linux-x86_64-
""$TF_VERSION_MAJOR"."$TF_VERSION_MINOR"."$TF_VERSION_PATCH"".tar.gz" |
sudo tar -C /usr/local -xz
sudo ldconfig
git clone https://github.com/tensorflow/tensorflow
$GOPATH/src/github.com/tensorflow/tensorflow/
pushd $GOPATH/src/github.com/tensorflow/tensorflow/tensorflow/go
git checkout r"$TF_VERSION_MAJOR"."$TF_VERSION_MINOR"
go build
```

一旦安装，就可以构建并运行一个仅使用 Go 绑定的示例程序。

Go 绑定

本节的内容请参阅 https://www.tensorflow.org/install/lang_go 上的示例程序。

正如你从代码中看到的，在 Go 中使用 TensorFlow 与使用 Python 甚至 Java 脚本明显不同。特别是，可用的操作实际上是低级别的，仍然需要遵循图的定义和会话执行的模式。对 TensorFlow Go API 的详细说明超出了本书的范围。但是，你可以阅读文章 *Understanding TensorFlow using Go*（https://pgaleone.eu/TensorFlow/Go/2017/05/29/Understanding TensorFlow using Go/），该文章解释了 Go API 的基础知识。

简化 Go 绑定使用的 Go 包是 tfgo。下面我们将使用它从先前导出的 SavedModel 还原并执行 pow 操作的计算图。

使用 tfgo

安装 tfgo 很简单，只需在安装 TensorFlow Go 包之后使用以下代码：

```
go get -u github.com/galeone/tfgo
```

由于目标是使用 Go 来部署前面定义的 pow 函数的 SavedModel，我们将使用 tfgo LoadModel 函数，该函数是为加载给定路径和所需标记的 SavedModel 而创建的。

TensorFlow 2.0 附带了 saved_model_cli 工具，可用于检查 SavedModel 文件。此工具对于 Go 绑定或 tfgo 正确使用 SavedModel 是非常重要的。事实上，与 Python 或 TensorFlow.js 相反，Go API 需要输入和输出操作的名称，而不是 SavedModel 创建期间给出的高级名称。

通过使用 saved_model_cli show 可以获得检查 SavedModel 有关的所有信息，从而可以在 Go 中使用它们：

```
saved_model_cli show --all --dir /tmp/pow/1
```

这将生成以下信息列表：

```
MetaGraphDef with tag-set: 'serve' contains the following SignatureDefs:

signature_def['__saved_model_init_op']:
  The given SavedModel SignatureDef contains the following input(s):
  The given SavedModel SignatureDef contains the following output(s):
    outputs['__saved_model_init_op'] tensor_info:
        dtype: DT_INVALID
        shape: unknown_rank
        name: NoOp
  Method name is:

signature_def['serving_default']:
  The given SavedModel SignatureDef contains the following input(s):
    inputs['x'] tensor_info:
        dtype: DT_FLOAT
        shape: unknown_rank
        name: serving_default_x:0
    inputs['y'] tensor_info:
        dtype: DT_FLOAT
        shape: unknown_rank
        name: serving_default_y:0
  The given SavedModel SignatureDef contains the following output(s):
    outputs['pow_x_y'] tensor_info:
        dtype: DT_FLOAT
        shape: unknown_rank
        name: PartitionedCall:0
```

```
    outputs['pow_y_x'] tensor_info:
        dtype: DT_FLOAT
        shape: unknown_rank
        name: PartitionedCall:1
Method name is: tensorflow/serving/predict
```

重要的信息如下：

❑ **标签名**：serve 是该 SavedModel 对象中存在的唯一标记。

❑ **The SignatureDefs**：SavedModel 包括 2 个不同的 SignatureDefs：本例中 __ saved_model_init_op 什么也不做，serving_default 包含了导出的计算图中输入和输出节点全部必要的信息。

❑ **输入和输出**：每个 SignatureDef 会话包含一个输入和输出节点的列表。如我们所见，对于每个节点，可以使用生成输出张量的操作的数据类型、形状和名称。

由于 Go 绑定支持平面图结构，因此我们必须使用操作名，而不是使用 SavedModel 创建过程中给定的名称来访问输入/输出节点。

既然我们已经掌握了所有这些信息，那么使用 tfgo 加载和执行模型就很容易了。以下代码包含有关如何加载模型及其用法的信息，以便它只执行计算 xy 的输出节点：

```go
(go)

package main

import (
"fmt"
tg "github.com/galeone/tfgo"
tf "github.com/tensorflow/tensorflow/tensorflow/go"
)
```

在下面的代码片段中，你从 SavedModel 标记 serve 还原模型。定义输入张量，即 x=2，y=5。然后计算结果。输出是第一个节点 "PartitionedCall:0"，它对应于 *x_to_y*。输入名称是 "serving_default_{x,y}"，对应于 x 和 y。需要将预测转换回正确的类型，在这种情况下它是 float32：

```go
func main() {
 model := tg.LoadModel("/tmp/pow/1", []string{"serve"}, nil)
 x, _ := tf.NewTensor(float32(2.0))
 y, _ := tf.NewTensor(float32(5.0))

results := model.Exec([]tf.Output{
 model.Op("PartitionedCall", 0),
 }, map[tf.Output]*tf.Tensor{
 model.Op("serving_default_x", 0): x,
 model.Op("serving_default_y", 0): y,
 })

 predictions := results[0].Value().(float32)
 fmt.Println(predictions)
 }
```

如预期的那样，程序将 32 作为输出。

无论 SavedModel 的内容是什么，使用 `saved_model_cli` 检查 SavedModel，并在 Go 程序或任何其他支持它的部署平台上使用它的过程始终是相同的。这是使用标准化的 SavedModel 序列化格式，作为训练图的定义和部署之间的唯一连接点的最大优点之一。

10.4　总结

在本章中，我们研究了 SavedModel 序列化格式。这种标准化的序列化格式旨在简化机器学习模型在许多不同平台上的部署。

SavedModel 是一种语言无关的、自包含的计算表示，整个 TensorFlow 生态系统都支持它。由于基于 SavedModel 格式的转换工具或 TensorFlow 绑定为其他语言提供的本地支持，使得在嵌入式设备、智能手机、浏览器或使用多种不同语言上部署经过训练的机器学习模型成为可能。

部署模型的最简单方法是使用 Python，因为 TensorFlow 2.0 API 完全支持 SavedModel 对象的创建、恢复和操作。此外，由于 Python API 在 Keras 模型和 SavedModel 对象之间提供了额外的特性和集成，使得可以将它们用作检查点。

我们看到了 TensorFlow 生态系统是如何基于 SavedModel 文件格式，或某些转换后的格式支持其他部署平台。我们使用 TensorFlow.js 在浏览器和 Node.js 中部署模型。我们了解到需要一个额外的转换步骤，但是由于 Python TensorFlow.js 包和对 Keras 模型的本地支持，这个过程变得很简单。自动生成的语言绑定接近于 C++ API，因此它们级别更低且难于使用。我们还学习了 Go 绑定和 `tfgo`，这是 TensorFlow Go API 的简化接口。与用于分析 SavedModel 对象的命令行工具一起，你已经了解了用于分析 SavedModel 对象的命令行工具，以及如何读取 SavedModel 中包含的信息并使用它在 Go 中部署 SavedModel。

到了本书的结尾，通过回顾前几章，我们可以看到所取得的所有进展。你的神经网络世界旅程不应该就此结束。事实上，这应该是一个起点，这样你就可以在 TensorFlow2.0 中创建自己的神经网络应用程序。在整个过程中，我们学习了机器学习和深度学习的基础知识，同时强调了计算的图表示。特别是我们了解到了以下情况：

❑ 机器学习基础知识，从数据集的重要性到最常见的机器学习算法系列（有监督学习、无监督学习和半监督学习）。

❑ 最常见的神经网络架构，如何训练机器学习模型，以及如何通过正则化来克服过拟合问题。

❑ 在 TensorFlow 1.x 中显示使用，而在 TensorFlow 2.0 中仍然存在的 TensorFlow 图架构。在该章中，我们开始编写 TensorFlow 1.x 代码，我们发现在使用

tf.function 时，它非常有用。

❑ TensorFlow 2.0 架构及其新的编程方式、TensorFlow 2.0 Keras 实现、eager 执行模式和许多其他新功能，这些内容在前面的章节中也有解释。

❑ 如何创建高效的数据输入流水线，以及如何使用新的 **TensorFlow 数据集（tfds）**项目快速获得通用的基准数据集。此外，还提出了 Estimator API，尽管它仍然使用旧的图表示。

❑ 如何使用 TensorFlow Hub 和 Keras 来微调预先训练好的模型或进行迁移学习。通过这样做，我们学会了如何快速建立分类网络的原型，从而通过重用这家科技巨头所做的工作来加速训练时间。

❑ 如何定义一个简单的分类和回归网络，目的是引出目标检测主题，并展示如何使用 TensorFlow eager 执行模式训练多头网络。

❑ 在目标检测之后，我们专注于图像语义分割这一更困难（但更容易实现）的任务，并开发了自己的 U-Net 版本来解决这个问题。由于 TensorFlow 数据集（tfds）中没有语义分割的数据集，因此我们还学习了如何添加自定义 DatasetBuilder（数据集生成器）来添加新的数据集。

❑ **生成式对抗网络**（GAN）理论以及如何使用 TensorFlow 2.0 实现对抗性训练循环。此外，通过使用流行的 MNIST 数据集，我们还学习了如何定义和训练有条件的 GAN。

❑ 最后，在本章中，我们学习了如何利用 SavedModel 序列化格式和 TensorFlow 2.0 生态系统将训练好的模型（或通用计算图）部署到生产中。

虽然这是最后一章，但还是要像往常一样做练习，不应该跳过它们！

10.5　练习题

结合了 TensorFlow Python API 强大的能力和其他编程语言带来的优势，以下练习会带有一些编程方面的挑战：

1. 什么是检查点文件？

2. 什么是 SavedModel 文件？

3. 检查点和 SavedModel 之间有什么区别？

4. 什么是 SignatureDef？

5. 检查点能有 SignatureDef 吗？

6. 一个 SavedModel 可以有多个 SignatureDef 吗？

7. 将计算图导出为一个可计算批量矩阵乘法的 SavedModel，返回的字典必须具有有意义的键值。

8. 将上一练习中定义的 SavedModel 转换成 TensorFlow.js 表示。

9. 使用我们在上一个练习中创建的 `model.json` 文件来开发一个简单的网页，该网页计算用户选择的矩阵乘法。

10. 从其最新的检查点还原第 8 章中定义的语义分割模型，并使用 `tfjs.converters.save_keras_model` 将其转换为 `model.json` 文件。

11. 使用我们在上一个练习中导出的语义分割模型，开发一个简单的网页，给定一个图像，执行语义分割。使用 `tf.fromPixels` 方法获取输入模型。有关 TensorFlow.js API 的完整参考，请访问 https://js.TensorFlow.org/API/latest/。

12. 使用 TensorFlow Go 绑定编写 Go 应用程序，该程序计算一个图像和 3×3 内核之间的卷积。

13. 使用 tfgo 重写你在上一个练习中编写的 Go 应用程序。使用 "图像（image）" 包。有关更多信息，请阅读 https://github.com/galeone/tfgo 上的文档。

14. 将我们在第 8 章中定义的语义分割模型恢复到其最新的检查点，并将其导出为 SavedModel 对象。

15. 使用 `tg.loadModel` 将语义分割模型加载到 Go 程序中，并使用这个模型为一个输入图像生成分割图，该图像的路径以命令行参数的方式传递。

推荐阅读